DEUTSCHE DEMOKRATISCHE REPUBLIK
DEUTSCHE AKADEMIE
DER LANDWIRTSCHAFTSWISSENSCHAFTEN ZU BERLIN

ZEITSCHRIFT FÜR LANDESKULTUR

AKADEMIE-VERLAG · BERLIN

BAND 10 · 1969 · HEFT 4/6

Z. Landeskultur · Bd. 10 · 1969 · H. 4/6 · S. 251—482 · Berlin

Herausgeber: Deutsche Demokratische Republik · Deutsche Akademie der Landwirtschaftswissenschaften zu Berlin

Die Zeitschrift für Landeskultur erscheint in Heften mit einem Umfang von je 5 Druckbogen (80 Seiten). Die innerhalb eines Jahres herausgegebenen 6 Hefte bilden einen Band. Das letzte Heft eines Bandes enthält Inhalts-, Autoren- und Sachverzeichnis.

Der Preis dieses Dreifachheftes beträgt 30,– M. Sonderpreis für die DDR 15,– M.

Die Schriftleitung nimmt nur Manuskripte an, deren Gesamtumfang 20 Schreibmaschinenseiten nicht überschreitet und die bisher noch nicht, auch in anderer Form, im In- oder Ausland veröffentlicht wurden. Jeder Arbeit ist eine Zusammenfassung mit den wichtigsten Ergebnissen (nicht länger als 20 Zeilen), wenn möglich auch in russischer und englischer bzw. französischer Sprache, beizufügen. Gegebenenfalls erfolgt die Übersetzung in der Akademie.

Manuskripte sind zu senden an die Schriftleitung, Deutsche Akademie der Landwirtschaftswissenschaften zu Berlin, Institut für Grünland- und Moorforschung, 1551 Paulinenaue.

Die Autoren erhalten Umbruchabzüge zur Korrektur mit befristeter Terminstellung. Bei Nichteinhaltung der Termine erteilt die Redaktion Imprimatur.

Für jede Arbeit werden unentgeltlich 100 Sonderdrucke geliefert. Das Honorar beträgt 40,– M je Druckbogen und schließt auch die Urheberrechte für das Bildmaterial ein. Dissertationen, auch gekürzte bzw. geänderte, werden nicht honoriert.

Verlag: Akademie-Verlag GmbH, 108 Berlin, Leipziger Straße 3–4, Fernruf 220441. Telex-Nr. 112020. Postscheckkonto: Berlin 35021. Bestellnummer dieses Heftes: 1063/X/4/6.

Veröffentlicht unter der Lizenznummer 1308 des Presseamtes beim Vorsitzenden des Ministerrates der Deutschen Demokratischen Republik.

Gesamtherstellung: VEB Druckerei „Thomas Müntzer", 582 Bad Langensalza. Kartengenehmigung Nr. 674/69.

DEUTSCHE DEMOKRATISCHE REPUBLIK
DEUTSCHE AKADEMIE
DER LANDWIRTSCHAFTSWISSENSCHAFTEN ZU BERLIN

ZEITSCHRIFT FÜR LANDESKULTUR

Arbeiten aus den Fachgebieten Meliorationswesen, Grünlandkunde und Landschaftsplanung

AKADEMIE-VERLAG · BERLIN

BAND 10 · 1969 · HEFT 4–6

Z. Landeskultur · Bd. 10 · 1969 · H. 4–6 · S. 251–482 · Berlin

Inhalt

Содержание

DEUTSCHE DEMOKRATISCHE REPUBLIK
DEUTSCHE AKADEMIE
DER LANDWIRTSCHAFTSWISSENSCHAFTEN ZU BERLIN

ZEITSCHRIFT FÜR LANDESKULTUR

Arbeiten aus den Fachgebieten Meliorationswesen, Grünlandkunde und Landschaftsplanung

AKADEMIE-VERLAG · BERLIN

1969 · 10. BAND

Inhaltsverzeichnis

Sachverzeichnis

Autorenverzeichnis

Contents

20 JAHRE DEUTSCHE DEMOKRATISCHE REPUBLIK

20 JAHRE INSTITUT PAULINENAUE

250 Jahre Melioration im Havelländischen Luch

unter diesem Motto führte das Institut für Grünland- und Moorforschung Paulinenaue der Deutschen Akademie der Landwirtschaftswissenschaften zu Berlin am 20. und 21. Mai 1969 ein Symposium zum Thema:

Industriemäßige Futterproduktion in Grünlandgebieten

durch.

Die anläßlich dieses Symposiums vorgetragenen Arbeiten werden nachstehend veröffentlicht.

Z. Landeskultur · Bd. 10 · 1969 · H. 4–6 · S. 255–277 · Berlin

Aus dem Institut für Grünland- und Moorforschung Paulinenaue
der Deutschen Akademie der Landwirtschaftswissenschaften zu Berlin

EBERHARD WOJAHN

Begrüßung und Eröffnungsvortrag zum festlichen Symposium anläßlich des 20jährigen Bestehens des Institutes Paulinenaue

Formen industriemäßiger Futter- und Tierproduktion in Grünlandgebieten

Meine sehr geehrten Damen und Herren,
verehrte Gäste,
liebe Genossen und Freunde!

Es ist mir eine Ehre und große Freude, Sie zu unserer festlichen Vortragstagung anläßlich des 20jährigen Bestehens des Forschungsinstitutes in Paulinenaue herzlich zu begrüßen.
Ein besonderes herzliches Willkommen entbiete ich unseren Gästen aus den mit uns befreundeten sozialistischen Ländern. Ich heiße von Herzen willkommen die Delegation aus der Volksrepublik Bulgarien unter Leitung von Frau Prof. JAKIMOWA,
die Delegation aus der Tschechoslowakischen Sozialistischen Republik unter Leitung von Herrn Prof. KRAJCOWIĆ,
die Delegation aus der Volksrepublik Polen unter Leitung von Herrn Prof. SOCHON und
die Delegation aus der Volksrepublik Ungarn unter Leitung von Herrn Prof. BELAK.
Sehr herzlich begrüße ich die Vertreter der staatlichen und wirtschaftsleitenden Organe.
Herzlich willkommen heiße ich die Fachkollegen aus den Sektionen der Universitäten,
aus den Hoch- und Fachschulen unserer Republik sowie aus den Ingenieurbüros und aus der Produktionsmittel liefernden Industrie.
Ich begrüße ferner recht herzlich die hier anwesenden Kollegen aus den Einrichtungen unserer Akademie.
Besonders herzliche Willkommensgrüße richte ich an die Vertreter aus den LPG und VEG und deren Kooperationsgemeinschaften.
Ich danke Ihnen allen, daß Sie gekommen sind, um an diesem unserem festlichen Symposium teilzunehmen. Ihr zahlreiches Erscheinen bekundet, daß wir mit dem Thema, „Industriemäßige Futterproduktion in Grünlandgebieten", das wir für diese Jubiläumsveranstaltung wählten, einen praktisch wie wissenschaft-

lich sehr aktuellen Themenkreis aufgegriffen und einem echten Erfordernis entsprochen haben.

Mein Eröffnungsvortrag ist in drei Abschnitte gegliedert. Es sind das:

1. Einleitung — Würdigung der Entwicklung der Deutschen Demokratischen Republik im zwanzigsten Jahre ihres Bestehens
2. Die Entwicklung des Forschungsinstitutes Paulinenaue und seines Lehr- und Versuchsgutes im Vergleich zu dem Lehr- und Musterbetrieb „Amt Königshorst" vor 250 Jahren
3. Erfordernisse, Formen und Möglichkeiten industriemäßiger Produktion au dem Grünlande der DDR

1. Einleitung — Würdigung der Entwicklung der Deutschen Demokratischen Republik im zwanzigsten Jahre ihres Bestehens

Verehrte Anwesende!

In wenigen Tagen, am 1. Juni 1969, jährt sich zum 20. Mal der Tag, an dem vor 20 Jahren in Paulinenaue das Institut zur Steigerung der Pflanzenerträge, das heutige Institut für Grünland- und Moorforschung gegründet wurde, gegründet wurde an einem Ort, an dem vor 250 Jahren begonnen worden war, unwegsamem Sumpfgelände fruchtbares Weide- und Ackerland abzuringen, gegründet wurde in einem Jahr, in dem ein äußerst bedeutsames Ereignis von weitreichender politischer Entscheidung stattfand. Dieses historisch so bedeutende Ereignis ist die im Jahre 1949 erfolgte Gründung der Deutschen Demokratischen Republik, des ersten sozialistischen Staates deutscher Nation, hier an dieser Stelle, in diesem Saal.

Das Institut Paulinenaue ist also genauso alt oder genauso jung wie die Deutsche Demokratische Republik, es ist mit ihr gewachsen wie es umgekehrt zum Wachsen und Erblühen der Republik beigetragen hat.

Die Entwicklung des Institutes ist untrennbar mit der unseres sozialistischen Staates verbunden. Sie ist ein kleines Teilergebnis der kontinuierlichen Förderung von Wissenschaft und Kultur, ist Frucht der klugen Politik in unserer Deutschen Demokratischen Republik unter Führung der Partei der Arbeiterklasse. Auch das Institut Paulinenaue ist somit weithin sichtbar gewordene Wirklichkeit des Artikels 17 unserer Verfassung, in dem es in knappen Worten heißt: „Wissenschaft und Forschung sind wesentliche Grundlagen der sozialistischen Gesellschaft". Das ist so, weil — wie auf dem VII. Parteitag betont wurde — der Sozialismus der Wissenschaft entstammt und nur mit Hilfe der Wissenschaft zu vollenden ist. Ohne leistungsfähige und blühende Wissenschaft sind sozialistische Gesellschaft und sozialistischer Staat undenkbar.

In allen Etappen der Entwicklung unserer Deutschen Demokratischen Republik wurde das deshalb stets als Maxime und als eine Lebensfrage für den Sozialismus betrachtet. Die großzügige Förderung von Wissenschaft, Bildung und

Kultur in der Deutschen Demokratischen Republik ist ein wesentliches Merkmal unseres sozialistischen Staates, ein Merkmal, das auch international allgemeine Achtung und Bewunderung hervorgerufen hat, weil es nämlich in unserem Staate Grundsatz war und ist — um sinngemäß mit dem großen deutschen Humanisten Wilhelm von Humboldt zu reden —Wissenschaft so mächtig und allgemein zu verbreiten als möglich.
Was liegt in Anbetracht dessen wohl näher, als anläßlich unseres festlichen Symposiums zum 20jährigen Bestehen des Institutes Paulinenaue im 20. Jahr der Deutschen Demokratischen Republik an erster Stelle die Entwicklung dieses unseres sozialistischen Staates zu würdigen.
Mit dem Aufbau der Deutschen Demokratischen Republik hat das Zeitalter des Sozialismus auch in Deutschland begonnen, werden im Heimatland von Marx und Engels die weltverändernden Ideen des Sozialismus Wirklichkeit. „Wir haben", wie es in den Thesen „20 Jahre DDR" heißt, „die sozialistische Epoche der deutschen Geschichte eröffnet. In Gestalt unseres Staates und der Leistungen seiner Bürger erweist der Sozialismus nun auch in Deutschland seine alles erneuernde, menschenverändernde Kraft — jene Kraft, die seit den Tagen der Großen Sozialistischen Oktoberrevolution die Welt von Grund auf verwandelt hat und weiter verwandelt. Die Deutsche Demokratische Republik weist der ganzen deutschen Nation den Weg in eine Zukunft des Friedens und des Sozialismus".
Freudig und stolz überblicken wir, die Bürger unserer sozialistischen Republik. im 20. Jahre ihres Bestehens den komplizierten, in ehrenvoller Arbeit erfolgreich zurückgelegten Weg und schauen voller Zuversicht der Zukunft entgegen.
Nichts vermag wohl diesen Weg mit seinem schweren Anfang und zugleich den Charakter unseres sozialistischen Staates besser zu kennzeichnen als der Auftakt der Nationalhymne der Deutschen Demokratischen Republik:
„Auferstanden aus Ruinen und der Zukunft zugewandt . . ."
Die Deutsche Demokratische Republik ist das wichtigste Ergebnis des mehr als 100jährigen Kampfes der deutschen Arbeiterbewegung um einen friedliebenden, einzig dem Wohle des Menschen dienenden deutschen Staates seit Marx und Engels. Sie verkörpert die geschichtlichen Lehren des Kampfes der Arbeiterklasse und der besten deutschen Patrioten. Sie fußt auf den großen wissenschaftlichen und humanistischen Traditionen der deutschen Nation, zu deren Hüter und Heimstatt sie geworden ist.
Stolz können wir auf beachtliche wirtschaftliche Erfolge zurückblicken, die wir in den zwei Jahrzehnten des Bestehens der Deutschen Demokratischen Republik errungen haben. Sie wurden erreicht durch das gemeinsame Wirken der unter Führung der Sozialistischen Einheitspartei Deutschlands in der nationalen Front vereinten Parteien und Massenorganisationen, sie wurden erreicht durch die unermüdliche Arbeit von Millionen Werktätiger in Stadt und Land. Dank ihrer großen Anstrengungen vollzog sich das wahre deutsche Wirtschaftswunder in der Deutschen Demokratischen Republik.
Das Nationaleinkommen stieg seit der Gründung der Republik auf das $3^1/_2$fache und wird in diesem Jahre erstmals die 100-Milliarden-Grenze überschreiten.

Die Deutsche Demokratische Republik produziert damit 1,7% des Nationaleinkommens aller Länder der Erde. Die Größe dieser Leistung wird erst recht klar, wenn man weiß, daß die Bevölkerung unseres Landes nur 0,5% der Weltbevölkerung ausmacht. Mit dem wachsenden gesellschaftlichen Reichtum stieg auch der Reallohn seit 1950 um das $3^1/_2$fache und wurde bei verlängertem Mindesturlaub die 5-Arbeitstage-Woche eingeführt (ND, 1969).
Die Industrie unseres Landes erzeugt heute in 10 Monaten ebenso viel, wie 1936 in einem Jahr in ganz Deutschland produziert wurde. Diese Entwicklung unserer Republik zu einem modernen Industriestaat wurde erreicht, obwohl nach der von den westdeutschen Monopolen eingeleiteten Teilung Deutschlands fast die gesamte Roheisenerzeugung und Steinkohlenförderung und alle bedeutenden Werke für den Bau von Hochöfen, Walzwerken, chemischen Fabriken und überschweren Werkzeugmaschinen in Westdeutschland konzentriert waren, — obwohl wir die infolgedessen bei uns entstandenen Lücken unter großen Zeitverlusten erst durch gewaltige Investitionen ausgleichen mußten, — obwohl die aus der Vergangenheit übernommene Industriestruktur ökonomisch ungünstige Proportionen zeigte — und obwohl infolge der viele Jahre hindurch bestehenden offenen Grenzen unserer Volkswirtschaft gewaltiger Schaden zugefügt wurde.
Große, tiefgreifende, Veränderungen haben sich in den vergangenen 20 Jahren auch in den Dörfern unserer Republik vollzogen. Die sozialistische Umgestaltung der Landwirtschaft war die größte soziale Umwälzung, die es in der deutschen Geschichte jemals auf dem Lande gegeben hat. Auf dieser Grundlage der sozialistischen Gemeinschaftsarbeit stiegen die Erträge in der Feld- und Viehwirtschaft und damit der Wohlstand von Jahr zu Jahr. Die Marktproduktion an Schlachtvieh wuchs seit dem Jahre 1950 auf das 4,3fache, an Milch auf das 3,7fache, an Eiern auf das 9,7fache. Die sozialistische Landwirtschaft unserer Republik, die sich anschickt, zur industriemäßigen Produktion überzugehen, entwickelt sich zu einer Landwirtschaft, in der mit hoher Arbeitsproduktivität bei guten Arbeitsbedingungen für die Genossenschaftsbauern und Landarbeiter hohe Erträge je Flächeneinheit und hohe Leistungen je Tier erzielt werden.
Eines der am stärksten beeindruckenden Ergebnisse der Agrarpolitik in der Deutschen Demokratischen Republik ist die Wandlung der Menschen auf dem Lande, ist die Herausbildung der Klasse der Genossenschaftsbauern, ist der Wandel, der sich im Denken und Handeln des Landmannes vollzogen hat. Aus vielen zweifelnden, abwartenden Einzelbauern sind bewußt handelnde, vorwärtsdrängende Genossenschaftsbauern geworden, die klug überlegend und wohldurchdacht die genossenschaftliche Produktion und die sozialistische Zukunft ihres Dorfes gestalten. Damit sind auch auf dem Lande gute Grundlagen gegeben, um der Entwicklung der Produktivkräfte entsprechend der neuen Etappe der Entwicklung der landwirtschaftlichen Produktion und der neuen Stufe der Beherrschung der Natur durch den Menschen gerecht zu werden.
Überall in der Welt, wo die industrielle Produktion ein wissenschaftlich-technisch hohes Niveau erreicht hat, durchlebt auch die Landwirtschaft im Zuge

der sich weltweit vollziehenden wissenschaftlich-technischen Revolution gegenwärtig den tiefgreifenden Prozeß des Überganges zur Großproduktion und damit zur Konzentration der Produktion. Entscheidend dafür aber, ob dieser Prozeß sich, wie in der Deutschen Demokratischen Republik, im Interesse der Bauern, also mit den Bauern, für die Bauern vollzieht, oder aber ihren Interessen zuwiderläuft, sind die Machtverhältnisse eines jeden Landes. Das Für oder Wider die Bauern hängt also davon ab, ob — wie in der Deutschen Demokratischen Republik — Arbeiter und Bauern im Bündnis mit anderen werktätigen Schichten die Macht ausüben oder nicht.

Wenn wir im 20. Jahr unserer Republik Rückblick und Ausschau halten, dann können wir mit Genugtuung und Stolz feststellen, daß die Wissenschaft entscheidenden Anteil hat an der ständigen Stärkung unseres Staates und der Entwicklung unseres gesellschaftlichen Lebens. Die großen Erfolge in Landwirtschaft und Industrie sind ohne die Leistungen der Wissenschaftler, ohne ihr zum Teil direktes Einwirken auf die Produktion nicht denkbar. Die Wissenschaft hat damit anschaulich die These von MARX und ENGELS bestätigt, daß Wissenschaft in der modernen sozialistischen Gesellschaft mehr und mehr zur unmittelbaren Produktivkraft wird. In wachsendem Maße durchdringt sie alle Lebensbereiche unserer sozialistischen Gesellschaft und wird damit zu einem Hauptfaktor, zu einer Haupttriebfeder des gesellschaftlichen Fortschritts. Dabei ist die Symbiose zwischen Wissenschaft und Produktion in der Deutschen Demokratischen Republik und auch im Institut Paulinenaue von Jahr zu Jahr enger geworden, hat die Produktion rückwirkend die Wissenschaft befruchtet und die Wissenschaft zunehmend unmittelbar die Produktion, die Produktionsverfahren verändert, sie ergiebiger gemacht. Durch das enge Bündnis der Arbeiter und Bauern mit den Wissenschaftlern konnten letzterdings diese Erfolge errungen werden. Voraussetzung aber für dieses so fruchtbare Bündnis war die konsequente, weitschauende Politik der Sozialistischen Einheitspartei Deutschlands, mit ihrem 1. Sekretär, dem Vorsitzenden des Staatsrates WALTER ULBRICHT an der Spitze.

Aus diesem nur grob in den Grundzügen skizzierten Entwicklungsweg der Deutschen Demokratischen Republik mögen Sie entnehmen, daß die Arbeit der Werktätigen unseres sozialistischen Staates zu des Volkes Nutzen und zur Ehre der Republik reiche Früchte getragen hat. Gemeinsam haben wir alle ein festes Fundament geschaffen, auf dem aufbauend wir das neue Zeitalter in der Geschichte unseres Volkes gestalten können, das Zeitalter des Friedens, der sozialen Sicherheit, der Menschlichkeit und der Lebensfreude. Auf dem VII. Parteitag der Sozialistischen Einheitspartei Deutschlands wurde das Bild dieser unserer künftigen sozialistischen Gesellschaft, unserer sozialistischen Menschengemeinschaft vorgezeichnet, das Bild der Gesellschaft des menschlichen Miteinander und Füreinander.

An diesem großen Werk, das zu gestalten und vollenden alle Bürger der Deutschen Demokratischen Republik begonnen haben, tragen auch wir, die Mitarbeiter des Institutes für Grünland- und Moorforschung Paulinenaue, durch unser tätiges Wirken mit bei. Stolz können auch wir in Paulinenaue Rückschau und Ausblick halten auf das, was seit Gründung der Republik besonders in den letzten Jahren im Paulinenauer Forschungsinstitut geschaffen worden ist und auf das, was sich in ihm verändert und entwickelt.

2. Die Entwicklung des Forschungsinstituts Paulinenaue und seines LVG im Vergleich zu dem Musterbetrieb „Amt Königshorst" vor 250 Jahren

Das Forschungsinstitut in Paulinenaue wurde 1949 von der Deutschen Akademie der Wissenschaften zu Berlin als „Institut zur Steigerung der Pflanzenerträge" gegründet, auf daß in ihm vor allem Probleme der Pflanzenernährung, der Düngung und der Bodenuntersuchung wissenschaftlich bearbeitet würden. Zum Direktor wurde Professor Dr. Dr. h.c. EILHARD ALFRED MITSCHERLICH berufen. Die Leitung des Institutes wurde damit einem national wie international hoch anerkannten und geehrten Forscher übertragen, der vor allem durch das von ihm aufgestellte „Wirkungsgesetz der Wachstumsfaktoren" weltberühmt geworden war. Sein wissenschaftliches Wirken und Streben galt vor allem der Steigerung der Pflanzenerträge, in Sonderheit der Erforschung der Zusammenhänge zwischen Nährstoffangebot und Ertragsbildung. MITSCHERLICH gehörte zu den ersten, die mathematisch-statistische Methoden in der Agrarforschung einsetzten. Er war es auch, der schon vor rund 6 Jahrzehnten versuchte, das Verhalten von Organismen mathematisch zu beschreiben — ein wissenschaftliches Vorhaben, das auch heute noch und gerade heute in der Zeit der wissenschaftlich-technischen Revolution von größter Aktualität ist. Die mit diesen Problemkreisen verbundenen vielfältigen wissenschaftlichen Fragen aufklären zu helfen, ist auch gegenwärtig eines der Hauptanliegen der Paulinenauer Forschungsarbeiten. So wird, wie es auch das im Verlauf der Tagung ausschnittweise zum Vortrag Gelangende belegt, das von MITSCHERLICH begonnene naturwissenschaftliche Werk in Paulinenaue erfolgreich fortgeführt.
Nach dem Tode MITSCHERLICHS erhielt das Institut 1957 eine neue Aufgabenstellung. Es wurde in ein Institut für Grünland- und Moorforschung umgewandelt und der Deutschen Akademie der Landwirtschaftswissenschaften zu Berlin angegliedert. Mit der Leitung wurde Prof. Dr. Dr. h. c. ASMUS PETERSEN betraut. Die gesamte Grünlandforschung in der Deutschen Demokratischen Republik nahm nunmehr einen mächtigen Aufschwung.
ASMUS PETERSEN war es, der dem Institut die in der Grundtendenz bis heute verfolgte umfassende, zielstrebige und von Erfolg gekrönte Arbeitsrichtung gab. Durch das Einbeziehen neuer Formen der Grünlandwirtschaft und durch Erweitern des Aufgabengebietes erhielt die Grünlandkunde neue Impulse und Ausgangspunkte. Unter seiner Leitung wurde in Paulinenaue die moderne Grünlandkunde begründet, indem diese weiter gefaßt und aus der bis dahin herrschenden Enge herausgeführt, von ihrer Beschränktheit befreit wurde. Neben der Wasserregulierung wurde vor allem die Ökonomik und auch das Tier stärker in die Grünlandforschung einbezogen. Das im großen Kollektiv, in echter sozialistischer Gemeinschaftsarbeit von Wissenschaftlern verschiedener Fach-

disziplinen zusammen mit Praktikern ausgearbeitete System der modernen Weidewirtschaft, das System der Weidekombinate, ist ein Ergebnis dieses Vorgehens. Sein Verdienst ist es auch, daß die in den letzten Jahrzehnten in Deutschland erstarrten Vorstellungen vom Grünland als Dauergrünland überwunden wurden.

Wie unter seiner Leitung begonnen, so sind auch heute noch alle in den einzelnen Bereichen und Abteilungen laufenden, sich gegenseitig ergänzenden und ineinander greifenden Untersuchungen, einerlei, ob es sich um Gegenwarts- oder Perspektivprobleme handelt, ob es um rein naturwissenschaftliche oder um ökonomische und technologische Fragen geht, in letzter Konsequenz auf ein Ziel ausgerichtet, nämlich auf die Erarbeitung ergiebiger, arbeitsproduktiver Produktionsverfahren für unsere sozialistische Landwirtschaft.

Als ASMUS PETERSEN 1962 verstarb, hatte das Institut unter seiner Leitung bereits in der kurzen Zeit seines Bestehens nicht nur in der Deutschen Demokratischen Republik, sondern auch in der internationalen Fachwelt hohe Anerkennung gefunden.

Dank der großen Unterstützung, die unser sozialistischer Staat der Wissenschaft angedeihen läßt, hat das Institut, besonders im Verlauf des letzten Jahrzehntes, eine bedeutende Erweiterung erfahren. Der Stab der wissenschaftlichen Mitarbeiter vergrößerte sich von 6 im Jahre 1950, über 15 Wissenschaftler Ende 1957 und 22 im Jahre 1962 auf über 50 Mitarbeiter mit Hochschulabschluß im Jahre 1969, von denen ein Teil außerhalb von Paulinenaue in Forschungsstätten des Institutes an anderen Orten der Republik arbeitet.

Als Institutsgebäude diente die ersten Jahre nach Gründung des Institutes im Jahre 1949 das ehemalige Gutshaus, in dem neben Büroräumen auch Labors eingerichtet waren. Heute ist dieses Gebäude Gästehaus und Wohnhaus.

Anfang der 50er Jahre wurde dann das heutige alte Institutsgebäude erbaut und bezogen sowie die Gefäßstation mit einer Kapazität von rund 3000 Mitscherlichgefäßen in Betrieb genommen. In diesem Jahrzehnt kamen an weiteren wissenschaftlichen Einrichtungen neu hinzu; ein Forschungspavillon für die Abteilungen Ökonomik und Biologie, die Arbeitsräume für die Abteilung Technologie, das Labor für die Abteilung Standortforschung und schließlich im vergangenen Jahr das neue Institutsgebäude.

Außerdem verbesserte sich von Jahr zu Jahr die Ausrüstung der wissenschaftlichen Abteilungen mit modernen Forschungsgeräten und Apparaturen. Unter anderem wurde im Vorjahr auch eine Klimakammer für die Stoffproduktionsforschung an perennierenden Gräsern installiert.

Mit der Entwicklung des Institutes einher ging eine bedeutende Verbesserung der Lebensbedingungen für die im Institut und Lehr- und Versuchsgut tätigen Mitarbeiter. Seit Gründung wurden für Institut und LVG in Paulinenaue 110 Wohnungen neu gebaut. Hinzu kommen eine ganze Reihe von Wohnungen, die durch Um- und Ausbau vergrößert und modernisiert wurden. Außerdem wurden ein kleines Ledigenheim, der Kindergarten und die Kinderkrippe errichtet.

Alle von den Mitarbeitern des Institutes erzielten Forschungsergebnisse, die das Ihre zur Weiterentwicklung der sozialistischen Landwirtschaft der Deutschen

Demokratischen Republik beigetragen haben und die den Bauern und Landarbeitern die Arbeit erleichtern und produktiver gestalten halfen und helfen, hier zu nennen, ist nicht möglich. Ein kleiner Ausschnitt, ein Einblick soll auf diesem Symposium gegeben werden. Insgesamt sind seit Bestehen des Institutes mehrere Hundert wissenschaftliche Aufsätze veröffentlicht und mehrere Tausend Vorträge und Vorlesungen gehalten worden.
Als hohe Anerkennung für die Leistungen der Mitarbeiter des Institutes wurde im Jahre 1965 ein Kollektiv von 6 Wissenschaftlern des Institutes vom Vorsitzenden des Staatsrates, Genossen WALTER ULBRICHT, mit dem Nationalpreis II. Klasse ausgezeichnet.
Mit dem Jahre 1968 begann ein neuer, der 3. Abschnitt in der Entwicklung des Institutes. Seit Januar 1968 ist das Institut nicht nur Hauptauftragnehmer für die Grünlandforschung, sondern auch für die Forschung auf dem Gebiet des Ackerfutterbaues und damit für die gesamte Forschung auf dem Gebiet der Futterproduktion. Die Größe und Bedeutung der damit dem Institut übertragenen Aufgaben wird daraus ersichtlich, daß der Futterbau auf Grünland und Ackerland fast 40% der landwirtschaftlichen Nutzfläche der DDR einnimmt und künftig bei Verringerung der Fläche etwa die Hälfte des Bruttonährstoffertrages der gesamten Pflanzenproduktion in der DDR zu bringen hat.

Von den Forschungskollektiven des Institutes unmittelbar bearbeitet werden derzeit vor allem

- die Biologie wichtiger Grünlandbestandsbildner
- Probleme der Stoffproduktion perennierender Gräser
- biologische und chemische Grundlagen der Futterkonservierung und Futterqualität
- Grundlagen der Wasserregulierung von Niedermoorgrünland
- Grundlagen der Bewertung und Abgrenzung von Grünlandstandorten
- Grundlagen zur Schaffung standortspezifischer Futterbausysteme auf Grünland- und Ackerland einschließlich neuer Verfahren zur Etablierung leistungsfähiger Pflanzenbestände und des rationellen Einsatzes hoher Mineraldüngergaben und anderer Agrochemikalien
- biologische, ökonomische und technologische Probleme der Weidewirtschaft mit großen Herden, einschließlich Weidezauntechnik
- technologische Grundlagen zur Vervollkommnung von Futterernte- und Konservierungsverfahren
- und schließlich die Ökonomik der Futterproduktion.

Alle Untersuchungen sind ausgerichtet auf die Hauptaufgabe des Institutes, nämlich die wissenschaftlichen Grundlagen für die industriemäßige Futterproduktion zu erarbeiten, wobei ein zunehmend größerer Teil der Kapazität auf Probleme echter Vorlaufforschung orientiert wird. Zur Lösung dieser Aufgabe gibt es im Institut die nachstehend aufgeführten Bereiche und Abteilungen.

1. Bereich Wissenschaftsorganisation und Prognose
(Leiter: Dr. H. Rücker) mit den Abteilungen

1.1. Information und Dokumentation (Dr. agr. habil. Kreuz)
1.2. Wissenschaftsorganisation und Prognose (Dr. H. Rücker)
1.3. Rechnungsführung und Verwaltung (Schaeffer)

2. Bereich Grundlagen der Futterproduktion
(Leiter: Dr. habil. G. Wacker) mit den Abteilungen

2.1. Biologische Grundlagen der Graslandproduktion (Dr. agr. habil. Wacker)
2.2. Futterqualität und Futterkonservierung (Dr. agr. habil. Knabe)
2.3. Moormelioration (Dr. agr. A. Scholz)

3. Bereich Futterbau
(Leiter: Prof. Dr. agr. habil. W. Kreil) mit den Abteilungen

3.1. Grünland (Prof. Dr. agr. habil. W. Kreil)
3.2. Ackerfutter (Prof. Dr. agr. habil. W. Simon)
3.3. Zweigstelle Thüringen (Dr. phil. habil. Schmauder)
3.4. Standortkunde (Dr. agr. habil. W. v. d. Waydbrink)

4. Bereich Ökonomie und Technologie der Futterproduktion
(Leiter: Dr. agr. habil. F. Berg) mit den Abteilungen

4.1. Ökonomik (Dr. agr. habil. F. Berg)
4.2. Technologie (Dipl.-Land. J. Nischwitz)

Zugeordnet ist dem Institut das Lehr- und Versuchsgut Paulinenaue/Selbelang mit einer landwirtschaftlichen Nutzfläche von 1.600 ha. Direktor des LVG ist Dr. agr. H. Thöns.
Wesentliches Merkmal der Forschungsarbeit des Institutes für Grünland- und Moorforschung Paulinenaue war und ist die enge Verbindung der Wissenschaftlerkollektive zur Praxis der sozialistischen Landwirtschaft. In vielfältiger Weise hat sich in unserer Arbeit bestätigt, daß die Produktion nicht nur Nutzer von Forschungsergebnissen ist und daß die Beziehungen zwischen Forschung und Praxis nicht nur in einer Richtung, nämlich von der Forschung zur Praxis gesehen werden dürfen. ,,Mindestens ebenso wichtig und notwendig ist", wie Thyssen (1962) es einmal formulierte, ,,die Umkehrung. Dabei erscheinen für die Forschung Fragestellungen, die mindestens so anregend und bewegend sind, wie diejenigen, die sich aus gewissermaßen zufälligen Verzweigungen reiner, der Praxis mehr oder minder entfremdeter Forschung ergeben".
Die Einheit von Forschung und Praxis, von Lehre und Leben, die oberster Grundsatz der Arbeit des Institutes war und ist, hat ihren sehr deutlichen Niederschlag auch in der Entwicklung des Lehr- und Versuchsgutes des Institutes für Grünland- und Moorforschung Paulinenaue gefunden. Die Entwicklung,

die das LVG des Institutes genommen hat, zeigt — stellvertretend für viele andere Beispiele — außerdem sehr deutlich, in welchem Maße rationell und intensiv betriebene Grünlandwirtschaft dazu beitragen kann, die Erzeugung von Tierprodukten kurzfristig zu steigern, bei hoher Arbeitsproduktivität und Wirtschaftlichkeit. Einige wenige Kennzahlen über die zwei Etappen, die die Entwicklung des Lehr- und Versuchsgutes charakterisieren, mögen das belegen.
In der ersten Etappe, in der Zeit von 1957 bis 1964, erhöhte sich bei einer landwirtschaftlichen Nutzfläche von 330 ha und einem Grünlandanteil von rund 40% der Kuhbesatz je 100 ha LN von 18 auf 51 Kühe, stieg die Jahresmilchleistung je Kuh von 3000 kg auf 5150 kg, wuchs die ha-Produktion an Lebendvieh Rind von rund 200 auf 300 kg und die Milchproduktion je ha LN von 635 auf über 2600 kg. Die zukaufsfreie Bruttoproduktion stieg von 27 GE auf 38 GE/ha LN.
Mit der Steigerung besonders der Grünlanderträge und der damit einhergehenden Erhöhung der viehwirtschaftlichen Leistung verbesserte sich gleichzeitig auch die Rentabilität des Betriebes ganz entscheidend. Im Jahre 1964 belief sich das Betriebsergebnis auf rund 270000 Mark insgesamt oder 810 Mark je ha LN. Aus einem Verlustbetrieb mit geringer Produktion und geringer Arbeitsproduktivität war ein Landwirtschaftsbetrieb mit hoher Produktion, hoher Arbeitsproduktivität und hohem Gewinn geworden und zwar unter relativ ungünstigen natürlichen Standortbedingungen, auf Sand und Moor.
Im Verlauf des Jahres 1964 wurde dem Institut auch das benachbarte VEG Selbelang mit einer landwirtschaftlichen Nutzfläche von rund 1260 ha angegliedert. Der Rindviehbesatz je 100 ha LN lag seinerzeit bei 27 Kühen, und 102 Rindern insgesamt. Die Rinderproduktion je ha LN betrug 850 kg Milch und 80 kg Lebendviehrind, die Milchleistung je Kuh 3160 kg, die zukaufsfreie Bruttoproduktion 22 dt GE/ha LN und das Betriebsergebnis 311 Mark je ha LN.
Das LVG Paulinenaue/Selbelang, das nunmehr rund 1600 ha LN, davon rund 1000 ha Ackerland und 600 ha Grünland auf Moor, Anmoor und Talsand bewirtschaftet, produzierte im Jahre 1968 bei einer Jahresmilchleistung von 5160 kg je Kuh rund 3 Millionen kg Milch insgesamt oder 1860 kg je ha LN und fast 3000 dt Lebendvieh Rind, was einer Produktion von 184 kg/ha LN entspricht. Die zukaufsfreie Bruttoproduktion betrug in den Jahren 1967 und 1968 über 38 dt GE/ha, das Betriebsergebnis 1,323 Mio-Mark insgesamt oder 835 Mark je ha LN. In erster Linie wurde auch dieser Aufschwung erreicht durch Intensivierung der Grünlandwirtschaft, d. h. durch Steigerung der Grünlanderträge in Menge und Güte, und durch Steigerung der Leistungen je Tier.
Vergleicht man diese Produktionsergebnisse mit denen vor rund 250 Jahren, unmittelbar nach Beginn der Havelluchmelioration, und mit denen vor rund 100 Jahren, so wird deutlich, welche gewaltigen Fortschritte in der Moorkultur, der Grünlandwirtschaft und der Milchviehhaltung gemacht worden sind. Als Vergleich herangezogen sei das damalige königlich-preußische Amt Königshorst, mit dessen Aufbau unmittelbar nach Innagriffnahme der Havelluchmelioration im Jahre 1718 begonnen worden war. Ich stütze mich bei diesem Vergleich auf

Angaben, die der Paulinenauer Mitarbeiter GEORG DRASCHÉ dankenswerterweise aus alten Chroniken zusammengestellt hat. (DRASCHÉ, G. 1965 und 1966) Dieses Amt bewirtschaftete im Jahre 1739 ca. 14000 Morgen, das sind 3500 ha LN, zum überwiegenden Teil als Grünland. Zu seinen Ländereien gehörten auch die unmittelbar an die Gemarkungen von Paulinenaue und Selbelang angrenzenden Flächen der Paulinenaue benachbarten Ortschaften Lobeofsund und Hertefeld, das wir übermorgen auf der Exkursion besuchen werden. Im Jahre 1722 wurden 100 Kühe des sog. kleinen Landviehs gehalten. Mitte der 30er Jahre jenes Jahrhunderts wurden rund 350 Holsteinische Kühe angeschafft. 1750 wurden dort etwa 335 Kühe und 1772, also vor rund 200 Jahren, 600 Kühe gemolken, das sind etwa soviel wie heute in unserem LVG Paulinenaue/Selbelang. Zum Amte Königshorst gehörte auch eine Ausbildungsstätte, das „Lehrinstitut zum Unterricht der Märkischen Landleute in der Milchwirtschaft". Dieses Institut wurde gemäß Erlaß vom 13. Mai 1780 umbenannt in „Ordentliche Akademie des Buttermachens", landläufig als „Butterakademie" bezeichnet.

Über die Situation vor rund 100 Jahren, im Jahre 1860 berichtet JORDAN: (zit. DRASCHÉ, G.: 1966)

„Es bestand hier also ein Molkereibetrieb wie es in einer Hand und Wirtschaft vereinigt wohl niemals in unserem Staat gefunden worden ist, oder in dieser Ausdehnung gefunden werden wird. Selbst jetzt noch, nachdem Kienberg und Hertefeld besondere Pachtungen geworden sind, Kuhhorst ebenfalls nicht mehr gemeinsam mit dem Amte Königshorst bewirtschaftet wird, ist dieses dem ungeachtet mit einer Basis von 500 Stck. Milchvieh eine der ausgedehntesten, wo nicht die bedeutendste Molkerei in Preußen geblieben". Die Jahresmilchleistung je Kuh betrug in diesem Muster- und Lehrbetrieb vor 250 Jahren beim kleinen Landvieh etwa 500 kg und bei einer friesischen Kuh etwa 750 kg; 100 Jahre später waren es etwa 1000 kg je Kuh und Jahr. In unserem Lehr- und Versuchsgut Paulinenaue/Selbelang wurden demgegenüber im vergangenen Jahr je Kuh 5160 kg und bis zum 30. 4. dieses Jahres, also in vier Monaten, 2270 kg ermolken. Das ist in einem Monat etwa so viel Milch wie vor rund 250 Jahren in der Versuchswirtschaft im ganzen Jahr von einer Kuh ermolken wurde. Im Verlauf von $2^1/_2$ Jahrhunderten hat sich also die Milchleistung je Kuh in zwei benachbart gelegenen und deshalb durchaus vergleichbaren Lehr- und Muster- bzw. Lehr- und Versuchsbetrieben mehr als verzehnfacht und im letzten Jahrhundert mehr als verfünffacht. Parallel dazu vervielfachte sich auch der Kuhbestand je ha LN infolge der verbesserten Grünlandmelioration und Grünlandbewirtschaftung. Die Milchproduktion je ha stieg in diesem Gebiet nach seiner Inkulturnahme im Verlaufe von 2 Jahrhunderten im Ergebnis dessen auf ca. das 30- bis 50fache.

Wenn man weiß, daß vor 30 Jahren in dem damaligen junkerlichen Rittergut Selbelang nur 100 Kühe und 270 Rinder insgesamt gehalten wurden, je Kuh nur 2360 kg und je ha LN nur 238 kg erzeugt wurden, wird klar, daß diese gewaltige Produktionssteigerung vor allem in den beiden letzten Jahrzehnten erreicht wurde.

Diese gewaltigen Fortschritte beweisen einmal mehr, was des Menschen Fleiß und Schöpferkraft vermag, um der Natur und ihrer Ungunst das abzuringen, was das Menschengeschlecht gebraucht.

3. Erfordernisse, Formen und Möglichkeiten industriemäßiger Produktion auf dem Grünlande der DDR

Trotz der großen Fortschritte, die besonders in letzter Zeit allenthalben auf dem Grünlande in unserer Republik bei der Erzeugung von mehr und besserem Futter und damit von mehr Milch und Fleisch vom Grünlande erzielt worden sind, ist diese Entwicklung noch keineswegs abgeschlossen. Sie steht in mancherlei Beziehung gewissermaßen erst am Anfang, vor allem was die Produktivität der menschlichen Arbeit, was den Aufwand an lebendiger und vergegenständlichter Arbeit anbetrifft. Um, wie MARX schreibt, „mit der selben Arbeit mehr, mit weniger Arbeit ebensoviel oder sogar mehr zu produzieren" wird sich auch in der Grünlandwirtschaft und in der auf ihr basierenden Viehwirtschaft mit der Weiterentwicklung der wissenschaftlich-technischen Basis der industrieartige Charakter der Produktion durchsetzen. Dieser auf dem VII. Parteitag der Sozialistischen Einheitspartei Deutschlands und dem X. Deutschen Bauernkongreß vorgezeichnete, neue Entwicklungsabschnitt unserer sozialistischen Landwirtschaft ist gekennzeichnet durch die weitere Intensivierung der Produktion bei schrittweisem Übergang zur industriemäßigen Organisation und Leitung der Produktion.

Er ist ein objektiv herangereifter Entwicklungsprozeß, ein Erfordernis der sich außerordentlich schnell weiterentwickelnden Produktivkräfte, eine Folge der in allen Produktionssphären Platz greifenden wissenschaftlich-technischen Revolution.

Im Zeitalter der wissenschaftlich-technischen Revolution, in dem wir leben, sind die Produktionsinstrumente der den Produktionsprozeß am meisten revolutionierende Teil der Produktivkräfte. Infolgedessen wird die Maschinerie, und zwar die mehr und mehr automatisch gesteuerte Maschinerie, zunehmend zum bestimmenden Element der Produktionsverfahren, zum beherrschenden Faktor der Art und Weise des Produzierens und der Produktionsorganisation. Die biologischen Systeme, mit denen wir produzieren, d. h. die Produktion von und mit Pflanze und Tier, werden sich zunehmend, soweit wie nur irgend möglich und angängig, den Mechanismen der Maschinerie anpassen, sich in sie einpassen müssen, wie umgekehrt auch die Maschinerie auf die Eigenheiten der biologischen Objekte als den Arbeitsgegenständen Rücksicht zu nehmen hat.

Die Produktionsweise der Zukunft wird eine im doppelten Sinne gesteuerte Produktion sein, wird eine Produktion sein, in der sowohl die Produktionsinstrumente, speziell die Maschinerie und ihre Mechanismen zunehmend automatisiert gesteuert werden, als auch die Arbeitsgegenstände, in unserem Falle die biologischen Systeme von Pflanze und Tier, zunehmend steuerbar werden und gesteuert werden.

Für das Steuern von Wachstum und Entwicklung der Grünlandpflanzenbestände bieten sich im Prinzip zwei Wege an. Es sind dieses

1. die Steuerung des Graswachstums gewissermaßen von Innen heraus durch Manipulationen des genetisch fixierten Steuerungssystems, d. h., durch züchterische Veränderung der wichtigsten Grasarten, und
2. die Steuerung des Graswachstums gewissermaßen von Außen her durch Applikation von Düngemitteln und Wirkstoffen zur Regulation von Wachstum und Entwicklung.

Beides setzt genaue Kenntnisse der in den Pflanzen ablaufenden Reaktionen und der dabei wirksam werdenden Regulationsmechanismen voraus, die Hinweise geben über Ort und Zeitpunkt eines möglichen Eingreifens zum Erreichen eines vom Menschen gewünschten Reaktionsablaufes. Diese Zusammenhänge aufklären zu helfen, haben auch wir in Paulinenaue begonnen.

Aus dem Blickwinkel industriemäßiger Pflanzenproduktion ist somit das Grünland als Stätte zunehmend technisierter und chemisierter Grasproduktion zu betrachten. Möglichkeiten und Erfordernisse industriemäßiger Futterproduktion auf Grünlandstandorten, die über den Anbau leistungsfähiger Gräser bei zunehmendem Einsatz von Mineraldüngern und anderen Agrochemikalien zu betreiben ist, werden im wesentlichen durch zwei Faktoren bestimmt, nämlich durch den Einsatz hochleistungsfähiger Maschinen und durch die Anforderungen der Rinderproduktion an das Futter.

Wenn man weiß, daß mit der weiteren Intensivierung und mit dem Übergang zur industriemäßigen Produktion der Aufwand an vergegenständlichter Arbeit je ha und mehr noch je Arbeitskraft anwächst, so wird klar, daß gerade die anteilmäßige Zunahme der vergegenständlichten Arbeit auf den Prozeß der Konzentration und Spezialisierung der Produktion und damit zwangsläufig auf die Entwicklung der gesellschaftlichen Organisation der Produktion einwirkt. 1965 machten die Kosten der vergegenständlichten Arbeit 55%, also gut die Hälfte der Gesamtkosten in der Landwirtschaft aus. 1980 werden es etwa 75% sein. Daraus läßt sich unschwer der Zwang zur Ökonomisierung der vergegenständlichten Arbeit ableiten, d. h., der Zwang zur Konzentration und damit zur Spezialisierung der Produktion, um eine hohe Auslastung teurer Aggregate zu sichern, damit auf diese Weise bei höherer Arbeitsproduktivität billiger produziert werde.

Die schrittweise Konzentration und Spezialisierung und der schrittweise Übergang zur industriemäßigen Produktion ist unter den Bedingungen unseres Landes nur über die freiwillige kooperative Zusammenwirkung von LPG und VEG zu lösen. Der Weg zur modernen sozialistischen Landwirtschaft mit industriemäßiger Organisation und Leitung der Produktion führt also über die Kooperation. Deshalb hat WALTER ULBRICHT auf dem VII. Parteitag die Kooperation, die freiwillige kooperative Zusammenarbeit von LPG und VEG in Kooperationsgemeinschaften, das Hauptkettenglied für die weitere gesellschaftliche Entwicklung der sozialistischen Landwirtschaft und für die Produktionssteigerung genannt, wobei, wie er betonte, die entscheidenden Kriterien für

den Fortschritt der Kooperationsbeziehungen immer die Steigerung der Produktion, die Senkung der Kosten und die Erhöhung der Effektivität der Grundmittel sind. Das gilt vollauf auch für die Grünlandwirtschaft. Ohne Kooperation in der Futterproduktion wird es nur in Ausnahmefällen möglich sein, z. B. die neuen hochleistungsfähigen Futtererntemaschinen rationell einzusetzen. Herr NISCHWITZ wird in seinem Vortrag Näheres dazu ausführen.
Aus den beiden, die industriemäßige Produktion auf dem Grünland bestimmenden Faktoren, nämlich leistungsfähige Erntemaschinen und Anforderungen der Tierproduktion an das Futter, lassen sich die Bedingungen ableiten, denen die Grasbestände und die Grünlandstandorte zukünftig genügen müssen. Damit werden zugleich auch die Ziele gekennzeichnet, die in Grünlandbewirtschaftung und -nutzung zu verfolgen sind. Es sind dieses:

1. Auf dem Grünlande müssen hohe Nährstofferträge erzielt werden, denn hohe Erträge und hohe Tierproduktion je Futterflächeneinheit sind und bleiben aus betriebs- wie aus volkswirtschaftlicher Sicht Ziel einer jeden rationellen Grünlandwirtschaft. Erste Voraussetzung für große und stabile Erträge ist die standortgerechte Bodennutzung. Grünland gehört deshalb auf diejenigen Flächen, die bei dieser Form der Bodennutzung den höchsten Ertrag bringen, sowie auf Flächen, die nicht oder nur mit unvertretbar hohem Aufwand als Ackerland genutzt werden können. Hohe Erträge können dort aber nur von leistungsfähigen Pflanzenbeständen erbracht werden, die hohe Düngergaben in hohe Stärkewert- und Eiweißerträge umzuwandeln vermögen. Derartige Bestände müssen auf den meisten Grünlandflächen erst noch geschaffen werden und das in den meisten Fällen periodisch immer wieder von Neuem als Folge und mit dem Ziel hohen Stickstoffeinsatzes. Aus diesem Grunde wie auch aus einigen weiteren noch zu nennenden Umständen ergibt sich die Notwendigkeit, mehr und mehr zu einem ackerfutterbauähnlichen Graslandbau auf dem Grünlande überzugehen.

2. Die Bestände der Mäheflächen müssen mit großen Maschinen gut erntbar sein, die Anordnung der oberirdischen Pflanzenmasse im Raum muß deshalb eine andere sein als in den Pflanzenbeständen herkömmlicher Weiden. Auf alten Weidenarben befinden sich hohe Anteile der oberirdischen Pflanzenmasse nahe dem Boden, unterhalb der optimalen Schnittebene großer Schneidwerke moderner Erntemaschinen. In solchen Beständen führt die größere Schnitthöhe infolge der großen Dichte des Bestandes, besonders wenn intensiv gedüngt wird, zum Vergilben der Pflanzenmasse am Boden, was Futterverluste und Wertminderungen verursacht. Die Anwendung moderner Erntemaschinen auf Mähflächen hohen Ertrages und hohen Futterwertes verlangt also Pflanzenbestände, die relativ hochwüchsig sind. Auch diese Bestände müssen auf den meisten Grünlandflächen erst noch etabliert werden.

3. Das zu erntende Futter muß von möglichst hoher und gleichbleibend guter Qualität sein. Im Interesse einer möglichst hohen Milch- und Rindfleischproduktion je ha LN kommt es unter den Produktionsbedingungen unseres Landes unverändert darauf an, möglichst hohe tierische Leistungen aus dem Grundfutter zu erhalten. Unsere Grünlandpflanzen gehören aber zu den energieärmeren

Futterstoffen, zu den Futterstoffen mit einer relativ geringen Stärkewertkonzentration in der Trockenmasse. Hohe tierische Leistungen aus dem Grundfutter zu erzielen setzt deshalb voraus, daß große Futtermengen aufgenommen werden. Letzteres ist aber nur zu erwarten, wenn das Grundfutter, also auch das vom Grünland stammende Futter, eine genügend hohe Verdaulichkeit aufweist, d. h. einen Verdauungskoeffizienten von wenigstens 70% besitzt. Das auf den derzeitigen meist nur zweischürigen, teilweise sogar nur einschürigen Wiesen, geerntete Futter genügt diesen Forderungen nicht. Voraussetzung für eine den Forderungen genügende Qualität des Mähfutters vom Grünlande ist besonders der Übergang zur Dreischnittnutzung. Pflanzenbestände, die dieser Nutzungshäufigkeit und der dazu erforderlichen Bewirtschaftungsintensität entsprechen, sind auf dem Grünlande derzeit nur auf einem sehr geringen Teil des Grünlandes vorhanden, sie müssen also meist noch geschaffen werden.

4. Das auf dem Grünland aufwachsende Futter muß möglichst kontinuierlich anfallen, sowohl um die Erntemaschinen eine möglichst große Zeitspanne hindurch auszulasten als auch, um eine möglichst lange, die ganze Vegetationsperiode hindurch gleich gute Grünfutterversorgung der Rinderbestände zu haben. Unter Berücksichtigung der Forderung, wenigstens einen Verdauungskoeffizienten von 70% zu sichern, ist das mit den heute vorherrschenden Grasnarben nicht möglich. Die derzeitigen Grünlandbestände beginnen gebietsweise etwa zur gleichen Zeit oder doch fast gleichzeitig die Fruchtstände zu schieben. Der damit fixierte, im Sinne einer hohen Verdaulichkeit optimale Erntetermin erstreckt sich bestenfalls auf etwa 10 Tage. Ihn einzuhalten, ist weder beim Abweiden oder bei der Grünfuttergewinnung noch bei der Ernte zur Konservierung möglich. Nach Beginn des Fruchtstandschiebens geht aber die Verdaulichkeit bei allen Grasarten sehr schnell zurück. Nach Eintritt in die generative Phase kann man mit einem täglichen Abfall des Verdauungskoeffizienten um 0,4 bis 0,5% rechnen. Effektiv zu lösen ist auch dieses Problem nur durch Übergang zum industriemäßigen „Kunstfutterbau", in dessen Rahmen gestaffelt schnittreif werdende Grasarten und -sorten etabliert werden. Dr. Wacker wird in seinem Vortrag auf diese Problematik, auf derzeit dazu gegebene und sich für die Zukunft abzeichnende Lösungswege näher eingehen. Dr. Walkowiak wird über die Technologie der Neuetablierung von Graslandbeständen vortragen.

5. Industriemäßige Mähfutterernte vom Grünlande und Weidewirtschaft mit größeren Herden in großen Weidekombinaten ist rationell nur zu betreiben, wenn eine entsprechende Konzentration, d. h. Größe der Grünlandflächen gegeben ist oder hergestellt werden kann. Infolgedessen beeinflussen Lage und Verteilung des Grünlandes in der Flur zunehmend die Intensivierbarkeit der Flächen und ihre Nutzungsart. Für Mäheflächen sind in Anbetracht der Leistung moderner, im Komplex eingesetzter Erntemaschinen, Nutzungseinheiten, d. h. Flächen gleichen Pflanzenbestandes und gleicher Nutzungsreife von wenigstens 50, besser 100 und mehr ha anzustreben. Für Jungviehweiden sollte eine Weidenutzungseinheit 100···150 ha groß sein, um Herden von 400···600 Tieren

weiden zu können, für Milchviehweiden möglichst 80···120 ha. Nicht selten wird man sich aber schon mit 40···50 ha für Kühe und 20···30 ha für Jungrinder zufrieden geben müssen. Zu bedenken ist dabei nicht zuletzt, daß auch ein bestimmter Anteil der Weiden — zumindest vorerst noch — im ersten Aufwuchs mähfähig sein muß, weshalb u. a. auch genügend große Koppeln vorhanden sein müssen. Darüber hinaus wird die Maschinengängigkeit zu einem wesentlichen Entscheidungskriterium für die Wahl der möglichen und zweckmäßigen Nutzungsform, Mähfläche oder Weide und für den möglichen Intensitätsgrad. In den Mittelgebirgs- und Vorgebirgslagen sowie den Hügeln des Endmoränengebietes wird sie vor allem bestimmt durch die Hangneigung, in den Niederungen vor allem durch die Tragfähigkeit, also den Grad der Entwässerung und das Mikrorelief. das in den Niederungen bedeutsam auch für die Wasserregulierung ist. Schließlich hängt der möglichst effektive Einsatz großer Erntemaschinen auch von der Form der Grünlandflächen ab. Am günstigsten ist eine langgestreckte rechteckige Flächenform mit parallel zueinander verlaufenden Abgrenzungen der Längsseiten. Daraus leiten sich wichtige Grundsätze für die Melioration von Grünlandstandorten ab. Einiges dazu wird unter anderem Dr. SCHOLZ in seinem Vortrag bringen.

Aus dem Gesagten läßt sich unschwer ableiten, daß wichtigste Bedingung für die industriemäßige Futterproduktion auf dem Grünlande, für die technisierte und chemisierte Grasproduktion, das Etablieren und Erhalten leistungsfähiger, gestaffelt nutzungsreif werdender Pflanzenbestände ist. Aber nicht alle Standorte, auf denen heute Grünland stockt, sind gleichermaßen gut dazu geeignet. Infolge der Mannigfaltigkeit der Standorte und in Abhängigkeit von Größe und Gestalt der Grünlandflächen wird diese oder jene Form der Bodennutzung, dieser oder jener Intensitätsgrad der jeweils zweckmäßigste sein, nicht zuletzt auch in Abhängigkeit von der Art der Tierproduktion und deren Konzentrationsgrad. Über einige mögliche Formen industriemäßiger Futterproduktion auf den dafür geeigneten bzw. prädestinierten Grünlandstandorten wird auf diesem Symposium vorgetragen; von Dr. Weiland über „Weidehaltung in der industriemäßigen Rinderaufzucht“, von Herrn NISCHWITZ über „Technologie der Mähgrasernte in LPG und VEG mit spezialisierter Produktion“ und von Herrn MALZAHN über „Industriemäßige Produktion von Trockengras im Großtrockenwerk“.

Damit werden einige Formen zukünftiger Produktion auf dem Grünlande dargestellt, bei weitem aber nicht die Einzigen. So z. B. ist auf dem Grünlande die in Weidekombinaten betriebene Weidehaltung von Milchkühen in Herden von 100 bis 200 Tieren nach wie vor das ökonomisch vorteilhafteste und arbeitsproduktivste Verfahren der Milchproduktion. Wie jeweils am zweckmäßigsten auf dem Grünlande zu produzieren ist, hängt in erster Linie von den jeweils gegebenen Bedingungen, von Ort, Zeit und Ziel ab.

Insgesamt nimmt das Grünland in der DDR gegenwärtig mit ca. 1,4 Mill. ha rund 22% der landwirtschaftlichen Nutzfläche ein. Es liefert derzeit mit annähernd 40% des gesamten Grundfutters einen fast ebenso hohen Anteil wie der Ackerfutterbau in Hauptfruchtstellung. Die Produktion von hochwertigem

Grundfutter, besonders auch auf dem Grünlande, gewinnt als wichtigste Grundlage der Rinderproduktion zunehmend an Bedeutung, soll doch im nächsten Jahrzehnt die Milch- und Rindfleischproduktion noch weiter beträchtlich gesteigert werden, um den wachsenden Bedarf der Gesellschaft an hochwertiger Eiweißnahrung decken zu können.

Rund 50% des Grünlandes der Republik liegt auf grundwassernahen alluvialen Niedermoor-, Anmoor- und stark humosen Sandböden, vornehmlich in den nördlichen und mittleren Bezirken. Etwa 20% des Grünlandes ist Vorgebirgs- und Mittelgebirgsgrünland, weitere 20% sind dem Auegrünland zuzurechnen, das vor allem in den großen Flußniederungen, aber auch in den kleineren Tälern des Mittelgebirges zu finden ist. Etwa 8% dürften Moränengrünland sein, d. h., Grünland, das auf meist kupierten Mineralbodenflächen der Nordbezirke liegt.

Bedingt durch die gebietsweise sehr unterschiedlichen geologischen, geomorphologischen, hydrologischen und klimatischen Gegebenheiten ist der Grünlandanteil sowie die Lage und Verteilung des Grünlandes in der Flur sehr verschieden. Es gibt LPG und VEG, die kein Grünland bewirtschaften, ganz vereinzelt aber auch solche, deren landwirtschaftliche Nutzfläche zu 100% Grünland ist, wie zum Beispiel das VEG Zingst. Nach Gemeinden gegliedert gehört zu rund 24% der LN ein Grünlandanteil von weniger als 10%, zu rund 31% ein solcher von 11 bis 20% mit einem durchschnittlichen Weideanteil von rund 6% an der LN. Zu rund 26% der LN gehört — wiederum gemeindeweise erfaßt — ein Grünlandanteil von 21 bis 30% und ein durchschnittlicher Weideanteil von 13% an der LN. Ein Grünlandanteil von mehr als 40% ist nur bei 6,5% der LN der Gemeinden gegeben. Am häufigsten ist demnach ein Grünlandanteil von 10 bis 20% und von 21 bis 30% an der LN der Gemeinden. Daraus ergibt sich u. a., daß Futterproduktion auf Grünland fast immer nur Teil der Futterproduktion einer LPG und eines VEG oder einer KOG ist.

Etwa 600000 ha Grünland werden derzeit als Weide genutzt. Der Anteil des als Weide genutzten Grünlandes dürfte in den nächsten Jahren eher zu- als abnehmen. Die Vorzüge der Jungvieh-Weidehaltung sind unumstritten, aus der Sicht des Ökonomen gleichermaßen wie aus der Sicht des Tierzüchters. Sie wird im Zuge der sich weiter entwickelnden Kooperation noch weiter zunehmen. Vor allem in den großen Grünlandgebieten und den grünlandreicheren Gemeinden des Mittelgebirges werden LPG und VEG als Hauptproduktionsrichtung die Jungviehaufzucht auf- und ausbauen und ihre Tierproduktion in diese Richtung spezialisieren, nicht selten in Kooperation mit LPG und VEG, deren Grünlandflächen zum gleichen Areal gehören.

Weidegang ist bei Vorhandensein geeigneten Weidelandes, zumindest vorläufig, auch für Milchkühe ökonomisch vorteilhaft, sofern nicht mehr als 400 bzw. 600 bis 800 vielleicht sogar 1000 Tiere in einer Anlage konzentriert sind und bzw. oder die Anlagen nicht nach dem Schwarz-Weiß-Prinzip bewirtschaftet werden bzw. werden müssen. Als besonders vorteilhaft bietet sich der Weidegang für Kühe an, die in Altställen und anderen wenig mechanisierten Kuhstallanlagen mit weniger als 100 bis 200 Plätzen gehalten werden. Letzteres wird auch in 10 Jahren bei mehr als der Hälfte der dann zu haltenden Kühe noch der Fall sein. Wenn dann aber fast das gesamte weidefähige Jungvieh während der Vegetationszeit auf der Weide gehalten wird, verbleiben allerdings nur noch für 30 bis 40% des Kuhbestandes Vollweidemöglichkeit.

Ausgehend von der Frage nach der künftig jeweils zweckmäßigsten Nutzungsform auf den verschiedenen Grünlandstandorten und nach den vom Standort hergegebenen Möglichkeiten und Grenzen für die industriemäßige Mähfutterproduktion und Weidehaltung untersuchten wir daraufhin das Grünland in einigen repräsentativen Gebieten der Republik. In entsprechenden Erkundungen auf rund 3750 ha Grünland des Elde-Quellgebietes fanden WAYDBRINK und Mitarbeiter (1968), daß nach Melioration etwa 12% der bisherigen Grünlandfläche im Zuge der Flurneugestaltung zweckmäßigerweise in andere Nutzungsarten überführt werden und etwa 8% der künftigen Gesamtgrünlandfläche auf Standorten liegen wird, die bislang nicht als Grünland genutzt werden. Trotz dieser, nach gründlicher Melioration möglichen Neuabgrenzung des Grünlandes zum Acker und Wald werden nur etwa $^2/_3$ des Grünlandes voll für eine industriemäßige Mähfuttерernte geeignet sein. Für eine intensive Jungviehweidehaltung in großen Herden hingegen 90% und bedingt auch noch die restlichen 10%, und zwar bei gleichzeitig recht guten Nutzungsmöglichkeiten der vorhandenen Altställe.

Zu sehr ähnlichen Ergebnissen kamen auch KREIL und Mitarbeiter, die 2300 ha, ebenfalls in Mecklenburg gelegenes Grünland untersuchten, das 21% an der LN ausmacht. Sie stellten fest, daß nach Melioration und nach Neuabgrenzung des Grünlandes zum Acker und Wald etwa 12% des dann noch vorhandenen Grünlandes für eine industriemäßige Produktion ungeeignet sein wird.

Eine Standortanalyse der Grünlandflächen von 16, am Rande eines größeren Grünlandgebietes gelegenen Gemeinden im Bereich Paulinenaue–Friesack ergab, daß die dort vorhandene Grünlandfläche von 8700 ha erforderlichenfalls um 1400 ha ackerfähigen Landes verringert werden kann, wodurch sich der durchschnittliche Grünlandanteil dieser Gemeinden von 45 auf 33% verringern würde. Nach den noch durchzuführenden Maßnahmen der Hydro- und Reliefmelioration kann faktisch die gesamte Grünlandfläche dieses Areals auf Grund ihrer geschlossenen, zusammenhängenden Lage sowohl bei Mäh- als auch bei Weidenutzung als für eine industriemäßige Produktion geeignet erachtet werden, von einigen wenigen Dünen und Schlenken alter Wasserläufe abgesehen.

Das Untersuchungsergebnis aus diesen drei untersuchten Gebieten dürfte repräsentativ für das Niederungsgrünland auf Moor- und grundwassernahem Sand sein, also repräsentativ für etwa die Hälfte des Grünlandes unserer Republik. Betont sei aber, daß in vielen Fällen größere und in fast allen Fällen kleinere Meliorationsmaßnahmen nötig sind, um in dem genannten Umfange intensive Futterproduktion industriemäßig betreiben zu können.

Viel problematischer liegen die Dinge in grünlandarmen Gebieten der Ackerebenen. KABIS (1967), der das Grünland in 14 Kreisen der Ackerebene untersuchte, fand, daß 20% des Grünlandes auf Flächen entfällt, die kleiner als 10 ha sind, 36% des Grünlandes auf Flächen, die kleiner als 25 ha sind und nur 37% des dort gelegenen Grünlandes eine Flächenausdehnung von über 100 ha aufweist. Nur 31% des von ihm untersuchten und intensivierungswürdigen Grünlandes hält er zur Einrichtung genügend großer Weidekomplexe für geeignet. Im klaren sein muß man sich allerdings in diesem Zusammenhang, daß der Anteil des zerstückelten Grünlandes dieser ausgesprochenen Ackerebenen wohl weniger als 10% des Gesamtgrünlandes betragen.

Nicht genügend untersucht worden ist bisher die derzeitige und zukünftig zu erwartende diesbezügliche Situation auf dem Auegrünland. In den größeren Auegrünlandgebieten, wie z. B. der Wische, wird, soweit es sich um überschwemmungsfreies Grünland handelt, sehr wahrscheinlich mit einem nicht unerheblichen Rückgang des Grünlandes zu Gunsten des Ackerlandes zu rechnen sein, und zwar in dem Maße, wie bessere Voraussetzungen für den Ackerbau auf diesen schweren Böden, besonders in Form starker Traktoren und Bodenbearbeitungsgeräte, gegeben sein werden. Ein beträchtlicher Teil des Auegrünlandes wird wegen unzureichender Wasserregulierung und teilweise auch wegen Kleinheit der Flächen in den schmalen Bachtälern nur schwer der industriemäßigen Produktion erschlossen werden können.

Sehr differenziert sind die Verhältnisse beim Mittelgebirgsgrünland und im Erzgebirge anders als im Thüringer Wald. Im Kreis Marienberg z. B. wurden nach Kreil und Mitarbeitern (1968) nur für 5,2% der LN Hangneigungen von mehr als 18% gefunden. Im Thüringer Wald hingegen ist der Anteil der hängigen Flächen erheblich größer. 24% der LN sind 21% und steiler geneigt. Daher ist der Grünlandanteil im Thüringer Wald und auch die Hängigkeit des dortigen Grünlandes größer. Daraus ergibt sich, daß die Voraussetzungen für die industriemäßige Mähfutterernte auf dem Grünland des Erzgebirges günstiger sind als im Thüringer Wald, allerdings doch bei weitem nicht so günstig, wie auf dem Grünland der Niederungen. Kreil und Leistner (1968) stellten fest, daß selbst bei großzügiger Neuabgrenzung des Grünlandes mit einem hohen Weideanteil auf Kosten einer möglichen ackerbaulichen Nutzung es schwierig wird, größere Weidenutzungseinheiten, die für eine industriemäßige Produktion geeignet sind, zu schaffen. Die im Marienberger Untersuchungsgebiet vorhandenen 3550 ha Grünland müßten 60 Weidekombinaten mit Durchschnittsgrößen zwischen nur 25 und 109 ha zugeordnet werden.

Trotz dieser bei der Flächenkonzentration und der Mechanisierbarkeit in den Hanglagen auftretenden Schwierigkeiten und trotz der klimatischen Ungunst, die eine industriemäßige Mäh-Futterproduktion mit modernen Erntemaschinen und die Weidehaltung in großen Herden ganz oder doch teilweise ausschließen, werden auch diese Flächen, von einigen wenigen kaum erwähnenswerten Kleinflächen abgesehen, im Interesse der Steigerung der Tierproduktion in unserer Republik auch weiterhin landwirtschaftlich genutzt werden und zwar in erster Linie für die Jungviehweidehaltung, zumal fast alle diese Grünlandflächen über intensive Düngung, besonders mit Stickstoff, teilweise im Verein mit der Neuetablierung ertragsreicher Grasarten durchaus noch intensivierungsfähig und intensivierungswürdig sind.

Der Übergang zur industriemäßigen Produktion, der sich schrittweise und über das freiwillige kooperative Zusammenwirken der LPG und VEG verwirklichen wird, führt nach und nach auch in der Grünlandwirtschaft zu tiefgreifenden Veränderungen und weitreichenden Konsequenzen. Aus der weiteren Technisierung und Chemisierung der Grasproduktion und aus den Anforderungen der künftigen Tierproduktion an das Futter ergeben sich eine Reihe von Erfordernissen, nach denen wir heute die Grünlandwirtschaft von morgen zu sehen und auf die wir sie auszurichten haben und ausgehend von denen wir beginnen müssen, die Voraussetzungen für den schrittweisen Übergang zur industriemäßigen Produktion auch auf dem Grünlande zu schaffen. Dabei ist die Futterproduktion auf dem Grünland stets als Teil oder doch im engen Zusammenhang mit der gesamten Futterproduktion zu betrachten, und die Grünlandwirtschaft als Teil oder doch im Zusammenhang mit der übrigen Feldwirtschaft.

Nie aus dem Auge verlieren dürfen wir bei all unseren Überlegungen und bei all unserem praktischen Tun, daß der Übergang zur industriemäßigen Produktion und das damit untrennbar verbundene kooperative Zusammenwirken der LPG und VEG nur ein Ziel haben kann und konsequent verfolgen muß, nämlich die Produktion zu steigern, um eine bedarfsgerechte Versorgung der Gesellschaft mit hochwertigen Nahrungsgütern zu sichern, und den Aufwand an lebendiger und vergegenständlichter Arbeit je Produkteneinheit zu senken, das heißt die Arbeitsproduktivität zu erhöhen, die schon MARX und LENIN als das letzterdings Entscheidende für den Sieg der neuen Gesellschaftsordnung bezeichnet haben.

Das beachtend, wird sich der im Zuge der wissenschaftlich-technischen Revolution vollziehende Wandel in der Art und Weise des Produzierens, wird sich der Übergang zur industriemäßigen Produktion mit dem anzustrebenden, hohen Nutzen für die sozialistische Gesellschaft und zum Wohle eines jeden dieser, der unserigen Gesellschaft gestalten.

Mit dem Übergang zur industriemäßigen Produktion beginnt ein qualitativ neuer Abschnitt der landwirtschaftlichen Produktion, der zunehmend die Beherrschung der Naturvorgänge durch den Menschen voraussetzt und sie ermöglicht, der den Menschen zunehmend in die Lage versetzt, die Nahrungsgüterproduktion mehr und mehr nach seinem Willen und zu seinem Zwecke zu gestalten. Damit beginnt sich das zu erfüllen, was wohl dem Goethischen Genius vorschwebte, als er in Wilhelm Meisters Lehrjahren schrieb:

„Des Menschen größtes Verdienst bleibt wohl, wenn er die Umstände so viel als möglich bestimmt und sich so wenig wie möglich bestimmen läßt. Das ganze Weltwesen liegt vor uns wie ein großer Steinbruch vor dem Baumeister, der nur dann den Namen verdient, wenn er aus den zufälligen Naturmassen ein in seinem Geist entsprungenes Vorbild mit der größten Ökonomie, Zweckmäßigkeit und Festigkeit zusammenstellt!"

In unserer, der sozialistischen Gesellschaftsordnung, wird diese Vision, wird dieser langgehegte Wunsch der Menschheit nun endlich Wirklichkeit werden, weil nur der von Ausbeutung befreite Mensch, der in Wahrheit freie Mensch, sich zum wahren Beherrscher von Natur und Gesellschaft aufzuschwingen vermag.

Zusammenfassung

Im einleitenden Vortrag wird die sozialistische Entwicklung der Industrie und Landwirtschaft in den letzten 20 Jahren seit dem Bestehen der Deutschen Demokratischen Republik gewürdigt und im Zusammenhang damit Rolle und Bedeutung der Wissenschaft skizziert. In enger Beziehung hierzu entwickelte sich auch das Forschungsinstitut in Paulinenaue, das 1949 unter Leitung des bekannten Agrarwissenschaftlers Prof. Dr. Dr. h. c. Mitscherlich gegründet wurde. Die damalige Hauptaufgabe, die Steigerung der Pflanzenerträge einschließlich der Erforschung von Gesetzmäßigkeiten der Ertragsbildung, ist auch noch heute ein wichtiges Arbeitsgebiet des Institutes. Nach dem Tode Mitscherlichs wurde das Institut 1957 in ein Institut für Grünland- und Moorforschung umgewandelt. Damit nahm die Grünlandforschung in der DDR einen mächtigen Aufschwung. Zum Direktor berufen wurde Prof. Dr. Dr. h. c. Asmus Petersen, der es bis zu seinem Tode im Januar 1962 leitete.

1965 anerkannte die Regierung unserer Republik die erfolgreiche Arbeit des Institutes durch die Verleihung des Nationalpreises II. Klasse an ein Kollektiv von 6 Wissenschaftlern. Seit dem Jahre 1968 ist das Institut Hauptauftragnehmer für die gesamte Forschung auf dem Gebiet der Futterproduktion in der DDR. Neu aufgenommen wurden im Institut insbesondere Forschungsarbeiten über den Ackerfutterbau, die Futterkonservierung und die Grundlagen der Stoffproduktion perennierender Gräser. Hauptaufgabe des Institutes ist die Schaffung des wissenschaftlichen Vorlaufes für die industriemäßige Produktion von hochwertigem Grundfutter auf Grünland und Acker zur Versorgung großer Rinderbestände unter Verwendung hochleistungsfähiger Maschinensysteme. Einige wichtige, sich daraus ableitende Forschungsprobleme werden umrissen.

Die Forschungsaufgaben des Institutes wurden und werden in enger Zusammenarbeit mit LPG und VEG gelöst. Als ein Beispiel dafür wird die Entwicklung des dem Institut angegliederten Lehr- und Versuchsgutes Paulinenaue/Selbelang skizziert und gezeigt, welche gewaltige Produktionssteigerung seit der vor 250 Jahren eingeleiteten Kultivierung des Havelluches erreicht wurde.

Резюме

Название работы: Формы производства промышленными методами кормов и животноводческой продукции в лугопастбищных районах

В вводном докладе дана оценка социалистическому развитию промышленности и сельского хозяйства в последние 20 лет за время существования Германской Демократической Республики и отмечены в данном аспекте роль и значение науки. В тесной связи с этим развился и научно-исследовательский институт в Паулиненауэ, основанный в 1949 году и находившийся под руководством известного ученого в области сельскохозяйственных наук проф. д-ра д-ра h. c. Митчерлиха. Основная задача того времени — повышение урожайности растений, включая изучение закономерностей формирования урожая, — является и теперь еще важной областью научных исследований в институте.

После смерти Митчерлиха институт был реорганизован в 1957 году в Институт лугов, пастбищ и болот. В результате такого преобразования отмечается сильный подъем научных исследований в области луговодства ГДР. Директором института был назначен проф. д-р д-р h. c. Асмус Петерсен, руководивший институтом до своей смерти в январе 1962 года. В 1965 году правительство нашей республики отметило успешную работу института присвоением национальной премии II ст. коллективу из шести научных работников. Начиная с 1968 года институт является главным исполнителем всех научных заданий в области кормопроизводства ГДР. В число задач института вошли научные исследования по кормопроизводству, консервированию кормов и образованию многолетними злаками органического вещества. Главная задача института заключается в создании научного задела для производства промышленными методами высококачественного основного корма на лугопастбищных угодьях и на полях для кормления больших стад крупного рогатого скота с использованием для этого высокопроизводительных систем машин. В кратких чертах изложены некоторые важные, вытекающие отсюда научные проблемы.
Задачи научного исследования разрешались и разрешаются институтом в тесном сотрудничестве с сельскохозяйственными производственными кооперативами и народными имениями. В виде примера сообщается о развитии объединенного с институтом учебного и опытного имения Паулиненауэ-Зельбеланг и указывается на высокий подъем производства продукции, которое имело место с того времени 250 лет назад, когда начались работы по окультивированию района низинных болот, известного под названием Хафельлух.

Summary

Title of the paper: Forms of industry-like forage growing and animal production in grassland areas
In this introductory lecture, an appreciation is given of the socialist development of industry and agriculture in the past 20 years of the existence of the German Democratic Republic, with the role and importance of science being outlined. The Paulinenaue Research Institute developed along these lines. Founded in 1949, it first came under the direction of the eminent agronomist Prof. Dr. Dr. h. c. Mitscherlich. The Institute's main task of that time, the boosting of plant yields and the investigation of the laws governing yield formation, has remained one of today's major fields of work. Following Mitscherlich's death in 1957, the Institute was changed to Institute of Grassland and Swampland Research. This step gave the GDR grassland research a tremendous impetus. Prof. Dr. Dr. h. c. Asmus Petersen was appointed its Director holding this office until his death in January 1962.
In 1965, the GDR Government honoured the successful work of the Institute by conferring the National Award (2nd class) to a group of six scientists. Since 1968 the Institute has been doing most of the GDR contract research in the field of forage production. New items of investigation at the Institute are arable forage growing, fodder conservation and fundamentals of matter production in

perennial grasses. The main task of the Institute consists in attaining the "scientific backlog" for industry-like production of high-quality basic feed on grassland and arable land for the purpose of catering for large cattle populations, making use of highly efficient machine systems. Some major problems of investigation derived from that task are set forth.
The Institute's research tasks have been and are solved in close co-operation with co-operative and State farms. This is illustrated by the example of the Instructional and Experimental Farm Paulinenaue/Selb whose development is briefly described. Attention is drawn to the outstanding rise of production achieved during the 250 years since the reclamation of the Havel Luch area.

Literatur

DRASCHÉ, G.: Das Havelluch. Paulinenauer Institutspost 1 (1965), Nr. 1, 2 und 3
DRASCHÉ, G.: Aus der Friedenshorster Chronik. Paulinenauer Institutspost 2 (1966), Nr. 11 und 12
KABIS, E.: Stand und Perspektive der Grünlandwirtschaft in Gebieten mit geringem Grünlandanteil in der DDR Habilitationsschrift Bernburg 1967
KREIL, W.: Veränderung in der Grünlandbewirtschaftung und -nutzung beim Übergang zur industriemäßigen Produktion, dargestellt am Beispiel einer Kooperationsgemeinschaft. Unveröffentliches Manuskript (1968)
KREIL, W.; LEISTNER, J.: Untersuchungen über den standörtlichen Anteil der Weiden und Wiesen an der landwirtschaftlichen Nutzfläche in Gemeinden des Erzgebirges. Ztschr. f. Landeskultur 9 (1968), S. 295
MARX, K.: Das Elend der Philosophie. Marx-Engels-Werke 4, S. 174–175
ULBRICHT, W.: Die Bauern der DDR haben sich das Tor in die Zukunft geöffnet. Kooperation H. 7, (1968), S. 1–12
ULBRICHT, W.: 20 Jahre Deutsche Demokratische Republik. Thesen Neues Deutschland vom 16. 1. 1969
WACKER, G.: Die Etablierung leistungsfähiger, standort- und nutzungsgerechter Grünlandpflanzenbestände. Habilitationsschrift 1968
WAYDBRINK, W. v. d.: Neuabgrenzung der als Grünland zu nutzenden Standorte von den Acker- und Waldstandorten im Zuge des Überganges zur industriemäßigen Produktion in der Landwirtschaft. Ztschr. f. Landeskultur 10 (1969), H. 2, S. 113–123

Anschrift des Verfassers:

Prof. Dr. habil. EBERHARD WOJAHN
Direktor des Institutes für Grünland- und Moorforschung
1551 Paulinenaue

Z. Landeskultur · Bd. 10 · 1969 · H. 4–6 · S. 279–295 · Berlin

Aus dem Institut für Grünland- und Moorforschung Paulinenaue
der Deutschen Akademie der Landwirtschaftswissenschaften zu Berlin

WALTER V. D. WAYDBRINK

Höhe und Sicherheit der Erträge des Grünlandes in verschiedenen Niedermoorgebieten

Eingegangen: 6. 6. 1969

In der DDR werden ~ 500000 ha Niedermoor bewirtschaftet. Rechnen wir die mehr oder weniger stark humosen Talsande mit höheren Grundwasserständen in den Randgebieten der Moore dazu, dann nehmen diese Standorte ~ 50% des Gesamtgrünlandes der DDR ein. Diesem Tatbestand Rechnung tragend, ist in unserem Institut seit seinem Bestehen eine umfangreiche und systematisch organisierte Moorforschung betrieben worden, deren Ergebnisse bereits Eingang in die Praxis gefunden haben und zur Steigerung der Erträge auf den Niedermoorstandorten beitragen.

Die Niedermoore werden fast ausschließlich als Grünland, lediglich 10000 ha, das sind 2% der Gesamtfläche, werden ackerbaulich genutzt. Ursache dafür ist, daß dem hohen Wasser- und Stickstoffbedarf von ertragreichen Grünlandbeständen auf Niedermoorstandorten schon von Natur aus weitgehend entsprochen wird. Die Frage nach der Höhe der Erträge des Niedermoorgrünlandes ist nicht leicht zu beantworten, weil sie, je nach Gunst oder Ungunst der Konstellation maßgeblicher Standortsfaktoren, außerordentlich stark variieren und außerdem durch Meliorations- und Bewirtschaftungsmaßnahmen in hohem Maße manipulierbar sind. Besonders ist zu berücksichtigen, welcher Düngeraufwand namentlich an Stickstoff zugrundezulegen ist.

Einen pauschalen Überblick über die Ertragshöhe des Jahres 1968 von 40 unterschiedlichen Niedermoorstandorten gibt Abbildung 1. Davon liegen 27 Versuchsflächen im Dosse-, Rhin- und Havelluch, 17 in der Friedländer Großen Wiese.

Diese Versuchsflächen sind von uns zum Zwecke der Ermittlung von Grundlagen für die Standortsbewertung angelegt worden und sollen über mehrere Jahre verfolgt werden. Sie erhalten eine Grunddüngung von 50 kg P, 200 kg K/ha und eine differenzierte N-Düngung von 0, 100, 200, 300 und 400 kg N/ha in Form von Kalkammonsalpeter in zwei Teilgaben.

Es werden drei Schnittnutzungen vorgenommen. Die eingangs erwähnte Variabilität der Ertragshöhe wird hier sehr offensichtlich. Ohne N-Düngung liegt das Gros der Erträge zwischen 40 und 110 dt/ha und es steigt auf Werte zwischen 90 und 170 dt/ha bei 400 kg N. Der Mittelwert, durch die stark ausgezogene Linie dargestellt, steigt von 85 bei N — 0 auf 140 dt/ha Tr.-M. bei 400 kg/ha N. Diesen Mittelwerten ist jedoch keine besondere standortskundliche Bedeutung beizumessen. Zu wesentlich bedeutsameren Aussagen der weit auseinander liegenden Werte gelangen wir erst bei der Betrachtung von systematisch zu-

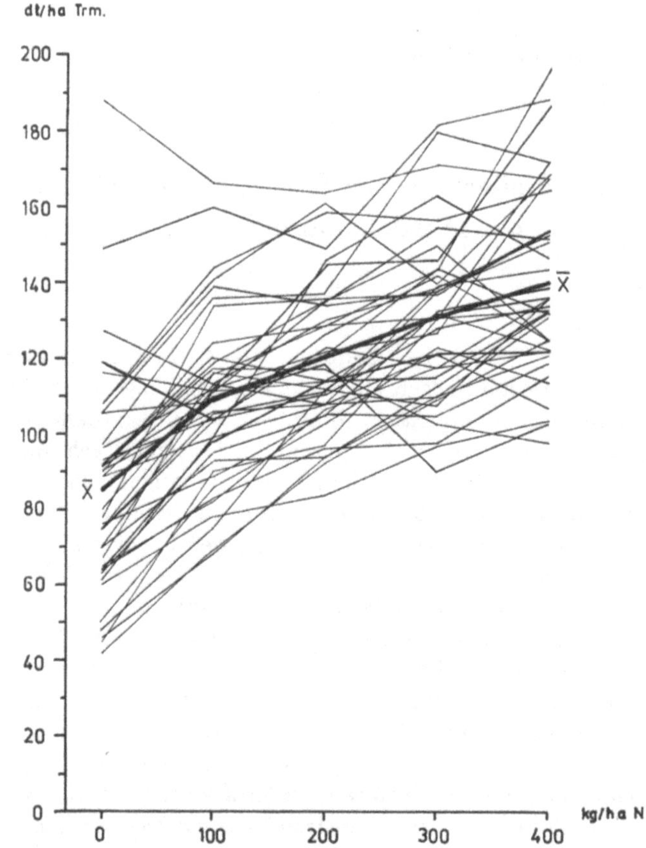

Abb. 1: Grünlanderträge von 40 Niedermoorstandorten im Dosse-, Rhin-Havelluch und in der Friedl. Gr. Wiese

sammengestellten Standortsgruppierungen. Die Niedermoorstandorte werden bei uns nach der von WOJAHN und ILLNER (1962) vorgeschlagenen Standortstypengliederung eingeteilt. Nach dieser Gliederung (Tab. 1) werden je nach

Tabelle 1
Auszug aus der Standortstypen-Gliederung der Niedermoore nach WOJAHN u. ILLNER (1962)

Torfmächtigkeit	Bodenformen	Bodenunterformen		
>120 cm	Nto Ia			
120··· 80 cm	Nto Ib	$\frac{\text{Nto III}}{\text{Mu}}$		
80··· 40 cm	Nto II		$\frac{\text{Nto II}}{\text{L}}$	
< 40 cm	Nto III			$\frac{\text{Nto Ib}}{\text{S}}$

Anfügen der Wasserstufe ergibt Standortstyp z. B. $\frac{\text{Nto III 3}}{\text{S}} \mp$

Torfmächtigkeit mit 40 cm Abstufung Bodenformen ausgeschieden und zwar entsprechend der Torfmächtigkeit > 120 cm, 120···80, 80···40 und < 40 cm die Bodenformen Nto Ia, Nto Ib, Nto II und Nto III. Je nach dem Liegenden, das Sand $= S$, Ton $= T$ oder Mudde $= Mu$ sein kann, werden außer für Nto Ia, Bodenunterformen unterschieden mit der Kurzbezeichnung z. B. $\frac{\text{Nto II}}{\text{S}}$ sprich Nto II über Sand. Durch Hinzufügen der Wasserstufe nach PETERSEN (1952) ergibt sich dann der Standortstyp z. B. $\frac{\text{Nto III}}{\text{S}}$ 3∓.

Diese Standortsgliederung hat sich, im Prinzip jedenfalls, wie aus den folgenden Ausführungen noch hervorgehen wird, als eine auf ausschlaggebenden Kriterien beruhende und daher zutreffende und zweckmäßige Einteilung erwiesen.

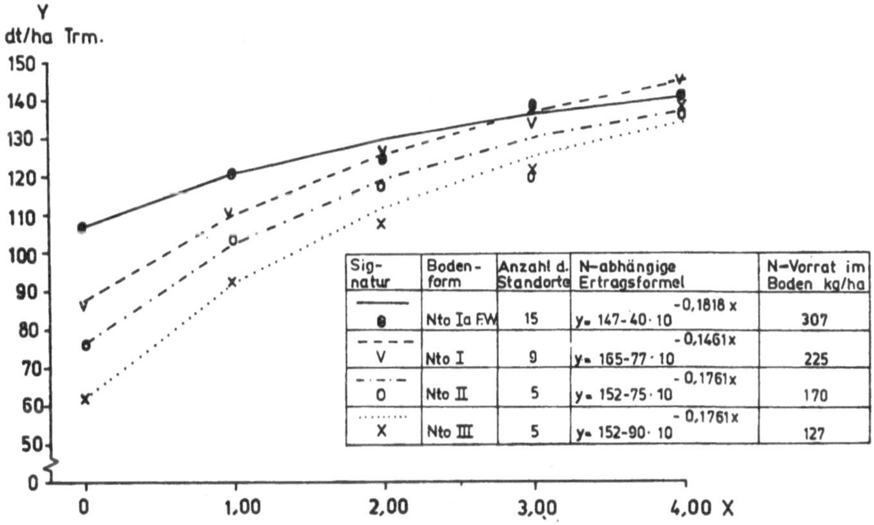

Signatur	Bodenform	Anzahl d. Standorte	N-abhängige Ertragsformel	N-Vorrat im Boden kg/ha
——— ●	Nto Ia F.W	15	$y = 147 - 40 \cdot 10^{-0,1818x}$	307
- - - - V	Nto I	9	$y = 165 - 77 \cdot 10^{-0,1461x}$	225
—·—·— O	Nto II	5	$y = 152 - 75 \cdot 10^{-0,1761x}$	170
········ X	Nto III	5	$y = 152 - 90 \cdot 10^{-0,1761x}$	127

Abb. 2: Erträge ($= y$) versch. Niedermoor-Bodenformen bei gesteigerter N-Düngung (dt/ha $N = X$)

Gruppieren wir die 40 geprüften Standorte nach den erläuterten Hauptbodenformen, dann ergeben die Ertrags-Mittelwerte einen Kurvenverlauf, wie er in der Abbildung 2 dargestellt ist. Die oberste, durch eine ausgezogene Linie gekennzeichnete Kurve stellt Mittelwerte von 15 Nto Ia-Standorten aus der Friedländer Großen Wiese dar. Es folgen nach abwärts die Kurven für Nto I, Nto II und Nto III. Zu bemerken ist, daß die Nto Ia- und Nto Ib-Standorte des Dosse-, Rhin- und Havelluches bezüglich ihrer mittleren Ertragshöhe und auch Düngewirkung sich nicht unterscheiden, weshalb sie zu einer Gruppe Nto I zusammengefaßt wurden. Ursache dafür dürfte ein in 60···80 cm Tiefe vorkommender dicht gelagerter Horizont von zäh-plastischer Konsistenz sein, den MUNDEL (1969) als fossilen Oberbodenhorizont identifizierte. In der untersten Kurve sind übrigens Nto III und Anmoorstandorte wegen ebenfalls gleicher Eigenschaften zusammengefaßt worden. Aus der Darstellung wird die außerordentlich unterschiedliche Ertragshöhe der einzelnen Bodenformen bei fehlender N-Düngung und ihr unterschiedliches Transformationsvermögen für Dünge-Stickstoff deutlich. Während die flachgründigen Moore und Anmoore, bei N = 0 nur 60 dt/ha an Trockenmasse zu produzieren vermögen, leisten die tiefgründigen Nto Ia-Standorte der Friedländer Großen Wiese nahezu das Doppelte. Durch N-Gaben von 400 kg/ha werden jedoch die Bodenformenunterschiede fast aufgehoben. Alle Standorte bringen dann Erträge von ~ 140 dt/ha Tr.-M.

Ursache der so unterschiedlich hohen Erträge der Bodenformen bei fehlender N-Düngung und des Transformationsvermögens für Dünge-Stickstoff sind u. a. die entsprechend unterschiedlichen Stickstoffmineralisationsraten aus der organischen Substanz des Bodens, der sogenannte bodenbürtige Stickstoff, welcher mit der Torfmächtigkeit bzw. der absoluten Humusmenge je Flächeneinheit korreliert. Wie hoch die N-Mineralisationsrate bzw. der pflanzenphysiologisch wirksam werdende N-Vorrat „*b*" im Boden ist, läßt sich nach einer auf MITSCHERLICH (1954) zurückgehende Formel auf Grund der prozentualen Ertragssteigerung einer bestimmten N-Gabe berechnen oder auch graphisch ableiten. Sie lautet:

$$b = \frac{\log(\mathrm{Y} - \mathrm{a} \cdot 10^{-\mathrm{cx}}) - \log(\mathrm{Y} - \mathrm{a})}{\mathrm{c}}$$

Hierin bedeutet

Y = Ertrag mit N-Düngung
a = Ertrag ohne N-Düngung
c = Wirkungswert, für N = 0,20
x = N-Gabe in dt/ha

Wir haben die pflanzenphysiologisch wirksam werdenden bodenbürtigen Stickstoffmengen für die einzelnen Bodenformen berechnet. Sie betragen, wie in der letzten Spalte der Tabelle auf Abb. 2 vermerkt ist, auf den Nto Ia Standorten 307 kg/ha N und sinken kontinuierlich auf 127 kg bei den Nto III- und den Anmoorstandorten. In der vorletzten Spalte der gleichen Tabelle sind die von uns berechneten von der N-Düngung abhängigen Ertragsformeln eingetragen. Die Formel für die Nto II-Bodenform lautet:

$$Y = 152 - 75 \cdot 10^{-0{,}1761\mathrm{x}} .$$

Sie sagt u. a. aus, daß der durch eine N-Düngung erreichbare Höchstertrag unter den obwaltenden Standortsbedingungen 152 dt/ha Tr.-M. ist, daß der ohne N-Düngung erzielbare Ertrag 152 − 75 = 77 dt/ha ist und der Wirkungswert *c* für N = ~ 0,18 ist.

Die *c*-Werte sind mit einer Ausnahme mit ~ 0,18 gleich und im Vergleich zu MITSCHERLICH, der 0,20 angibt, etwas kleiner. Das heißt, wenn wir wissenschaftlich exakt definieren, daß es keine unterschiedliche Stickstoffwirkung bei den einzelnen Bodenformen, sondern nur ein unterschiedliches Transformationsvermögen der einzelnen Bodenformen für Dünge-Stickstoff gibt. Unter dem Transformationsvermögen der Standorte verstehen wir ihre Fähigkeit, Aufwendungen der verschiedensten Art, mit mehr oder minder hohem Effekt in einen Ertrag umzuwandeln.

Wollen wir die N-Wirkung vergleichen, dann müssen wir den bodenbürtigen und gedüngten Stickstoff summieren. Tun wir dies, dann ist die Erzeugungsleistung des letzten kg N völlig übereinstimmend und auch der absolute Ertrag ist gleich.

Eingangs verwiesen wir darauf, daß die Frage nach der Ertragshöhe gut bewirtschafteter Niedermoorstandorte nur beantwortet werden kann, wenn ein bestimmter Düngeraufwand zugrunde gelegt wird. Unterstellen wir eine optimale N-Düngung, d. h. jene, bei der das letzte gedüngte kg N noch eine Erzeugungsleistung von 10 kg Tr.-M. aufweist, dann würde das bedeuten, daß wir auf den Nto Ia-Standorten der Friedländer Großen Wiese kaum mehr als 100 kg N, auf den Nto I-Standorten des Dosse-, Rhin- und Havelluches 200 kg N, auf den Nto II 300 und auf den Nto III und Anmoorstandorten 400 kg N/ha verabfolgen müßten. Die Erträge wären dann für die einzelnen Bodenformen in der genannten Reihenfolge 121, 124, 128 und 137, im Mittel ~ 127 dt/ha Tr.-M. und verhältnismäßig wenig differenziert. Eine weitere Steigerung um je 100 kg pro ha auf den genannten Bodenformen bringt Mehrerträge, die hart an der genannten Grenze der geforderten Erzeugungsleistung liegen und unsicher sind. Ziehen wir von diesen Versuchsflächenwerten 25% für praxisbedingte Unzulänglichkeiten ab, dann kann mit einem Ertrag von ~ 100 dt/ha Tr.-M. für die Niedermoorstandorte kalkuliert werden. Die bei optimaler Düngung ziemlich gleichhohen Erträge der einzelnen Bodenformen gestatten allerdings nicht eine gleiche ökonomische Bewertung der Standorte. Die dargestellten Sachverhalte gestatten aber eine Quantifizierung der Differenzialrente.

Die bisher besprochene Bodenform ist jedoch erst ein Standortsfaktor. Der zweite, ebenso oder noch maßgeblichere Standortsfaktor ist das Wasser. Die Niederschläge sind, da es sich um Versuchsergebnisse eines Jahres handelt, für alle Standorte fast gleich. Auch das pflanzennutzbare Bodenhaftwasser ist im vererdeten Krumenhorizont der Niedermoore, wie wir ermittelten, (Waydbrink 1968) fast gleich. Niederschlags- und Bodenhaftwasser können wir somit als für alle Standorte in gleichem Maße gegeben unberücksichtigt lassen und uns nur auf den Einfluß der unterschiedlichen mittleren Grundwasserstände während der Vegetationsperiode vom 1. 5. bis 30. 9. konzentrieren.

Wir haben die Erträge der 40 Versuchsstandorte nach Grundwasserstufen von 30···40, 40···50, 50···60, 60···70 und 80···100 cm gruppiert und gemittelt und sind zu Ertragskurven gekommen, wie sie in Abb. 3 dargestellt sind. Wir sehen, daß bei fehlender N-Düngung die Erträge mit zunehmender Grundwassertiefe von 35 auf 75 cm, ansteigen und zwar von 42 auf 90 dt/ha Tr.-M., also auf das Doppelte. Ursache dafür ist u. a. die höhere N-Freisetzung aus dem Boden auf Grund der intensiveren bodenbiologischen Aktivität bei besserer Durchlüftung (Wojahn, E.; Waydbrink, v. D. W.; Doerner, K.: 1964).

Mit steigender Stickstoffdüngung werden diese Ertragsunterschiede geringer. Insgesamt ein Sachverhalt, wie er für den Faktor Bodenform besprochen wurde. Beachtung verdient jedoch der Tatbestand, daß bei der 400 kg N-Variante im

Gegensatz zur O-Variante die Erträge mit zunehmender Grundwassertiefe in etwa dem gleichen Ausmaß absinken. Bei 200 kg N überschneiden sich die Ertragskurven, und die Erträge liegen dicht beeinander. Bei Grundwasserständen zwischen 60 und 70 cm haben die Standorte nicht mehr das geforderte Transformationsvermögen für Düngestickstoff, weshalb N-Gaben über 200 kg pro ha N nicht mehr vertretbar sind. Sollen höhere Erträge durch höhere ökonomisch vertretbare N-Gaben angestrebt werden, dann müssen Grundwasser-

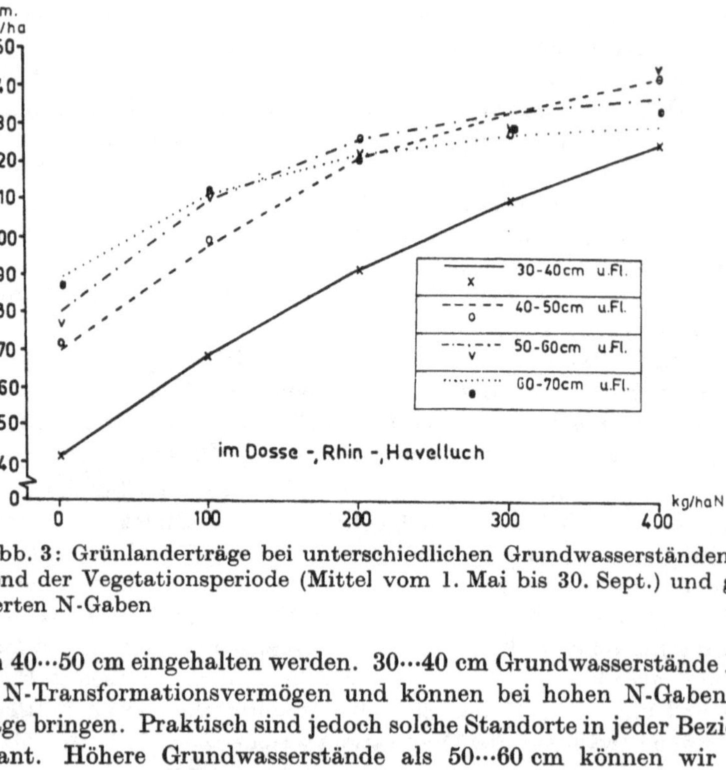

Abb. 3: Grünlanderträge bei unterschiedlichen Grundwasserständen während der Vegetationsperiode (Mittel vom 1. Mai bis 30. Sept.) und gesteigerten N-Gaben

stände von 40···50 cm eingehalten werden. 30···40 cm Grundwasserstände haben ein hohes N-Transformationsvermögen und können bei hohen N-Gaben auch hohe Erträge bringen. Praktisch sind jedoch solche Standorte in jeder Beziehung uninteressant. Höhere Grundwasserstände als 50···60 cm können wir unter industriemäßigen Produktionsbedingungen nicht praktizieren. Bei diesen Grundwasserständen sind N-Gaben aber nur bis 200, maximal 300 kg ökonomisch vertretbar und das ergibt Erträge von 125 bzw. 135 dt/ha Tr.-M. für das Dosse-, Rhin- und Havelluch. Es sind die gleichen Werte wie sie im Mittel bei der Besprechung der Bodenformen genannt werden.

Einen anschaulichen Überblick über optimale Grundwasserstände für die einzelnen N-Düngestufen vermittelt die Abbildung 4. Mit steigender N-Gabe von 0 auf 400 kg/ha verlagert sich der optimale Grundwasserstand — Schnittpunkt der Diagonale — von 80 auf 45 cm u. Fl. Das höchste Transformationsvermögen für Stickstoff und zugleich auch der höchste Ertragszuwachs von 85 dt/ha wird durch eine N-Gabe von 400 kg/ha bei einem Grundwasserstand von 35 cm erzielt. Bei einem Grundwasserstand von 75 cm verringert sich das

Transformationsvermögen für N beträchtlich und der durch 400 kg erzielbare Ertragszuwachs schrumpft auf 30 dt/ha also auf fast $^1/_3$ desjenigen bei 35 cm. Der höchstmögliche Ertrag von fast 150 dt/ha ist mit 400 kg N bei Grundwasserständen von 45 cm zu erzielen.
Zu den bisher besprochenen Versuchsergebnissen und den daraus gezogenen Schlußfolgerungen ist zu sagen, daß sie selbstverständlich mit der Unsicherheit einjähriger Ergebnisse behaftet sind und deshalb nur als vorläufige Mitteilung

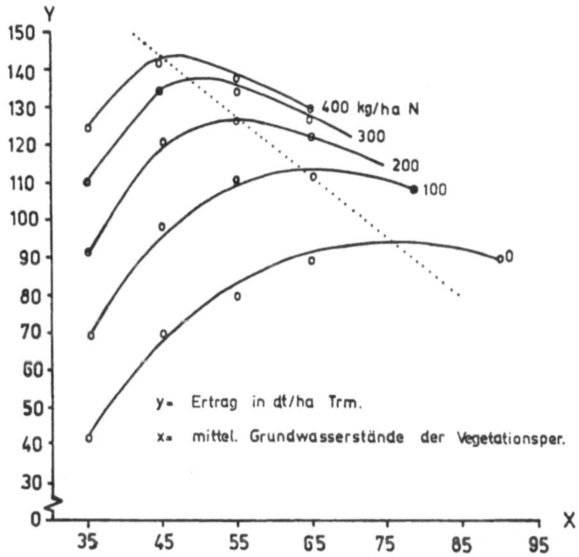

Abb. 4: Grünland-Erträge bei unterschiedlichen Sommer-Grundwasserständen und N-Gaben im Dosse-, Rhin- und Havelluch

zu werten sind, obwohl das Versuchsjahr 1968 ein durchschnittliches Grünlandjahr war. Es werden sich die Ertragsgrößen nach Verrechnung mehrerer Versuchsjahre sicherlich noch etwas ändern, die aufgezeigten Beziehungen und Tendenzen werden aber bestehen bleiben. Unser Anliegen war es, auf diese Beziehungen zwischen Standortsfaktoren und dem Ertrag hinzuweisen.
Im Folgenden sollen langjährige und zwar zehnjährige Versuchsergebnisse von nur drei Standorten besprochen werden und die Ertragssicherheit der Niedermoorstandorte diskutiert werden. Schließlich sollen an einem Standort die Beziehungen zwischen dem Witterungsablauf sowie den Grundwasserständen und dem Ertrag ausführlich behandelt werden.

Die drei Versuchsstandorte sind:

Friedländer Große Wiese bei Mariawerth (FGW) NtIa 2+ bzw. 2−

Rotes Luch bei Waldsieversdorf Krs. Strausberg (RoL) $\frac{\text{Nto Ib}}{\text{Mu}}$ 2+

Rhinluch bei Wustrau Krs. Neuruppin (Rh. L) $\frac{\text{Nto III}}{\text{S}}$ $3\mp$

Die wichtigsten boden- bzw. standortskundlichen Merkmale dieser Standorte sind in der Tabelle 2 gegenübergestellt.

Tabelle 2
Gegenüberstellung wesentlicher Standortsmerkmale der drei Versuchsflächen

Merkmal	Rhinluch	Rotes Luch	Friedländer Große Wiese
Torfmächtigkeit in cm	25	120	220
Glühverl. Krume in %	65	76	82
Substanzvol. Vol. %	27	20	20
Nutzb. Wasserkap. Vol %	42	51	49
min. Luftkap. Vol %	12	9	13
Ca Krume in %	2,6	3,6	4,3
K Krume in %	0,06	0,06	0,03
P Krume in %	0,10	0,20	0,14
pH Krume	5,8	6,7	7,0
N Gehalt Krume Tr.-M. Boden in %	2,6	3,1	3,4
N Gehalt Krume in org. Tr. Subst. in %	4,2	4,1	4,2
Wasserstufe	3±	2+	2+ bzw. 2−
Standortstyp nach WOJAHN u. ILLNER	$\frac{\text{Nto III } 3\pm}{\text{S}}$	$\frac{\text{Nto Ib } 2+}{\text{Mu}}$	Nto Ia 2+ u. 2−

Der Hauptunterschied besteht in der Bodenform, d. h. in der Torfmächtigkeit. Alle übrigen Werte sind nicht so unterschiedlich, um die großen Ertragsunterschiede und Ertragsschwankungen zu erklären.

Auf der Abbildung 5 sind die Erträge der jeweils im ersten Hauptnutzungsjahr stehenden Grünlandbestände aufgetragen. Da es sich um gleichartige und gleichaltrige Bestände handelt, sind die Ertragsschwankungen allein auf die jeweiligen Witterungseinflüsse zurückzuführen. Es fällt hierbei auf, daß die Erträge der Friedländer Großen Wiese und des Roten Luches in den ersten Jahren parallel verlaufen und in Jahren mit hohen Temperaturen und geringen Niederschlägen z. B. 1959 Spitzenerträge bringen, während der Standort Rhinluch im gleichen Jahr nur sehr niedrige Erträge hervorbringt und ferner, daß in den letzten Jahren die Erträge der FGW nicht mehr zum RoL, sondern zu denen des RhL parallel laufen und diese schließlich sogar unterschreiten.

Im ersten Falle verrät sich der dominierende Einfluß der Temperatur, im anderen der der Niederschlagsmengen. Unsere Untersuchungen ergaben, daß die Temperatursumme, und zwar nicht erst ab Vegetationsbeginn, sondern schon ab kältester Pentade des Jahres auf allen Standorten den Ertrag der folgenden Vegetationsperiode beeinflußt. Der Einfluß der Niederschläge hingegen ist, je nach den vorliegenden Grundwasserverhältnissen mehr oder minder positiv als auch negativ.

Die Berechnung der Beziehungen wurden für die mit N ungedüngte Variante aller vorhandenen Altersklassen der Bestände und zwar für jeden der drei ge-

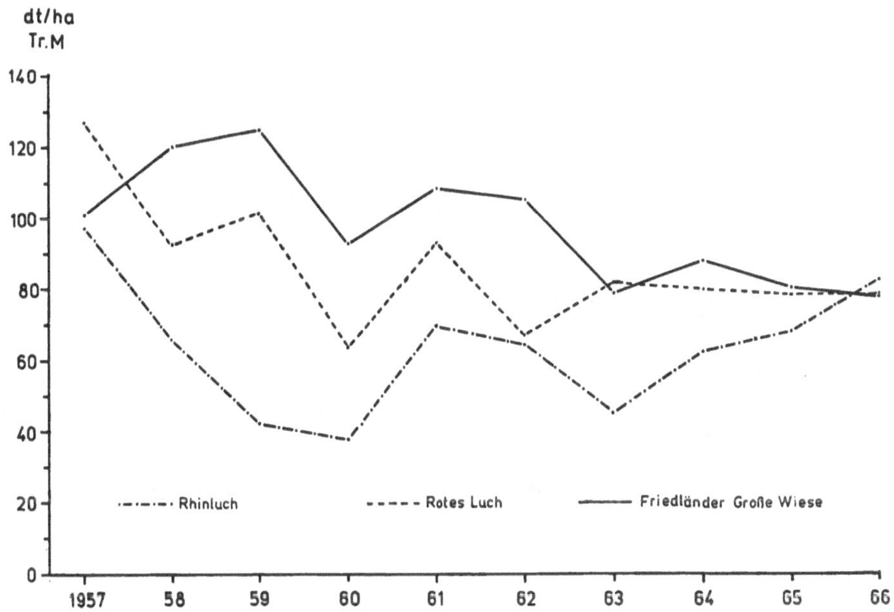

Abb. 5: Erträge von im ersten Hauptnutzungsjahr stehenden Grünlandbeständen auf drei unterschiedlichen Niedermoorstandorten.

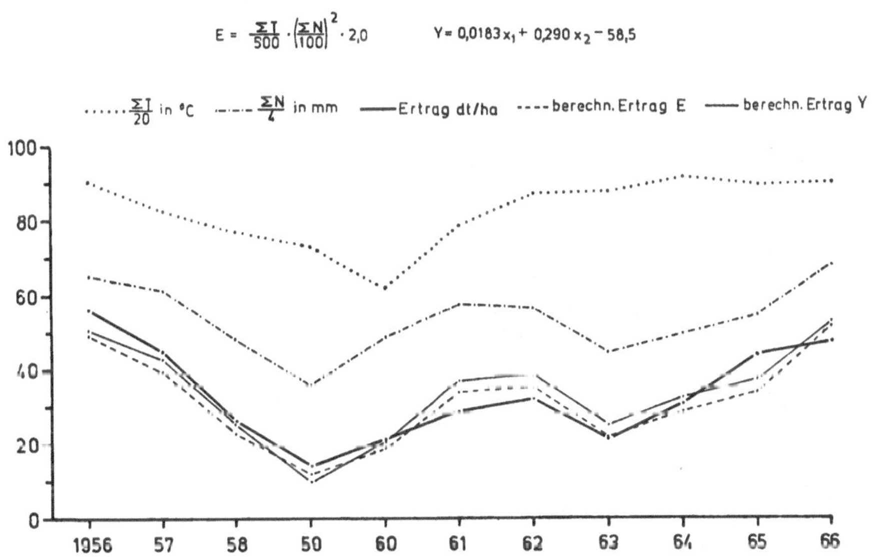

Abb. 6: Beziehung zwischen Trockenmasseertrag des 2. + 3. Schnittes und Witterungsablauf auf dem Versuch Rhinluch

tätigten Schnitte gesondert mittels Regressionsanalysen durchgeführt und entsprechende Formeln abgeleitet. Zwischen den Ernteerträgen der einzelnen Schnitte und den Witterungsdaten der entsprechenden Zeitspannen ergaben sich z. B. nachstehende Beziehungen.

Die Erträge des 2. und 3. Schnittes des Standortes Rhinluch $\frac{\text{NTO Ib}}{\text{Mu}} 3\mp$ weisen, wie auf Abbildung 6 erkenntlich ist, eine weitgehende Parallelität zwischen Ertrags- und Niederschlagskurve auf. Entsprechend den Niederschlagsmengen schwanken die Erträge zwischen 14 im Jahre 1959 und 56 dt/ha Tr.-M. im Jahre 1956 um 400%. Die multiple Regression für die Beziehung Ertrag in dt/ha Tr.-M. $= Y$, Temperatursumme in °C $= x_1$ und Niederschlagssumme in mm $= x_2$ ergibt die Formel $Y = 0{,}018\, x_1 + 0{,}290\, x_2 - 58{,}5$.

Das Bestimmtheitsmaß B beträgt 0,85.

Im Gegensatz zu den Verhältnissen im Rhinluch, wo die Ertragskurven in erster Linie zu den Niederschlagskurven parallel laufen, besteht im Roten Luch $\frac{\text{Nto Ib}}{\text{Mu}} 2\div$ diese Parallelität vornehmlich zu den Temperaturkurven (Abb. 7).

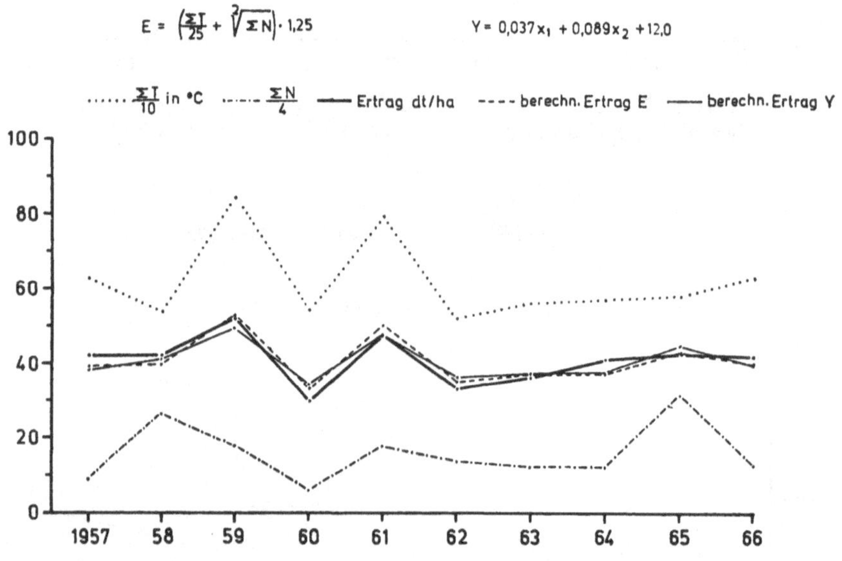

Abb. 7: Beziehung zwischen Trockenmasseertrag des 1. Schnittes und Witterungsablauf auf dem Versuchsstandort Rotes Luch

Für die Beziehung Ertrag $= Y$, Temperatursumme ab kältester Pentade des Jahres bis Schnittermin $= x_1$ und die Niederschlagsmenge vom 15.4. bis Schnitttermin $= x_2$ lautet die Formel:

$$Y = 0{,}037\, x_1 + 0{,}089\, x_2 + 12{,}0\,.$$

Für die Friedländer Große Wiese Nto Ia sind ebenfalls entsprechende Beziehungen ermittelt worden (Abb. 8). Es mußten aber zwei verschiedene Formeln

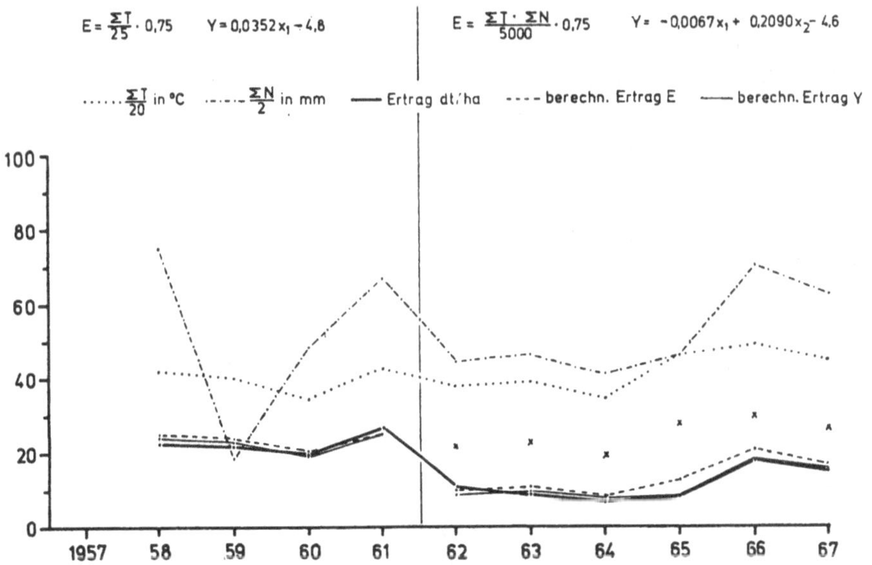

Abb. 8: Beziehung zwischen Trockenmasseertrag des 3. Schnittes und dem Witterungsablauf auf dem Versuchsstandort Friedl. Große Wiese

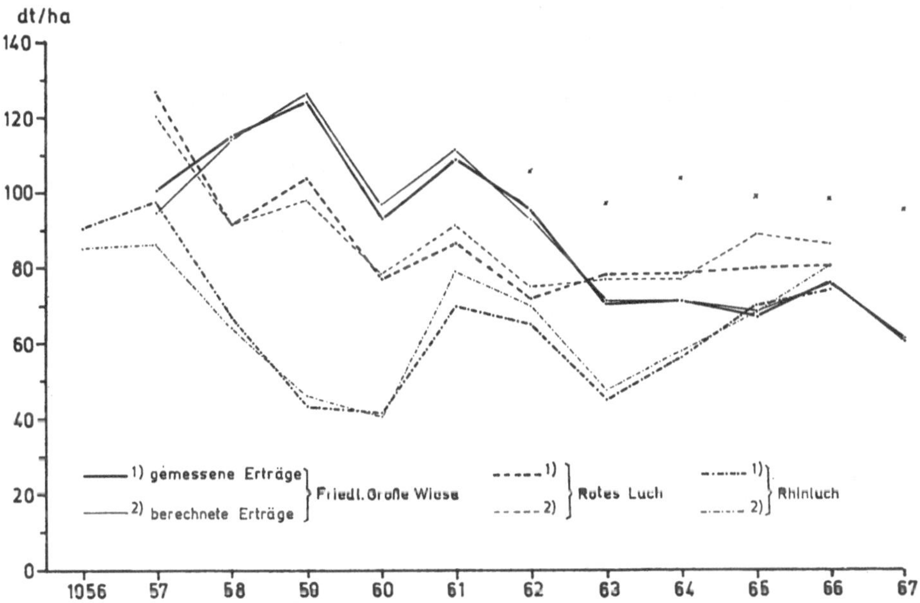

Abb. 9: Gemessene und nach Regressionsgleichungen berechnete Jahreserträge auf drei Niedermoorstandorten

für den Zeitraum bis 1961 und ab 1962 gebildet werden, weil 1961 durch tiefgreifende Meliorationen eine Grundwasserabsenkung erfolgte, wonach die Wasserstände von durchschnittlich 0,90 auf ~ 120 cm u. Fl. sanken. Solche Witterungsformeln gelten verständlicherweise nur für einen Zeitraum, in dem sich am Standort nichts Grundsätzliches ändert.

Summieren wir die Ernteerträge der einzelnen Schnitte zum Jahresertrag und desgleichen die rechnerisch ermittelten, dann ergeben sich für die drei Standorte Übereinstimmungen, wie sie aus Abbildung 9 abzulesen sind. Die Kreuzsignatur gibt für den Nto Ia-Standort an, welche Erträge zu erwarten gewesen wären, wenn die „Melioration“ unterblieben wäre. Der Ertragsrückgang beträgt im Mittel 26 dt/ha Tr.-M.

Zur witterungsbedingten Ertragsschwankung und damit zur Ertragssicherheit läßt sich aus dieser Abbildung ablesen, daß beim Nto Ia 2+-Standort (Grundwasserabsenkung unberücksichtigt) die Erträge zwischen 123 und 93 = 102 ∓ ∓ 10 dt bzw. ∓ 10% liegen, beim Standort $\frac{\text{NTO II}}{\text{Mu}}$ 2+ liegen sie mit einer Ausnahme zwischen 75 und 100 = 85 ∓ 12 dt/ha Tr.-M. bzw. ∓ 14%.

Bei dem wechselfeuchten und daher extremen Standort $\frac{\text{NTO III}}{\text{S}}$ 3∓ liegen bzw. schwanken sie zwischen 96 und 45 = 65 ∓ 25 dt/ha Tr.-M. bzw. ∓ 38%.

Die bisher diskutierten Witterungsformeln gestatten, die Standorte sicherer einzuschätzen und geben auch schon Hinweise dafür, welche Meliorationen zu einem noch höheren Ertragsniveau führen. Temperaturabhängige Standorte könnten durch eine weitere Entwässerung evtl. noch verbessert werden, während niederschlagsabhängige Standorte im allgemeinen auf zu tiefe Grundwasserstände hindeuten. Welche Grundwasserstände aber optimal für den jeweiligen Standort wären, läßt sich damit noch nicht aussagen. Will man dies, und das ist von großer praktischer Bedeutung, dann müssen die Grundwasserstände als ertragsbeeinflussende Standortsfaktoren in die Berechnung der Beziehungen mit aufgenommen werden.

Am Beispiel des ersten Schnittes auf dem Nto Ia-Standort Friedländer Große Wiese (Abb. 10) soll dargelegt werden, zu welchem Ergebnis wir gekommen sind.

Mit nicht unbeträchtlichem Rechenaufwand konnten wir durch multiple Regressionsrechnung ermitteln, daß zwischen dem Ertrag des ersten Schnittes eine sehr enge positive oder negative Beziehung zu den nachfolgenden Faktoren besteht:

1. Temperatursumme ab kältester Pentade bis zum Schnittermin $\sum T = x_1$
2. Winterniederschläge in mm vom 1. 10. bis 30. 4. $\sum N\,W = x_2$
3. Tiefstgrundwasserstände des Herbstes $GO = x_3$
4. Mittlere Grundwasserstände vom 1. 11. bis 30. 4. $GW = x_4$
5. Höchstgrundwasserstände des Winters $Gh = x_5$
6. Maigrundwasserstände (1. 5. bis Schnittermin) $GM/S = x_6$

Die berechnete Formel lautet:

$$Y = 0{,}055\ x_1 - 0{,}213\ x_2 - 0{,}218\ x_3 + 0{,}284\ x_4 + 0{,}189\ x_5 - 0.220\ x_6 + 59{,}1\ .$$

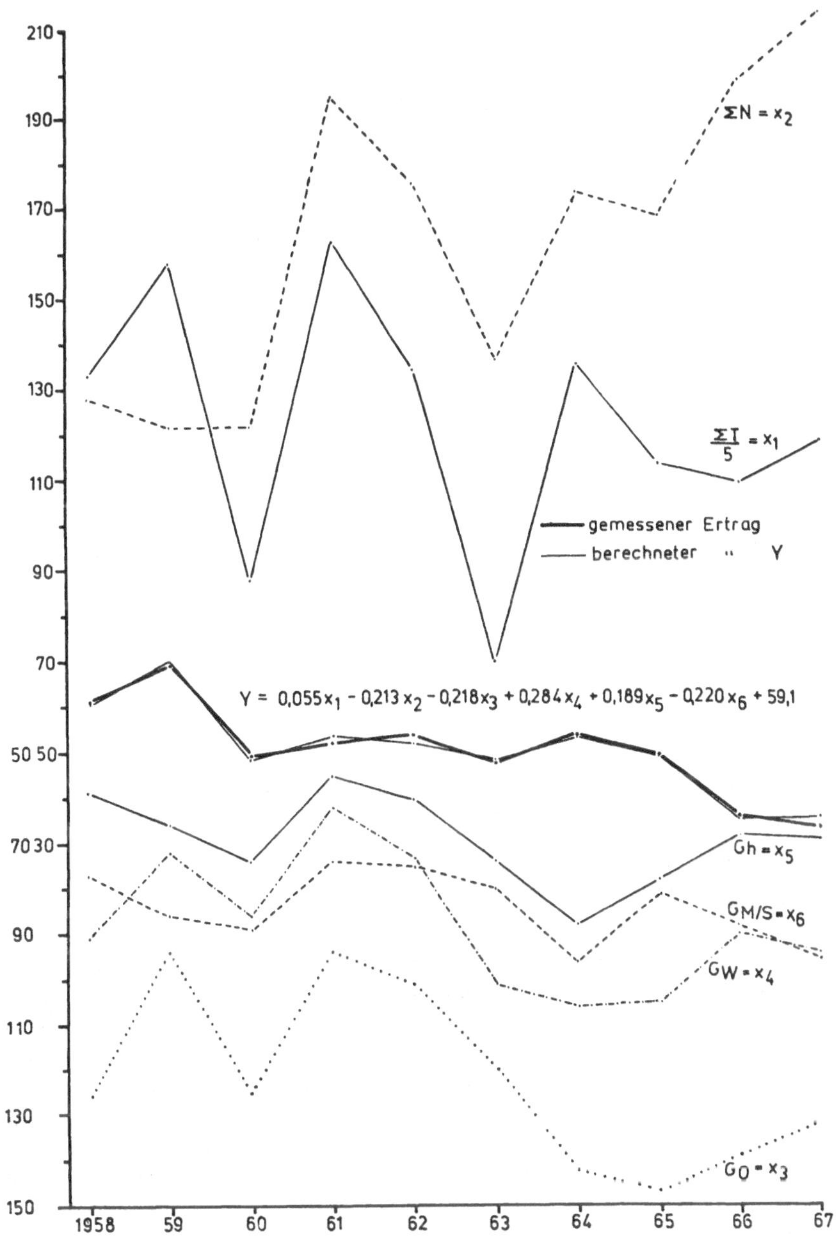

Abb. 10: Beziehung zwischen Trockenmasseertrag des 1. Schnittes und Witterungsablauf, sowie den Grundwasserständen auf dem Versuchsstandort Friedländer Große Wiese

Die Übereinstimmung mit dem geernteten Ertrag ist sehr hoch. Das Bestimmtheitsmaß $B = 0{,}99$.
Gemäß der Formel wird mit jedem mm, um den sich die Winterniederschläge erhöhen, der Ertrag um 0,21 dt/ha gemindert, mit jedem cm, um den sich die Wintergrundwasserstände vertiefen, der Ertrag um 0,28 dt/ha gesteigert usw.
Für das Zustandekommen eines möglichst hohen Ertrages müßten alle mit negativen Vorzeichen versehenen Faktoren möglichst kleine, die mit positiven Vorzeichen versehenen, möglichst hohe Werte aufweisen. Die durch die Regressionsanalyse ermittelten Beziehungen sind linearer Natur.

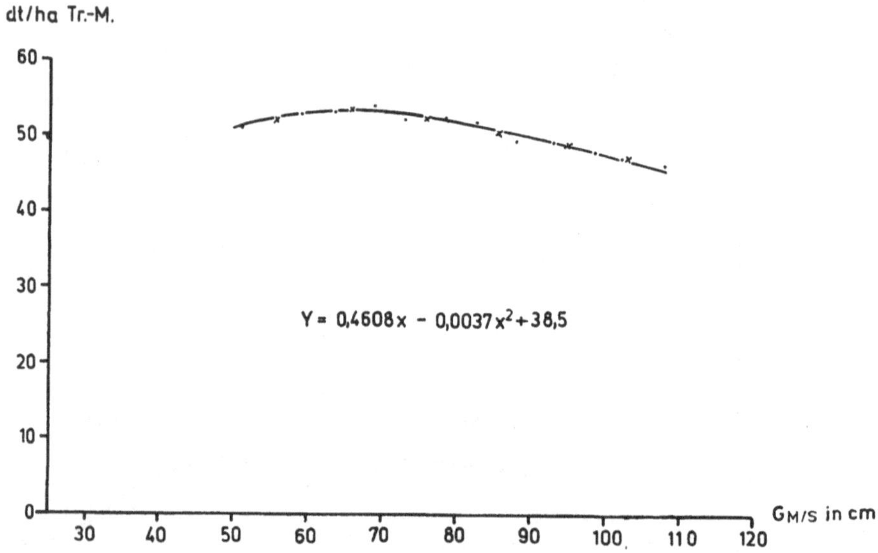

Abb. 11: Einfluß der Mai-Grundwasserstände ($G_{M/S}$) auf den Ertrag des 1. Schnittes auf dem Versuchsstandort Friedländer Große Wiese

Es kam uns nun darauf an, die tatsächlichen Kurvenverläufe und ihre Kulminationsbereiche, d. h. die optimalen Grundwasserstände für alle Jahreszeiten zu berechnen. Dies konnten wir tun, weil uns zunächst anhand der Beziehungsformel die Möglichkeit gegeben ist, jeweils einen Faktor für sich allein zu prüfen, indem wir den Einfluß aller übrigen am Ertrag beteiligten Faktoren eliminieren können. Durch Zuordnung von $\sim$ 600 Ertragswerten zu 120 Grundwasserwerten des 10jährigen Versuchszeitraumes konnten wir solche Kurven konstruieren. Diejenige für die Maigrundwasserstände ist in Abbildung 11 dargestellt. Der optimale Grundwasserstand für den Mai ist danach 65 cm, wobei jedoch der Bereich zwischen 55 und 80 cm praktisch keinen großen Ertragsunterschied bewirkt.
Für die übrigen, Einfluß ausübenden Grundwasserstände, sind die entsprechend ermittelten Kurven in Abbildung 12 dargestellt. Interessant ist u. a. der Befund, daß ein Grundwasserstand von 130 cm u. Fl. praktisch so bedeutungslos ist,

daß der Standort bei dieser Grundwasserstufe als grundwasserfrei anzusehen ist. Hinzuweisen ist noch auf die Grundwasserstandskurve des zweiten Schnittes G2. Danach würde der zweite Schnitt bei 60 cm, 42 dt/ha Tr.-M. bringen, bei 130 cm aber nur 12 dt/ha.

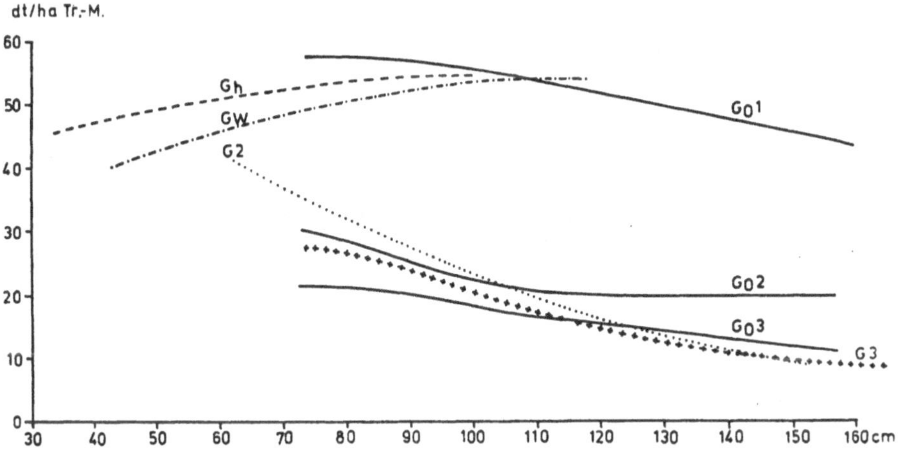

Abb. 12: Einfluß verschiedener Grundwasserstände auf den Ertrag

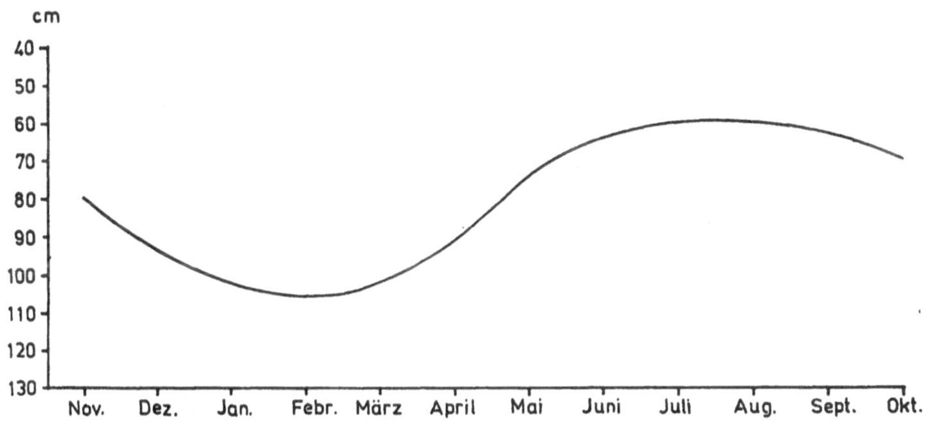

Abb. 13: Ideale Grundwasserstandskurve für alle Jahreszeiten auf dem Versuchsstandort Friedländer Große Wiese

Eine ideale, den natürlichen Gegebenheiten aber entgegengesetzt verlaufende Grundwasserstandskurve wäre so, wie sie in Abbildung 13 dargestellt ist, d. h. im Winter 100, im Sommer 60 cm u. Fl. Bei Verwirklichung dieser idealen Grundwasserganglinie und einer in diesem Falle ökonomisch vertretbaren N-Gabe von 250 kg/ha könnten unter Versuchsflächenbedingungen 180 dt/ha Tr.-M., unter Praxisbedingungen 25% weniger = 135 dt/ha Tr.-M. wachsen.

Die genannten 135 dt/ha Tr.-M. dürften unter unseren Klimabedingungen und mit den jetzigen Pflanzenbeständen im langjährigen Mittel als auf Niedermoorstandorten unter Praxisbedingungen erreichbarer Höchstertrag anzusehen sein.

Zusammenfassung

Von 40 unterschiedlichen Niedermoorstandorten werden die Ernteerträge bei differenzierter N-Düngung (0—400 kg/ha) diskutiert. Mit zunehmender Torfmächtigkeit und tieferen Grundwasserständen erhöht sich die N-Mineralisation von ~ 100 auf 300 kg/ha und damit erhöhen sich die Erträge bei fehlender N-Düngung. Als ökonomisch vertretbarer N-Düngeraufwand resultiert daraus 100—400 kg N/ha und Erträge von ~ 125 dt/ha Tr. M.
Von drei Niedermoorstandorten wurden mathematisch formulierte Beziehungen zwischen dem Ertrag und den wichtigsten Standortfaktoren mitgeteilt und diskutiert.

Резюме

Название работы: Уровень и устойчивость лугопастбищных урожаев в районах низинных болот
Рассматривается урожайность лугопастбищных угодий в 40 различных географических точках, расположенных на низинных болотах, при дифференцированных дозах азотного удобрения (0—400 кг/га). С возрастающей мощностью торфа и с более глубоким залеганием грунтовых вод повышается минерализация азота от ~ 100—300 кг/га, а вместе с тем повышаются и урожаи при отсутствии азотных удобрений. С экономической точки зрения допустимым является затрата азота от 100 до 400 кг при урожаях в ~ 125 ц/га.
По трем местам, расположенным на низинных болотах сообщаются и излагаются математически сформулированные взаимосвязи между урожаем и главными факторами местообитаний.

Summary

Title of the paper: Level and security of grassland yields in different lowmoor areas
The yields from 40 different lowmoor sites obtained at differentiated levels of N-fertilization (0—400 kg/ha) are discussed. With growing peat thickness and lower water tables nitrogen mineralization goes up from 100 kg/ha to 300 kg/ha, approximately, thus effecting yield increments in the absence of nitrogen fertilization. For a yield level of 125 dt/ha the application of 100 to 400 kg N/ha may be regarded as economically justifiable.
For three lowmoor sites mathematically formulated relationships between yield and the most important site factors are reported and discussed.

Literatur

MITSCHERLICH, E. A.: Bodenkunde für Landwirt, Forstwirte und Gärtner. Berlin und Hamburg Verl. Paul Parey 1954, 327 S.

MUNDEL, G.: Mündliche Mitteilung 1969

PETERSEN, A.: Die Neue Rostocker Grünlandschätzung Abh. Dt. Akad. Wiss. Berlin, Kl. Gesellschaftswiss. 1952, Nr. 1

WOJAHN, E.; ILLNER, K.: Die Standortstypen der Niedermoore als Grundlage der Meliorationsplanung und Projektierung. Wasserwirtsch.-Wassertechn. 12 (1962) S. 139–147

WOJAHN, E.; WAYDBRINK, v. d. W.; DOERNER, K.: Über den Einfluß der Nutzungsdauer, der organisch-mineralischen Düngung und der Entwässerungstiefe auf die bodenbiologische Aktivität und die Erträge von Grasland auf Niedermoor. Zeszyty problemowe postępow nauk rolniczych. Zeszyt 72 Warszawa 1967

WAYDBRINK, v. d. W.: Untersuchungen zum Wasserhaushalt in Grünlandböden in Abhängigkeit von deren Humusgehalt sowie Beziehungen zwischen den Grundwasserständen, dem Witterungsablauf und dem Heuertrag auf verschiedenen Niedermoorstandorten. Berlin, Humboldt-Univ. Habil.—Schrift 1968

Anschrift des Verfassers;

Dr. Walter v. d. WAYDBRINK
Institut fürGrünland- und Moorforschung
1551 Paulinenaue

Z. Landeskultur · Bd. 10 · 1969 · H. 4–6 · S. 297–311 · Berlin

Aus dem Institut für Grünland- und Moorforschung Paulinenaue
der Deutschen Akademie für Landwirtschaftswissenschaften zu Berlin

ANTON SCHOLZ

Grundwasserregulierung im Havelländischen Luch

Eingegangen: 9. 6. 1969

Vor 250 Jahren in der Zeit von 1718 bis 1724 wurde das rd. 50000 ha umfassende Havelländische Luch entwässert und urbar gemacht. BUESCHING (1780) berichtet, daß im Mai 1719 die Zahl der Grabenarbeiter schon auf 1400 Mann angewachsen war, die bereits nach einem Jahr den Großen Havelländischen Hauptkanal auf einer Länge von 51 km ausgehoben hatten. „Die Länge aller bei dieser schweren Arbeit verfertigten Gräben" — so berichtet er weiter — „beläuft sich auf 135447 rheinländische Ruten", das sind 67,75 Meilen bzw. rd. 510 km. Diese nüchternen Zahlen vermitteln einen Eindruck von der gewaltigen Leistung, die das Heer der Grabenarbeiter vollbrachte. Unvorstellbar jedoch sind für unsere Begriffe die Bedingungen, unter denen dieser Bau in der Regierungszeit Friedrich Wilhelm I. zustandegekommen ist. Mit Not und Zwang, Entbehrungen und Massenerkrankungen begann die Geschichte des Havelländischen Luchs; wurden die Sümpfe zu fruchtbarem Land, entstand das Werk der Namenlosen. Das Gedenken an die in der bürgerlichen Geschichtsschreibung Nichtgenannten, an die Rechtlosen des preußischen Staates, an die eigentlichen Helden der Luchmelioration, soll all dem voranstehen, was das vergangene Vierteljahrtausend an Anspruchsheischendem hinterlassen hat, und soll auch dem voranstehen, was wir in den kommenden Jahren im Zeitalter der industriemäßig betriebenen Produktion an Neuem zu schaffen beabsichtigen.

Es ist nicht beabsichtigt, in diesem Beitrag die Geschichte der Luchmelioration in ihren Einzelheiten darzulegen. Vielmehr soll versucht werden, ausgehend von den besonderen Standortbedingungen des Havelländischen Luchs, den Komplex der Grundwasserregulierung historisch, gegenwartsbezogen und möglichst auch in prognostischer Sicht zu beleuchten. Das erscheint um so wichtiger, als dieser Komplex nicht nur für dieses begrenzte Gebiet, sondern darüber hinaus für den überwiegenden Teil der Niederungen des Brandenburgischen Raumes und der angrenzenden Bezirke bedeutungsvoll ist.

Die standortbedingten Besonderheiten des Havelländischen Luchs ergeben sich aus der geologischen Entstehung, aus seiner Lage im Berliner Urstromtal, dem mächtigsten der drei Urstromtäler Brandenburgs. Wesentlich ist, daß in der ausgedehnten, teilweise extrem gefällearmen Niederung mit einer relativ guten Wasserzügigkeit des anstehenden Talsandes gerechnet werden kann. Dieser meist zur Mittelkörnigkeit neigende Feinsand ist durch einen sehr geringen Gehalt an Ton und Schluff gekennzeichnet. Der Anteil der Ton-Schlufffraktion

($<$ 0,06 mm) liegt in der Regel weit unter 5%. Damit sind günstige Bedingungen, sowohl von der Geländegestaltung als auch von der Durchlässigkeit des Bodens für die Grundwasserregulierung gegeben.

Eine weitere Besonderheit des Havelländischen Luchs besteht darin, daß die Moorauflagen im großen und ganzen nur eine geringe Mächtigkeit aufweisen. Der Anteil des tiefgründigen Moores ($\geqq$ 12 dm) ist mit etwa 20% relativ gering. So ist es zu verstehen, daß sich die Wasserspiegelabsenkung um wenige Fuß (etwa um 1 m), die mit dem Ausbau der Hauptgräben vor 250 Jahren erreicht wurde, enorm auswirken konnte.

Den Zustand des Havelländischen Bruchlandes vor der Urbarmachung hat KLÖDEN zu Beginn des 18. Jahrhunderts, zitiert bei BERGHAUS (1854), eindrucksvoll und das Typische treffend, geschildert. „Weit und breit bedeckte ein Rasen aus zusammengefilzter Wurzeldecke von bräunlich grüner Farbe die wassergleiche Ebene. In jedem Frühjahr quoll der Boden durch das hervordringende Grundwasser auf, die Rasendecke hob sich in die Höhe und bildete eine schwimmende, elastische Fläche. Andere Stellen, die sich nicht in die Höhe heben konnten, sogenannte Lanken, wurden überschwemmt, und so glich das Luch in jedem Frühjahr einem weiten See, über welchem jene Rasenstellen wie grüne schwimmende Inseln zwischen den erhöhten Plateaus hervorragten, indeß an anderen Stellen Weiden, Erlen und Birkengebüsch sich mit ihren Wipfeln im Wasser spiegelten, oder da, wo sie auf sandigen, aus dem Moor emporsteigenden Hügeln, den sogenannten Horsten, gewachsen waren, kleine Waldeilande darstellten."

Nachdem dem Sumpf das Wasser entzogen worden war, verfestigte sich die Oberfläche des Luchbodens. Man darf aber nicht annehmen, daß mit der Trockenlegung des Sumpfes entwässertes Land im heutigen Sinne geschaffen wurde. BERGHAUS schildert 1854, etwa 130 Jahre nach der Urbarmachung, das Luch wie folgt: „Die Havelländische Niederung erscheint dem Auge als eine platte, gleichsam waagerechte Ebene, über die der Blick hinwegstreift und erst an den fernen Höhen einen Ruhepunkt findet. Die Wiesenauen sind so niedrig, daß ihre Oberfläche nur 1 bis 2 Fuß über den Wasserspiegel sich erhebt; daher denn auch das ganze Land dieser Niederungen im Vorfrühling zur Zeit der Schneeschmelze unter Wasser gesetzt wird."

Verständlich wird dieser Sachverhalt nicht zuletzt durch die Dimensionierung der Wasserläufe. Die Ausbautiefen und Breiten der Haupt- und Nebengräben bei der Trockenlegung des Luches sind uns durch schriftliche Überlieferungen sehr genau bekannt. Für den Großen Havelländischen Hauptkanal ist das Verhältnis der ursprünglichen zur heutigen Profilierung in der Abbildung 1 dargestellt. Der ursprüngliche Querschnitt umfaßt etwa ein Viertel des heutigen. Das Wasserspiegelgefälle des Kanals, das beim jetzigen Querschnitt nur 2 bis 5 cm je km ausmacht, betrug nach den Aufzeichnungen von BERGHAUS im 19. Jahrhundert etwa das Dreifache. Im Winterhalbjahr konnten demzufolge, namentlich zur Zeit der Schneeschmelze, Überschwemmungen nicht ausbleiben. Nach dieser Betrachtung zur Entwässerung sollen als weitere Phasen der Grund-

wasserregulierung die Wasserrückhaltung durch vorsorgliche Abflußregulierung und die Einstaubewässerung behandelt werden.
Nach den Mitteilungen von BUESCHING hat die vorsorgliche Abflußregulierung durch Staubauwerke im Havelländischen Luch von Anfang an eine wichtige Rolle gespielt. Schon in den ersten Jahren der Luchmelioration, so wird berichtet, wurden viele Stauschleusen eingebaut. Das winternasse Grünland

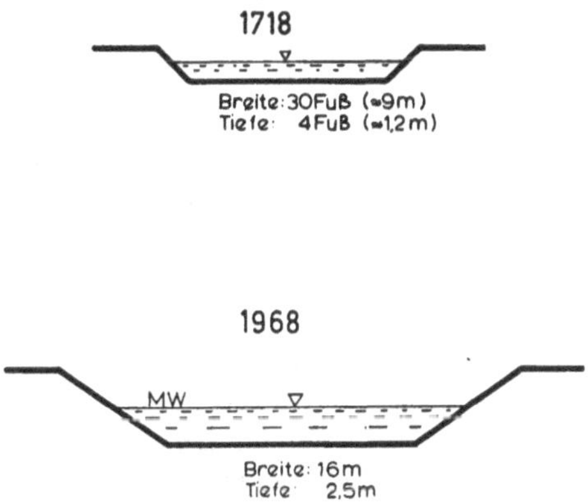

Abb. 1: Profil des Großen Havelländischen Hauptkanals (bei Paulinenaue)

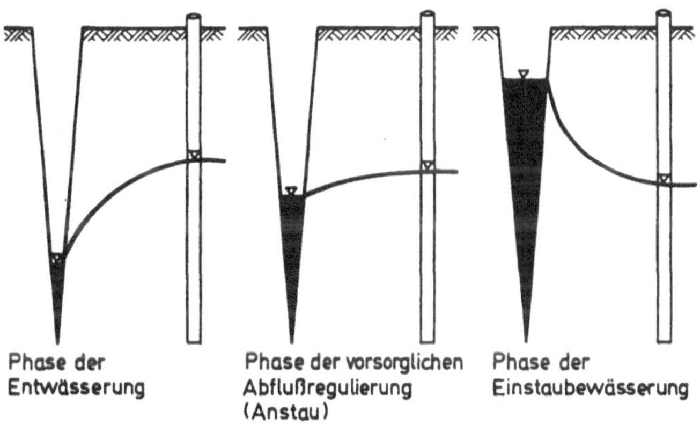

Abb. 2: Phasen der Grundwasserregulierung

reagierte auf den Grundwasserabfall in Trockenjahren sehr empfindlich. SIEMON (1925) schreibt in seiner Abhandlung über die Kultivierung und Besiedlung des Havelländischen- und Rhinluches im Zusammenhang mit der mangelhaften Instandhaltung der Gräben folgendes: „Aus den Akten läßt sich entnehmen, daß gerade die schlechtesten Räumungen der Luchgräben, in denen das Wasser stehen blieb, auf trockene Jahre folgten. Dies erklärt sich wenigstens teilweise aus der Neigung des Havelländers, lieber seine Grundstücke 'versaufen' als gänzlich austrocknen zu lassen."
Interessant in der Geschichte der Luchmelioration ist der Nachweis, daß die Einstaubewässerung der Trockenlegung schon nach wenigen Jahren folgte.

SIEMON (1925) berichtet dazu: „Bereits in den Jahren 1737 bis 1738 hatte Friedrich Wilhelm I den Nieder-Neuendorfer Kanal als Bewässerungskanal zur Leitung von Havelwasser in das Luchgebiet bei Königshorst bauen lassen. Veranlassung hierzu gaben die Vorstellungen des damaligen Kriegs- und Domänenrates STOLZE auf Königshorst, der schon 1736 auf Grund seiner Beobachtungen zu der Überzeugung gekommen war, daß die Gegend jetzt, wo sie von der Überschwemmungsgefahr befreit sein würde, auch eine Bewässerung für alle Fälle haben müsse." SIEMON schreibt weiter: „Auch heute noch ist dieser Kanal als eine Bewässerungsanlage für das ganze Luch anzusehen."

Im 18. und 19. Jahrhundert wurde am Regulierungssystem des Havelländischen Luchs kaum etwas verändert. Die Instandhaltung der Anlagen war mehr als dürftig. Die preußischen Monarchen führten einen kostspieligen Krieg nach dem anderen, so daß das Luch wiederholt in seinen Urzustand zurückzufallen drohte. An Plänen und Projekten fehlte es nicht. 1874 legte ROEDER 3 Projektvarianten vor, die eine völlige Neuorientierung der gesamten Ent- und Bewässerung vorsahen. Doch an der Finanzierung scheiterten sie alle[1].

Erst zu Beginn des 20. Jahrhunderts wurden die Regulierungsanlagen im Havelländischen Luch neu gestaltet. Mit den einschneidenden Maßnahmen in der Vorflutbeschaffung wurde der über zwei Jahrhunderte als richtig befundene Grundsatz: Überschwemmung im Winter, Trockenlegung zur Heuernte im Sommer über Bord geworfen und stattdessen die neue Auffassung: wenig Wasser im Winter zur Erleichterung der notwendigen Durchlüftung, viel Wasser dagegen im Sommer, um die notwendige Feuchtigkeit auch während der heißen Monate zu erhalten, durchgesetzt.

Wie hoch man den Wert der Einstaubewässerung für das Havelländische Luch dabei einschätzte, geht daraus hervor, daß der Kreis Osthavelland den Nieder-Neuendorfer Kanal im Juli 1915 gegen Zahlung einer einmaligen Entschädigungssumme an den Preußischen Staat in Höhe von 175000 Mark übernahm (SIEMON, 1925). 200 Jahre nach der Trockenlegung des Havelländischen Luchs, im Herbst 1924 war unter der Regie der „Havelländischen Luchmeliorations-Genossenschaft" der gesamte Umbau und Ausbau des Hauptgrabennetzes fertiggestellt. Zur Sicherung der Vorflut für die tiefergelegenen 31000 ha des Luches wurden 33 Schöpfwerke und zur Abflußregulierung wie auch zur Einstaubewässerung wurden 8 Nadelwehre, sog. „Klaviere", im Großen Havelländischen Hauptkanal errichtet. „Durch diese Mittel", schreibt SIEMON (1925), „ist die Beherrschung des Wassers ermöglicht, hat der Havelländische Moorwirt das Wasser vollständig in der Hand."

Ob und wie weit diese Feststellung heute noch zutrifft, soll im folgenden anhand von Meßergebnissen diskutiert werden, die auf dem Luchstandort (vgl. SCHOLZ, 1966) des Institutes für Grünland- und Moorforschung Paulinenaue gewonnen wurden. Vor allem soll dabei beachtet werden, welche Schlußfolgerungen sich daraus für die industriemäßige Futterproduktion ergeben, die in der Zukunft

[1] Ausführlicher werden die Meliorationen in der Fortsetzungsfolge „Das Havelluch" der Paulinenauer Institutspost 1965/66 von G. DRASCHÉ behandelt.

mit einem weit höheren technischen Aufwand betrieben werden wird, als es z. Z. schon der Fall ist.

Zur Erläuterung sollen die Pegel- und Grundwasserganglinien des hydrologischen Jahres 1966/67 unter Berücksichtigung der Niederschläge dienen. Die Grundwasserstände sind bei Grabenabständen von 300 bis 500 m ermittelt worden. Zum Verlauf der Grundwasserganglinie ist zu sagen, daß sie einen vertretbaren Kompromiß zwischen Anzustrebendem und Möglichem darstellt, wie es in praxi

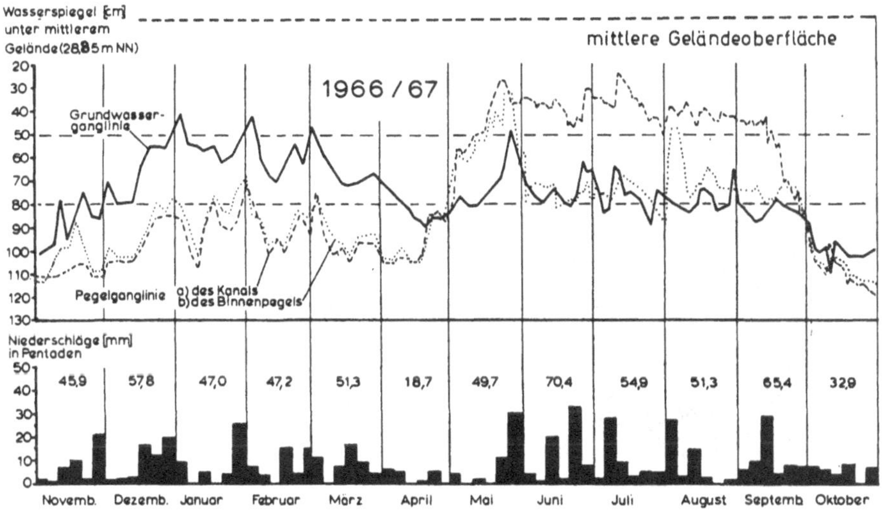

Abb. 3: Ganglinien der Graben- und Grundwasserstände

meist immer der Fall sein wird. Die Grundwasserstände liegen im wesentlichen zwischen 50 und 80 cm unter mittlerem Gelände. Die Absenkung im April und der Anstieg im Mai sind als optimal anzusehen; die über 80 cm hinausgehende Absenkung in den Monaten Oktober und November ist belanglos. Die Pegelganglinie des Kanals läßt erkennen, daß die Wasserstände im Kanal im Winter tief und im Sommer hoch gehalten werden können. Die Ganglinie des Binnenpegels, der 1,5 km vom Kanal entfernt im Nebenvorfluter der Grünlandniederung steht, macht deutlich, daß der „Wasserberg“ des Kanals im Mai mit Erfolg angezapft wurde, in den Monaten Juni und Juli blieb das Einlaßbauwerk geschlossen, Niederschläge und Wasserverbrauch hielten sich etwa die Waage. Der fünftägige Einstau in der heißesten Zeit des Jahres Ende Juli, Anfang August blieb wegen der Kürze ohne sichtbare Auswirkung auf das Grundwasser. Typisch für die Entwässerungssituation des Luchstandortes in Paulinenaue — und das trifft für weite Teile des Havelländischen Luches zu — ist die geringe Höhendifferenz zwischen dem mittleren Gelände und der mittleren Vorflutspiegelhöhe, was mit geringer Vorflut schlechthin gleichbedeutend ist. Sieht man die Entwässerung in den Monaten März und April als am wichtigsten an, dann ist die gegebene Höhendifferenz zwischen mittlerer Vorflutspiegelhöhe

und mittlerer Geländehöhe von 1,0 m bzw. 0,8 m unter dem Tiefgelände nur in normalen Jahren ausreichend. Bei starker Frühjahrsnässe wie z. B. 1969 kommt es bei dieser geringen Vorflut zur Verzögerung des ersten Aufwuchses.
Der auch in der TGL verankerte klassische Lehrsatz: die Weide erfordert eine größere Entwässerungstiefe als die Wiese, muß als nicht mehr gültig angesprochen werden, wenn er auf Weide- und Mähenutzung neuzeitlicher Technologie übertragen wird. Die Befahrbarkeit mit Großmaschinen ist heute zum Kriterium der Bemessung der Entwässerungstiefe geworden, nicht mehr die Beweidung wie zur Zeit der Gespannarbeit.

Abb. 4: Gerätespuren nach stärkeren Niederschlägen

Wo eine Beweidung auch mit hohen Besatzdichten in kritischen Nässeperioden noch vertretbar ist, zerstören die Erntemaschinen bei der Mähenutzung die Narbe, ist die Ernte unter Umständen überhaupt in Frage gestellt und hinterbleiben Schäden, die noch nach Jahren Bewirtschaftung und Ertrag beeinträchtigen. Natürlich kommt es auch bei der Beweidung wie z. B. im Mai 1961 nach einem Starkregen von 60 mm in 6 Tagen zu Narbenschäden. Aber die Auswirkungen sind bei weitem nicht so nachteilig, wie es zunächst den Anschein hat. Bereits nach 14 Tagen haben bei guter Nährstoffversorgung die ausläufertreibenden Weideuntergräser die durchgetretenen Stellen wieder überwachsen; was aber vor allem wichtig ist: die Oberfläche bleibt eben bzw. kann mit einem Walzenstrich leicht wieder eingeebnet werden.
Die Frage, welche Entwässerungstiefe und daraus sich ergebend, welche Vorflutspiegelhöhe auf sandigen Niederungsstandorten und sandunterlagerten Moorstandorten, vor allem in prognostischer Sicht, anzustreben sind, kann nur im Zusammenhang mit der Reliefmelioration und mit dem Einsatz großdimensionierter verdeckter Regulierungssysteme beantwortet werden. Die Großflächenplanierung und die Entwicklung eines „Superdräns", dessen Bemessung und Leistung die bekannten Parameter der herkömmlichen Dräne um ein Vielfaches übersteigt, sind hochaktuelle Aufgaben, die es kurzfristig zu lösen gilt. Diese Aufgaben gilt es deshalb kurzfristig zu lösen, weil wir in den kommenden Jahren

hunderte Kilometer offene Gräben in unsere Niederungen schneiden werden, mit denen wir — wenn auch nicht für ewig, so doch für lange Zeit — unser Signum in der Erdkruste hinterlassen.
Beide Maßnahmen, der Reliefausgleich und der Einsatz großdimensionierter Dräne dienen der Einschränkung der offenen Gräben, deren Instandhaltung so wenig gesichert und deren Wiederbeseitigung bei der heutigen Dimensionierung nur mit sehr hohem Kostenaufwand möglich ist.
Im Havelländischen Luch mit seinem bewegten Untergrundrelief und der sich daraus ergebenden unterschiedlichen Moormächtigkeit verdient die Großflächenplanierung besondere Beachtung. Die meist nur wenige Dezimeter unter dem mittleren Niveau liegenden Vertiefungen sind die eigentlichen Gefahrenpunkte bei der mechanisierten Bewirtschaftung, weil einerseits in diesen Vertiefungen bei Starkregen das Oberflächenwasser zusammenläuft und weil andererseits der Boden in den Senken infolge des höheren Humusgehaltes bzw. der größeren Moormächtigkeit ohnehin eine geringere Tragfähigkeit besitzt. Dabei ist es — wie sich immer wieder zeigt — gleichgültig, ob diese Vertiefungen 10 m oder 200 m vom Graben entfernt liegen — das Wasser steht auch neben dem Graben — woraus man schließen kann, daß es wichtiger ist, die Vertiefungen aufzufüllen als die Vernässung durch eine engere Abstandsbemessung der Gräben verhindern zu wollen.
Aus der Abbildung 5 geht hervor, daß in Nässeperioden die Höhendifferenz zwischen Vorflutwasserspiegel und Grundwasserspiegel bis zu 100 m Entfernung vom Graben 33 bis 35 cm ausmacht und daß das Grundwasser, 200 m vom Graben entfernt (gestrichelte Linie), nur wenige Zentimeter höher steht. Diese Meßergebnisse haben sich auch auf anderen Talsandstandorten bestätigt. Man kann daraus schließen, daß eine kurzfristig wirkende intensive Grundwasserregulierung eigentlich nur bei Grabenabständen weit unter 200 m möglich ist und auch nur dann, wenn große Wassermengen in zwei Richtungen bewegt werden. Das eine ist so wenig mit der Entwicklung vereinbar wie sich das andere aus wasserwirtschaftlichen Gründen verbietet. Aus dieser Situation gibt es nur einen Ausweg: Einsatz großdimensionierter Dräne, die mit einem sehr geringen Gefälle bzw. gefällelos verlegt werden können und die über eine vervielfachte Eintrittsfläche je m Drän verfügen. Die Höhendifferenz zwischen Grabenwasserspiegel und Grundwasserspiegel muß abgebaut werden, auch aus Gründen der sparsameren Wasserbewirtschaftung.
Grabenabstände von 600 m und mehr auf grundwassernahen Talsandstandorten sind in der KOG Neuholland bereits verwirklicht worden. Das alte Graben- und Wegesystem, das vom kleinräumigen Denken der einzelbäuerlichen Wirtschaftsweise geprägt ist, finden wir auf Abbildung 6 in schwachen Strichen eingezeichnet. Diese Grabenabstände sind als eine entwicklungsbedingt richtige Vorstufe zukünftiger Regulierungssysteme auf Grundwasserstandorten anzusehen.
Nach dieser Betrachtung zur Entwässerung sollen im folgenden die Abflußregulierung und die Einstaubewässerung diskutiert werden.
Der Längsschnitt des Großen Havelländischen Hauptkanals zeigt die 8 Staubereiche im Havelländischen Luch. Die Nadelwehre im Kanal — so altertüm-

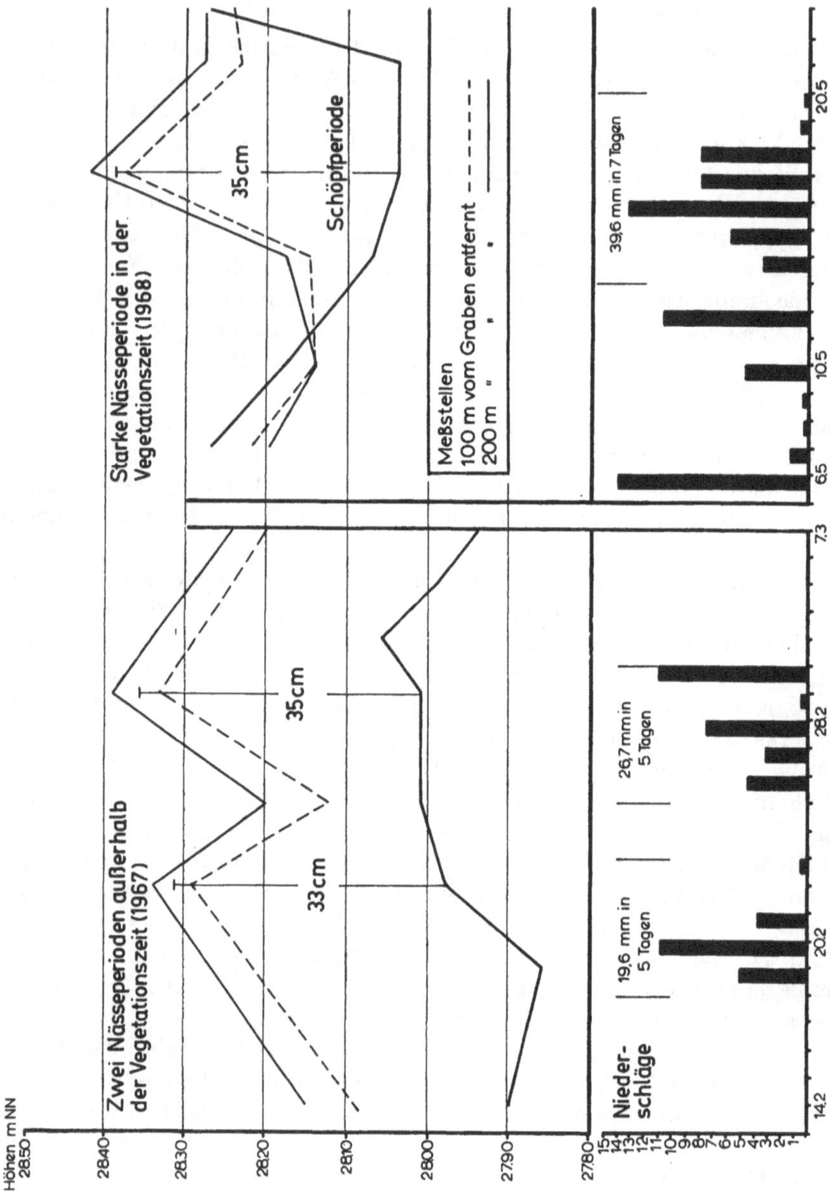

Abb. 5: Pegel- u. Grundwassergang (sandunterlagertes Niedermoor)

lich sie anmuten — müssen als hocheffektive Anlagen angesprochen werden. Im Oberlauf haben diese dank der sehr geringen Geländeneigung eine große Reichweite bis 16 km. Die Fremdwassereinspeisung aus der Havel von maximal 2500 l/s erfolgt in Zeestow, wo andererseits bei Hochwasser auch Wasser aus dem Kanal in die Havel zurückgepumpt werden kann.

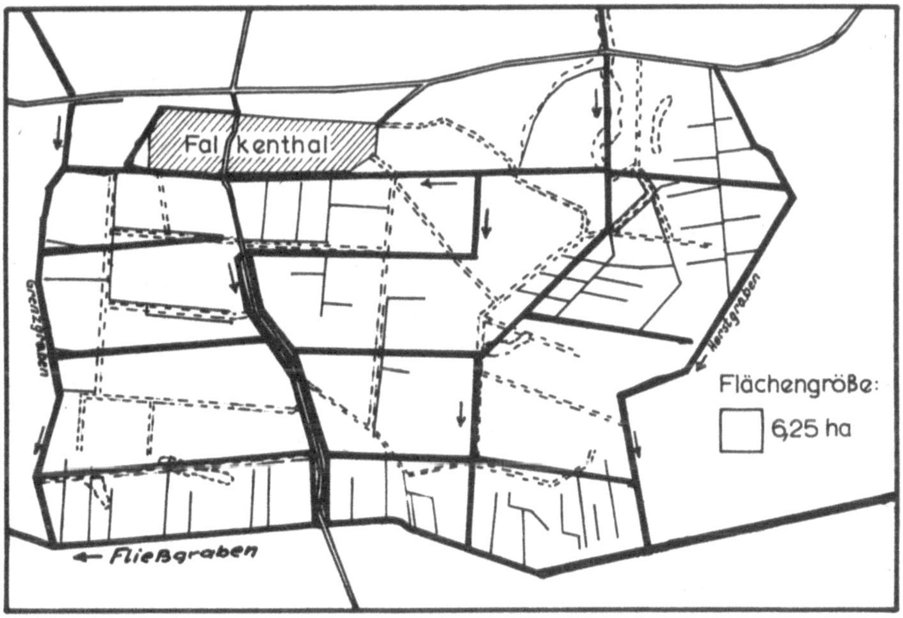

Abb. 6: Modernes Regulierungssystem mit Grabenabständen von 600 bis 800 m auf Talsand im Raume Neuholland

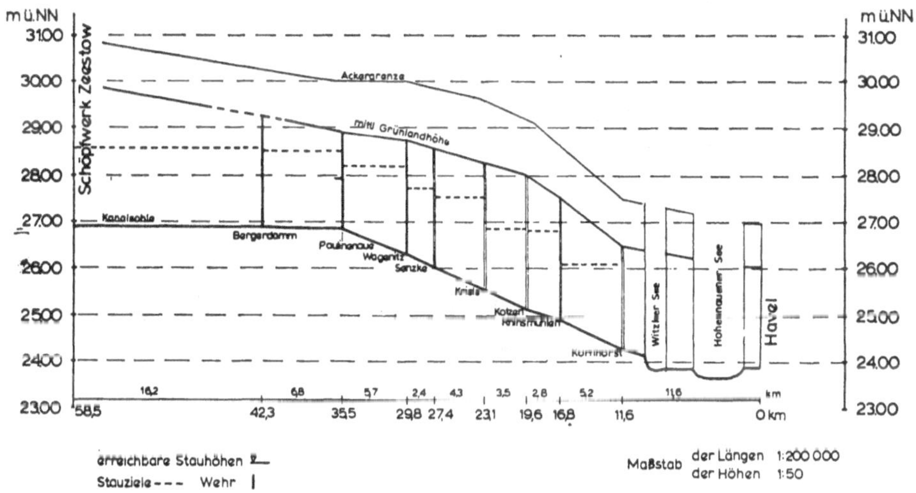

Abb. 7: Längsschnitt des Großen Havelländischen Hauptkanals mit Sommerstauzielen

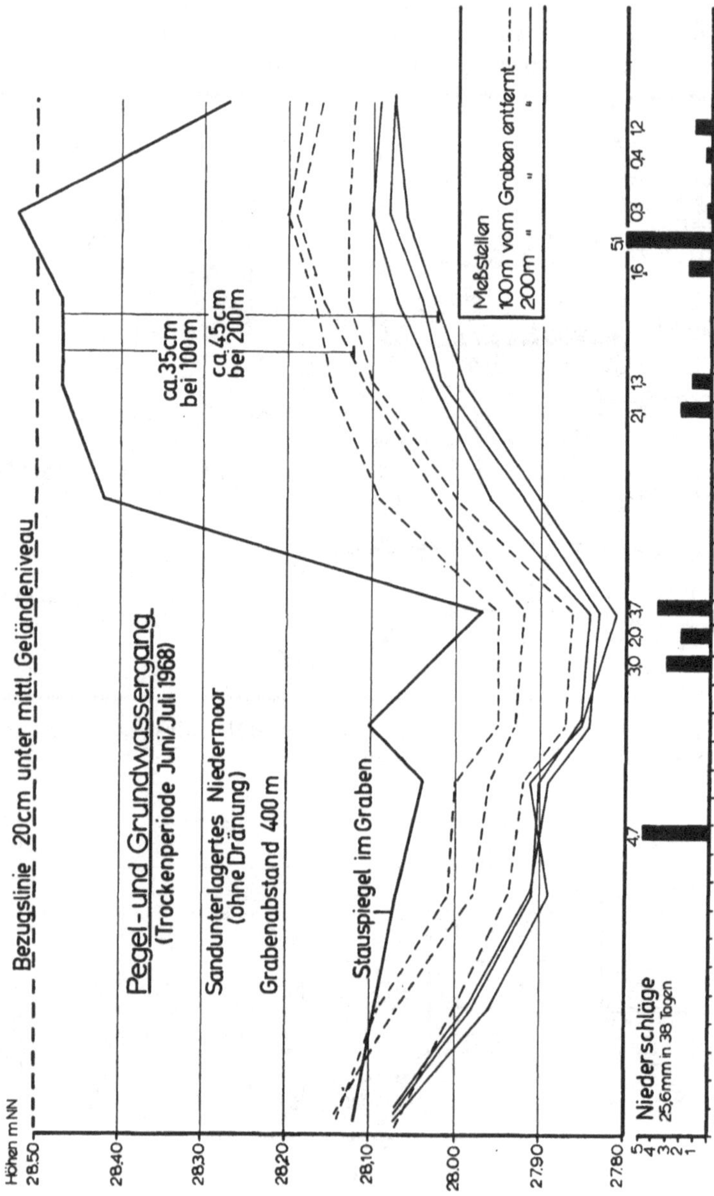

Abb. 8: Pegel- und Grundwassergang sowie Einstaudruckhöhen (Trockenperiode Juni/Juli 1968)

Die große Bedeutung dieser wasserwirtschaftlichen Anlagen für die Grundwasserregulierung ist im Institut für Grünland- und Moorforschung von Anfang an erkannt worden. Den Anregungen von ASMUS PETERSEN ist es zu verdanken, daß das Stauen und Einstauen nicht nur praktisch betrieben, sondern auch in das Forschungsprogramm aufgenommen und wissenschaftlich bearbeitet wurde. Von entscheidender Bedeutung für das Wirksamwerden der Einstaubewässerung war in Paulinenaue der Ausbau des Grabensystems; denn das Wasser muß zunächst dorthin fließen können, von wo aus es wirksam werden soll.

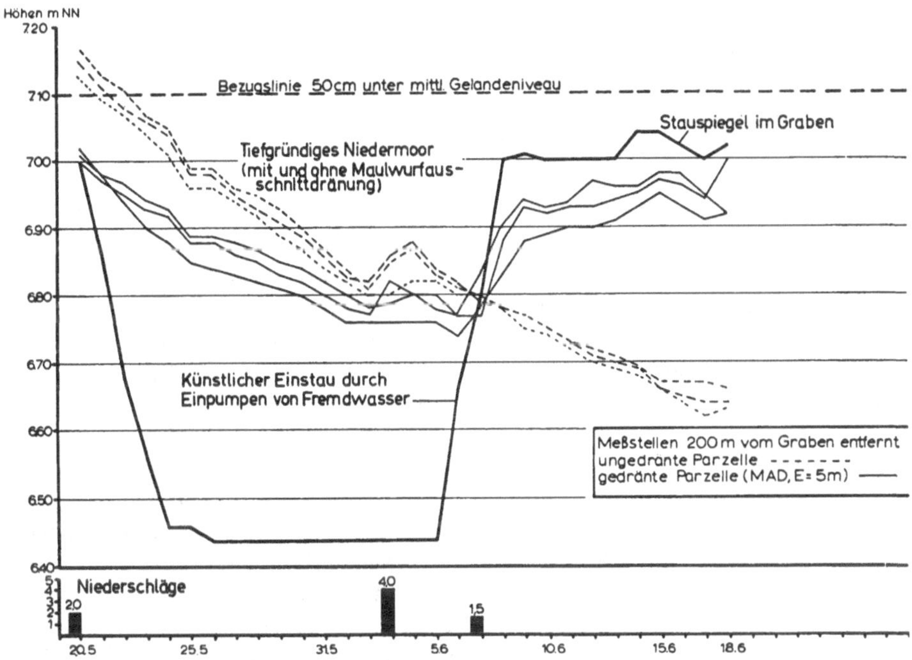

Abb. 9: Pegel- und Grundwassergang (Trockenperiode Mai/Juni 1968)

Was auf dem Standort Paulinenaue mit einer Stauspiegelhöhe von 20 bis 30 cm unter mittlerem Gelände bei gut ausgebauten Gräben und einem mittleren Grabenabstand von 400 m zu erreichen ist, wird aus Abbildung 8 ersichtlich. Die Einstaudruckhöhe beträgt bei 100 m Entfernung vom Graben etwa 35 cm, bei 200 m Entfernung vom Graben rd. 45 cm, so daß in Trockenperioden Grundwasserstände von 60 bis 70 cm unter Gelände gehalten werden können. Die Einstellzeit, die Dauer bis zur Erreichung eines Gleichgewichtszustandes zwischen Stauspiegel und Grundwasserspiegel, beträgt etwa 3 bis 4 Tage.

Daß mittels Dränung — im vorliegenden Falle mit der Maulwurfausschnittdränung — auf tiefgründigem Niedermoor eine wesentlich geringere Einstaudruckhöhe bei gleicher Entfernung vom Graben erzielbar ist, soll mit der Abbildung 9 verdeutlicht werden. Verglichen werden hier die Wasserstände auf gedränten und ungedränten Parzellen. Das Ergebnis ist eindeutig. Auf den

Parzellen, wo Maulwurfausschnittdränung angelegt worden ist, reagiert das Grundwasser, 200 m vom Graben entfernt, sehr schnell, die Einstaudruckhöhe beträgt weniger als 10 cm, die Einstellzeit 2 bis 3 Tage. Daß es sich um ein schwerdurchlässiges Moor handelt, wird daraus ersichtlich, daß das Grundwasser auf der ungedränten Parzelle, trotz des Einstaues kontinuierlich weiter absinkt.

Die von WOJAHN und ILLNER schon 1962 in ihrer grundlegenden Arbeit über die Standorttypen der Niedermoore als Grundlage der Meliorationsplanung und Projektierung getroffene Feststellung, daß die Maulwurfdränung auf tiefgründigem Niedermoor größte Beachtung verdient, weil sie u. a. eine optimale Wasserregulierung bei Einhaltung weiter Grabenabstände (vgl. SCHOLZ, 1968) bietet, hat sich damit als richtig erwiesen — auch in prognostischer Sicht, denn dieses hochwirksame Verfahren entspricht dem Erdstoff Torf in einer Weise, die ihm auf geeigneten Standorten auch in Zukunft die Überlegenheit gegenüber der Rohrdränung sichern wird. Der Vergleich des ungedränten Standortes im Havelländischen Luch mit dem gedränten tiefgründigen Niedermoorstandort der Friedländer Großen Wiese zeigt, worauf es bei der Grundwasserregulierung ankommt: hohe Wirkungen im Grundwasserstand bei weiten Grabenabständen mit geringstmöglichen Schwankungen des Wassers im Grabensystem zu erzielen.

Bezogen auf das Havelländische Luch und den Ausspruch von SIEMON, der havelländische Moorwirt habe das Wasser vollständig in der Hand, muß zusammenfassend mit dem Blick in die Zukunft gesagt werden: Die z. Z. geübte Grundwasserregulierung auf nichtgedränten Niederungsstandorten ist in starkem Maße witterungsabhängig, und die Befahrbarkeit mit Großmaschinen ist in Nässeperioden nur dann gesichert, wenn vorsorglich die Grundwasserstände tiefer gehalten werden, als das für die optimale Wasserversorgung der Futterpflanzen vertretbar ist. Damit drängt sich zwangsläufig die Frage auf, ob es nicht überhaupt einfacher wäre, tiefer zu entwässern und den Zusatzwasserbedarf der Futterpflanzen auch in den Niederungsgebieten über die Beregnung abzusichern. Für diese Alternativlösung wird nicht selten das Argument ins Feld geführt, daß bei der Beregnung, die als das Bewässerungsverfahren mit dem geringsten Wasserverbrauch gilt, mit weniger Wasser wesentlich mehr Ertragszuwachs zu erreichen sei, als das bei der Einstaubewässerung der Fall ist.

Gegen diese Konzeption gibt es drei schwerwiegende Einwände (wenngleich zum Wasserbedarf und zum erzielbaren Mehrertrag bei der Einstaubewässerung die Forschungsergebnisse für ein abschließendes Urteil noch nicht ausreichen).

1. Es ist noch nicht erwiesen, daß der Wasserbedarf bei der Klarwasserberegnung auf Grünlandstandorten im Vergleich zur sachgemäßen Einstaubewässerung wirklich geringer ist. Auf einem grundwasserbeeinflußten Grünlandstandort in Berge ermittelte KREIL (1953) aus Beregnungsversuchen für den Durchschnitt der Jahre einen Wasserbedarf von 168 mm.

   LEIPNITZ (1969) erreichte bei Klarwasserberegnung auf Wischegrünland im Durchschnitt der Versuchsjahre nur einen Mehrertrag von 11,6 dt Trockenmasse je ha mit 225 mm Zusatzwasser. Exakte Messungen der Einstauwassermengen konnten in der Einstauperiode des Jahres 1969 auf 830 ha Talsand in Neuholland (über Meßwehre) und auf einer Dräneinstau-Versuchsfläche von 2000 m² in Paulinenaue (über Meßuhren) vorgenommen werden. Über die Ergebnisse dieser direkten Messungen wird gesondert zu berichten sein.

Tabelle 1
Einstautage und Einstaumengen von 1959 bis 1968

Jahr	Mai 3,0 mm/d		Juni 3,5 mm/d		Juli 3.5 mm/d		August 3,0 mm/d		September 2,0 mm/d		Mai/ September	
	Tage	mm	Tage	mm	Tage	mm	Tage	mm	Tage	mm	Tage	mm/ ges.
1959	8	24	29	101	14	49	18	54	20	40	89	268
1960	14	42	14	49	12	42	0	0	12	24	52	157
1961	0	0	13	46	4	14	7	21	10	20	34	101
1962	5	15	20	70	5	18	4	12	5	10	39	125
1963	18	54	13	46	23	81	12	36	14	28	80	245
1964	12	36	20	70	27	94	10	30	8	16	77	246
1965	10	30	26	91	0	0	18	54	14	28	68	203
1966	10	30	14	49	10	35	10	30	7	14	51	158
1967	18	54	10	35	18	63	14	42	0	0	60	194
1968	4	12	24	84	15	53	24	72	0	0	67	221
$\bar{x}$	10	30	18	64	13	45	12	35	9	18	62	192

Die in Tabelle 1 mitgeteilten Werte beruhen auf einer statistischen Auswertung zehnjähriger Meßergebnisse der Versuchsstation Paulinenaue. Anhand der Niederschlagshöhen, der Niederschlagsverteilung, der Mitteltemperatur, der Grundwasser- und Pegelstände wurden der Tagesbedarf, der zeitliche Verlauf des Wasserbedarfs und der Jahresbedarf ermittelt. Es ist abzusehen, daß diese auf indirektem Wege errechneten Werte durch die o. g. Ergebnisse der direkten Messungen zwar eine Differenzierung, aber keine sehr wesentlichen Korrekturen erfahren werden.

2. Die starke Absenkung der Grundwasserstände in den Niederungsgebieten bliebe nicht ohne nachteilige Folgen auf die angrenzenden höhergelegenen Gebiete und würde die Wasserbilanz negativ beeinflussen.
3. Entsprechend den Beschlüssen des X. Deutschen Bauernkongresses sowie des 9. und 10. Plenums der SED sind bei der Melioration die effektivsten Lösungen anzustreben, die zur Verbilligung des Endproduktes beitragen. Von dieser Forderung ausgehend, muß in Niederungsgebieten der Ausnutzung des Grundwassers zur Zusatzwasserversorgung der Vorzug gegenüber der material- und kostenaufwendigen Beregnung gegeben werden.

Zur Begründung dieser Feststellung sei eine Auswertung angeführt, die anhand einer Studie des VEB Meliorationsbau Potsdam zum Vorhaben Untere Havel–Dosse vorgenommen wurde. Die in dieser Studie ausgewiesenen Kosten beinhalten bei der Grundwasserregulierung auch die Zuleitung des Wassers und die Pumpwerke für die künstliche Einstaubewässerung. Das Kostenverhältnis der Einstaubewässerung zur Beregnung beträgt bei den Anlagekosten 1:3,2, bei den Jahreskosten 1:2,5; die Rückflußdauer ist bei der Beregnung im Schnitt mit 15,5 und bei den Vorhaben der Einstaubewässerung mit 4,8 Jahren ausgewiesen. Diese Vergleichswerte dürften den realen Verhältnissen nahekommen und sind ein Beweis mehr für die ökonomische Überlegenheit der Grundwasserregulierung in den Niederungsgebieten gegenüber der Beregnung.

Die sinnvolle und sachgerechte Grundwasserregulierung in unseren Niederungsgebieten kann nur in enger Zusammenarbeit und in Abstimmung mit den Organen der Wasserwirtschaft erreicht werden; denn das Wasser ist nicht nur das Blut der Landwirtschaft, sondern auch ein erstrangiger Faktor im fortschreitenden Industrialisierungsprozeß unserer Volkswirtschaft.

Zusammenfassung

Vor 250 Jahren in der Zeit von 1718 bis 1724 wurde das rund 50000 ha umfassende Havelländische Luch entwässert und urbar gemacht. Charakteristisch für den Standort ist der ton- und schluffarme Feinsand, der in der gefällearmen Niederung in Verbindung mit einer geringen Moormächtigkeit — ausgehend vom offenen Grabensystem — eine weitreichende Grundwasserregulierung ermöglicht. Bereits 20 Jahre nach der Entwässerung folgte 1738 die Einstaubewässerung durch Zuleitung von Fremdwasser aus der Havel. 200 Jahre nach der Urbarmachung wurde das gesamte Regulierungssystem neu gestaltet. Mit der industriemäßigen Futterproduktion sind höhere Anforderungen an die Befahrbarkeit und Wasserversorgung verbunden, woraus sich die Notwendigkeit ableitet, die Reliefmelioration verstärkt anzuwenden, das offene Grabensystem weiter zu reduzieren und teilweise durch großdimensionierte verdeckte Systeme zu ersetzen, die eine intensive Regulierungswirkung bei geringen Wasserstandsschwankungen im offenen System garantieren.

Резюме

Название работы: Регулирование режима грунтовых вод в районе низинных болот Havelländisches Luch

250 лет назад в период 1718—1724 гг. осушен и освоен был район низинных болот Havelländisches Luch охватом 50000 га. Характерным для данной местности является бебный глиной и пылью тон козернистый песок, позволяющий в довольно ровной низменности с незначительной мощностью торфяника — исходя из сети открытых каналов — значительно урегулировать режим грунтовых вод. Уже через 20 лет после осушения началось в 1938 году орошение сетью открытых каналов (наполняемых водой при подпоре питающего водотока) путем подвода воды из соседнего водосбора — реки Хафеля. Через 200 лет после освоения вся система регулирования была реорганизована. Вместе с развитием кормопроизводства промышленного типа выдвигаются более высокие требования к проходимости и к обеспечению водой, что требует усиленного применения мелиорации

рельефа, дальнейшего сокращения сети открытых каналов и частичного ее замещения крупными закрытыми системами, гарантирующими интенсивный эффект регулировки при незначительных колебаниях уровня воды в открытой системе.

Summary

Title of the paper: Ground-water regulation in the Havel Luch

Between 1718 and 1724, 250 years ago, the 50000 ha Havel Luch area covering 50000 ha was drained and reclaimed. The fine sand, poor in silt and clay, is characteristic of the site. With the low land of little slope and thin layer of peat a far-reaching ground-water regulation is, therefore, possible on the basis of the open-ditch system. As early as 20 years after the drainage system was established, this step was followed by dam irrigation with water coming from the Havel river. Two hundred years after the reclamation, the whole regulation system had to be renewed. With the industry-like forage production higher demands on accessibility and water supplies become effective. This calls for relief amelioration to be applied to a greater extent, for reducing the open-ditch system which must be partly replaced by large covered systems which guarantee an intensive regulation effect with small water-level variations in the open system.

Literatur

BERGHAUS, H.: Geographisch-historisch-statistische Beschreibung der Provinz Brandenburg. 1 Bd., 1854, Brandenburg, Verlag A. Müller

BUESCHING, A. F.: Beschreibung seiner Reise von Berlin nach Kyritz in der Prignitz. Leipzig, 1780, Verlag Joh. Gottlob Emanuel Breitkopf, 269 S.

DRASCHÉ, G.: Das Havelluch. Paulinenauer Institutspost **1** (1965) H. 1, S. 3; **2** (1966) H. 2, S. 3, 4, 5 und 6

KREIL, W.: Der Einfluß von Bewirtschaftung und Nutzung auf Pflanzenbestand und Ertrag von Dauerweiden. Berlin, Dissertation 1953

LEIPNITZ, W.: Untersuchungen über die Wirkung der Klarwasserberegnung auf intensiv genutzten Dauerweiden der Altmärkischen Wische. Halle, Dissertation 1969

SCHOLZ, A.: Die Grundwasserregulierung durch Stauverfahren — dargestellt unter Auswertung der Stauversuche in Paulinenaue. Zeitschrift für Landeskultur **7** (1966) H. 1, S. 3–23

SCHOLZ, A.: Hydromelioration auf Niederungsstandorten. Feldwirtschaft **9** (1968) H. 12, S. 548–551

SIEMON, H.: Die Kultivierung und Besiedlung des Havelländischen und Rhinluches. Landw. Jahrbücher **62**, (1925) S. 685–784, Berlin, Verlag Parey

WOJAHN, E.; ILLNER, K.: Die Standorttypen der Niedermoore als Grundlage der Meliorationsplanung und -projektierung. Wasserw. Wassertechn. 12 (1962), S. 139–165

Anschrift des Verfassers:

Dr. Anton SCHOLZ
Institut für Grünland- und Moorforschung
1551 Paulinenaue

Z. Landeskultur · Bd. 10 · 1969 · H. 4–6 · S. 313–322 · Berlin

Aus dem Institut für Grünland- und Moorforschung Paulinenaue
der Deutschen Akademie der Landwirtschaftswissenschaften zu Berlin

GERHART MUNDEL

Zur Entstehung des Havelländischen Luches

Eingegangen: 9. 6. 1969

1. Die geologischen und geomorphologischen Voraussetzungen

In der Landschaft des Havellandes fallen besonders die weiten Talsandniederungen auf, die in die Hochfläche eingesenkt sind und vorwiegend als Grünland genutzt werden.

Diese Landschaft wurde während der letzten Vereisung der Weichseleiszeit, deren Höhepunkt vor 20000 Jahren gewesen sein dürfte, geschaffen und geprägt. Die den Niederungen benachbarten und mit ihnen vergesellschafteten Hochflächen bestehen zu einem beachtlichen Teil aus Grundmoränenplatten, doch kommen auch End- und Stauchmoränen vor. Außerdem ist der teilweise starke Wechsel von Hochflächen und Niederungen bemerkenswert. Ältere Geologen nahmen an, daß die eiszeitlichen Schmelzwässer die heute in den Niederungen gelegenen Hochflächen aus der Moräne herausmodelliert hätten. Diese isolierten Hochflächen werden als Ländchen bezeichnet. Erinnert sei an die Ländchen Friesack und Rhinow. Heute ist man der Ansicht, daß es sich meist um Geländemarken des sich zurückziehenden und dabei oszillierenden Inlandeises handelt.

Die großen Niederungen, die als Urstromtäler bezeichnet werden, und sich im Havellande konzentrieren, sind hauptsächlich das Werk der eiszeitlichen Schmelzwässer, die dem sich zurückziehenden Gletscher entströmten. Über die Entstehung und Funktion dieser großen Täler währt in der Quartärgeologie ein langer Streit, der auch heute noch nicht völlig beendet ist.

Die Oberfläche der Talsandniederungen liegt meist 10···25 m unter dem Niveau der benachbarten Hochflächen. Alle in den letzten Jahrzehnten in verschiedenen Teilen des Havelländischen und Rhinluches vorgenommenen Tiefbohrungen zeigen, daß die in der ausgeräumten Grundmoräne lagernden mehr oder weniger fein- und gleichkörnigen Talsande um 15 m mächtig sind. Diese Talsande sind der Grundwasserleiter des obersten Grundwasserstockwerkes. Dieses Grundwasserstockwerk, das sich spätestens mit dem Rückzug des Eises herausbildete, bestimmt bis in die Gegenwart die Hydrologie der großen Niederungen. Die Höhe des Grundwassers unter oder über Flur entschied allerdings darüber, wann die Vermoorung einsetzte und wie der Verlauf des Moorwachstums war (1965).

Eines der markantesten Urstromtäler ist das Warschau-Berliner Haupttal. Es beherbergt das Havelländische Luch. Dieses Haupttal vereinigt sich bei Friesack mit dem Eberswalder Urstromtal, in dem sich das Rhinluch befindet.

Wie schon erwähnt, sind die Urstromtäler in ihren Hauptzügen durch die Wässer des abschmelzenden Gletschers geformt worden. Es kam jedoch nach der Ablagerung der Talsande noch zu örtlich unterschiedlich wirksamen Reliefveränderungen durch Ausschmelzen von Toteisblöcken, durch Dünenbildung und durch die Einflüsse des Periglazialfrostes. Schließlich wurde im Holozän durch die Torfbildung das Relief weiter nivelliert und das Niveau allgemein leicht erhöht. In den Urstromtälern waren große Flächen gleichkörnigen Sandes vorhanden, der mit dem Versiegen der Schmelzwasserströme ein leichtes Spiel des Windes wurde. Eine Fernverfrachtung des Sandes ist dabei nicht eingetreten, die meisten Dünen und Flugsanddecken befinden sich in den Talsandgebieten selbst. Durch das Ausschmelzen von Toteisblöcken in der Spät- und Nacheiszeit kam es zur Ausbildung mehr oder weniger deutlicher Hohlformen. Diese Hohlformen sind eng verknüpft mit dem nacheiszeitlichen Entwässerungssystem und mit der beginnenden Vermoorung. Flossen Schmelzwässer in den ersten Stadien des Gletscherrückzuges noch nach Nordwesten ab, so kam es mit dem weiteren Rückzug des Eises zu einem zeitweiligen Trockenfallen der breiten Talsandniederungen und einem plötzlichen hohen Abfluß zur Zeit der Schneeschmelze.

Mit dem Ende der Eiszeit löste sich der Dauerfrostboden — der auch in den Talsandniederungen vorhanden war — auf. Es kam zu einem zeitweiligen oder ständigen Versiegen vieler Wasserläufe in den nun durchlässigen Sanden. An der Wende von der Kaltzeit zur Warmzeit verlor das periglaziär gebildete Gewässernetz sein aufgeschlossenes Einzugssystem. Die Wasserläufe wurden durch sich bildende Hohlformen unterbrochen, und es entstanden abflußlose Seen und weite oberirdisch abflußlose Niederungen. Das Havelländische Luch ist dafür ein Beispiel. Erst durch die menschlichen Eingriffe, d. h. durch die Anlage von Gräben und Kanälen, wurden viele Talsandebenen wieder an ein oberirdisches Entwässerungssystem angeschlossen.

2. Periglazialfrostbildungen und Vermoorungsbeginn

Wie bereits angedeutet, befand sich unsere Landschaft, obwohl bereits eisfrei, noch eine längere Zeit unter dem Einfluß der Randwirkungen des sich weiter zurückziehenden Gletschers. Einflüsse dieser Art werden als Periglazialfrost bezeichnet. Auch im Havelländischen Luch fanden wir bei unseren moorkundlichen Untersuchungen unter den Mooren zahlreiche Frostbodenbildungen. Der Periglazialfrost soll uns nur insoweit interessieren, wie er sich auf die Veränderungen des Reliefs auswirkte und mit dem Vermoorungsbeginn verzahnt ist. Erscheinungen des Dauerfrostes in unseren Niederungen sind Eiskeilnetze, Fließerden und sog. Tropfenböden. Weit verbreitet sind Fließerdehorizonte. Deutlich ist dabei wahrzunehmen, daß humusfreie Sande über humose Horizonte geflossen sind. Es kam dabei zu einer Verebnung des Reliefs. Gut ist zu erkennen, daß die Kuppen allmählich abgetragen und die flachen Mulden ausgefüllt worden sind.

Die einfachsten Formen des Periglazialfrostes sind die Frostspalten und Frostkeile. Eines der interessantesten Beispiele dieser Art fanden wir am Haupt-

kanal nahe der Brädikower Brücke. Es handelt sich um einen gut ausgebildeten Eiskeilhorizont mit überdimensionalen fossilen Eislinsen am Grunde der Eiskeile. Dieser Eiskeilhorizont lagert unter einem mittelmächtigen Niedermoor und einem fossilen Anmoor. Die fossilen Eislinsen erreichen so große Dimensionen, daß mehrere Eiskeile durch eine gemeinsame Eislinse verbunden sind. Während nun das Substrat, in die die Eiskeile eingebettet sind, aus feinkörnigen Talsanden besteht, bauen sich die Eiskeile aus Ton und Torfmudden auf. Es ist dabei ein schalenförmiger Aufbau zu erkennen, wobei der Kern von Torfmudden gebildet wird. Es handelt sich hier offenbar um Fließstrukturen. Aus diesem Beispiel geht eindeutig hervor, daß vor bzw. zur Zeit der Entstehung der Eiskeile auf der Bodenoberfläche bereits Ton- und Torfmudden gebildet worden sind, was auf einen zeitigen Bildungsbeginn der Torfmudden hinweist. Die Zusammensetzung der Torfmudde im mikroskopischen Bild läßt erkennen, daß sich die Mudde in einem Seichtwasser gebildet hat. Neben Diatomeenschalen treten als untrügliche Zeugen Gerüstnadeln von Süßwasserschwämmen auf.
Mit dem Herausstellen der Frostbodenbildungen hoffen wir gezeigt zu haben, daß das zuweilen gefällte Pauschalurteil vom allgemeinen Trockenliegen der Urstromtäler von der Späteiszeit bis hinein in das Holozän nicht zutreffen kann, denn all die genannten Periglazialfrostbildungen konnten nur bei hoch wassergesättigten und fließfähigen Substraten entstehen.

3. Der Aufbau der Niedermoore

Das Havelländische Luch ist ein typisches Talmoor. Da es arm an Seen und sonstigen größeren tiefen Rinnen ist, fehlt in seinen zentralen Teilen die typische Verlandungssukzession der Niedermoore, die von Characeenrasen über Laichkrautgürtel, Schwimmblattzone und Röhrichtgürtel bis hin zum Erlenbruchwald reicht. Es ist andererseits aber auch nicht so, daß sich die Torfbildungen immer nur auf wenige Sukzessionsglieder beschränken. Ganz verfehlt wäre es aber zu glauben, daß die Moore des Havelländischen Luches überhaupt keine Schichtenfolge erkennen ließen, wie man es bei verschiedenen älteren Autoren nachlesen kann. Wir fanden bei unseren Untersuchungen, daß auch die Moore des Havelländischen Luches eine deutliche Schichtenfolge aufweisen.
Je nach Mächtigkeit der Moore und des damit zeitlich verschiedenen Vertorfungsbeginns gibt es Unterschiede in der Schichtenfolge. Auch gibt es Teile im Havelländischen Luch, wo die Stratenfolge weniger klar ersichtlich ist. Wir wollen uns bei unserer Darstellung auf die typischen und weit verbreiteten Torfbildungen des Havelländischen Luches beschränken.
Wie in allen Niedermooren, so befinden sich auch in den Mooren des Havelländischen Luches an der Basis der Moore limnische Sedimente. Es handelt sich um Ton- und Torfmudden, wobei die Torfmudden vorherrschen. Die Abfolge dieser Sedimente steht im engen Zusammenhang mit der späteiszeitlichen Klimaentwicklung. Wie wir bereits sahen, wurden Torf- und Tonmudden noch vom Dauerfrost verändert. Auf das absolute Alter der Torfmudden werden wir später noch gesondert eingehen.

Die hell- bis dunkelbraunen Torfmudden, die an der Luft stark nachdunkeln, besitzen in den untersten Lagen immer einen meist wechselnden Sandanteil. Es handelt sich um eine feinstteilige organische Substanz, die hinsichtlich ihres Zerteilungsgrades recht homogen ist. Entsprechend den subhydrischen Bildungsbedingungen ist die organische Substanz wenig oxydiert bzw. humifiziert. Makroskopisch sind nur geringe Anteile an Grobresten, wie Rhizome, Weidenholz und Weidenblätter zu finden. Im oberen Grenzbereich, also in den jüngsten Schichten der Torfmudde, treten die zum Teil sekundär eingewachsenen Seggen- und Schilfrhizome gehäufter auf. Auf Grund der klimatischen Bedingungen bei der Muddebildung fehlen die Schilfrhizome in den unteren Lagen. Der mikroskopische Befund rundet das Bild vom subaquatischen Sediment ab. Neben der feinstteiligen organischen Masse kommen in unterschiedlichen Anteilen Schalen von Kieselalgen und Gerüstnadeln von Süßwasserschwämmen vor. Es handelt sich dabei um Arten, die sowohl in Flachgewässern als auch in größerer Tiefe stehender Gewässer vorkommen können. Je nach der Gesamtstärke des Moorprofiles nimmt die Torfmudde einen unterschiedlichen Anteil an der Gesamtmoormächtigkeit ein. Bei den für unsere Verhältnisse mächtigeren Mooren — wir denken an Stärken von 1,5···2,0 m — kann die Torfmudde die Hälfte oder mehr als die Hälfte der Gesamtmoorstärke betragen. Allerdings darf dabei nicht übersehen werden, daß bei den Torfmudden die Sackung sicherlich geringer als bei den hangenden Schichten ist.

Bei unseren umfangreichen Untersuchungen von Profilserien konnten wir feststellen, daß mit dem weiteren Wachstum der Moore eine Differenzierung im torfbildenden Pflanzenbestand eintrat. Da das Mosaik der Vermoorung trotz der vorausgegangenen Verebnungsprozesse noch immer recht vielfältig war, neben geringmächtigen Mooren kamen semiterrestrische Mineralböden vor, werden unterschiedliche Verhältnisse hinsichtlich Hydrologie und Nährstoffreichtum geherrscht haben. Jetzt traten zum ersten Male echte Torfe auf. Dies geschah vor 8000—10000 Jahren, wie ein von uns ermitteltes absolutes Alter erwies. Neben Schilftorfen kommen auch Schilf-Bruchwaldtorfe vor. Neben einer vertikalen Folge, wobei die Bruchwaldtorfe die jüngsten Torfe sind, gibt es auch eine deutliche horizontale Differenzierung. Die dafür vermutlich verantwortlichen Faktoren sind schon genannt worden.

Maskiert wird diese Differenzierung der Torfbildner durch die hier erfolgte Ausbildung eines Vererdungs- oder besser eines Humotorfhorizontes, der heute fossil ist. Es handelt sich um die merkwürdigste Bildung des gesamten Moorprofiles. Dieser Horizont ist dunkelbraun bis tiefschwarz gefärbt und weist chemische und physikalische Eigenschaften auf, die sich von denen der anderen Schichten unterscheiden. In seiner deutlichsten Ausbildungsform besteht er aus einer tiefschwarzen, zähplastischen Grundsubstanz, die von Rhizomen und Erlenstubben durchsetzt ist. Die zuweilen gut erhaltenen Grobreste sind sekundär eingewachsen. Es handelt sich um einen Horizont, der sich nur bilden konnte, als das Wachstum der Moore aus irgendeinem Grunde stagnierte. Von mancher Seite wird dieser Horizont als eine Einschlämmungsschicht gedeutet, die nur mit dem in der Literatur erwähnten Rückstau der Elbhochwässer im

Havelländischen Luch in Zusammenhang gebracht werden könnte. Es gibt aber eine Reihe von Anzeichen, die einer solchen Deutung widersprechen.

(1) Der fossile Horizont hat ein viel zu hohes absolutes Alter. Es wurde vor ungefähr 5000 Jahren gebildet.
(2) Er hat seine Parallele bei den geringmächtigen Mooren und Anmooren, worauf wir noch zu sprechen kommen.
(3) Er kommt auch im Rhinluch vor, wo angeblich keine Elb- bzw. Havelstauwässer auftraten.
(4) Die mineralische Komponente und der Kaligehalt weisen keine aus dem Rahmen fallenden Werte auf und schließlich
(5) Das mikroskopische Bild weist nicht auf einen Einschlämmungshorizont hin.

Mit einem erneuten Grundwasseranstieg wurde der Erlenwald, der in einem idealen Niedermoorprofil die terrestrische Stufe und damit den Abschluß der Niedermoorbildung darstellt, wieder von limnischen oder limnisch-telmatischen Torfen überwachsen. Über dem Erlenbruchtorf treten wieder Schilftorfe und Schilf-Seggentorfe auf. In manchen Teilen des Luchs werden aber bald die Mischtorfe von reinen Großseggentorfen abgelöst. Hierin zeigen sich offenbar die weiterhin vorhandenen Unterschiede im Nährstoffreichtum der Tag- und Grundwässer. Diese Unterschiede, die sich in den chemischen Daten der Torfe niederschlagen, sind aber nicht so groß, als daß sie aus dem Rahmen der üblichen und bekannten chemischen Eigenschaften der Niedermoore herausfielen. Natürlich gibt es auch gewisse Unterschiede hinsichtlich des Gesamtstickstoffprozentes und anderer chemischer Eigenschaften zwischen den Torfmudden und den Torfen. Auf diese Unterschiede soll aber nicht näher eingegangen werden.

Nun kommen wir zu den obersten Schichten, in infolge der durchgeführten Melioration zu einem Humotorfhorizont mit meist mehreren Subhorizonten umgewandelt worden sind. Hier ist nur unter künstlich geschütteten Dämmen etwas Genaueres über die Torfart in den obersten Dezimetern zu erfahren. Allerdings ist auch in diesen Fällen ein Humotorfhorizont geringer Stärke ausgebildet. Dennoch sind aber Unterschiede in den Torfbildnern zu erkennen. Neben solchen Profilen, wo Seggen- und Braunmoos-Seggentorfe auftreten, gibt es auch solche, wo Schilftorfe oder Schilfmischtorfe bis an die Oberfläche reichen. Die extremsten Verhältnisse, d. h. die stärkste Versumpfung war anscheinend dort vorhanden, wo dünne eisenschüssige Wiesenkalkschichten oder Torfschichten mit reichlich Sumpf- und Wasserschneckengehäusen auftreten.

Einige Bemerkungen zur Schichtenfolge bei den flachgründigen bzw. geringmächtigen Niedermooren und Anmooren mögen folgen. Allen diesen flachen Niedermoor- und Anmoorbildungen ist gemeinsam, daß sie einen fossilen Oberboden an der Basis der Torfbildungen aufweisen. Je nach Lage über dem damaligen Grundwasserstand handelt es sich um die fossilen Oberböden von typischen und humusreichen Gleyen, Anmoor-Gleyen und Niedermoorgleyen. Diese fossilen Böden haben sich auf nicht ganz einheitlichen Ausgangssubstraten gebildet. Außer Talsanden sind auch die schon einmal erwähnten periglazial veränderten Tonmudden in diese Bodenbildung einbezogen worden. Weiterhin waren in den Randlagen des Luchs auch dünne Wiesenkalk- bzw. Kalkmuddeschichten an der Bodenbildung beteiligt. Der Kalk stammt aus dem Geschiebemergel der Hochflächen. Auf die Art der Ablagerung, die recht vielfältig sein kann, soll nicht näher eingegangen werden. Die aus der Hochfläche fließenden kalkhaltigen Wässer waren für eine arten- und individuenreiche Molluskenfauna ein günstiger Biotop, denn in den geringmächtigen Kalkmudden treten zahlreiche Gehäuse bzw. Schalen verschiedener Wasserschnecken und gewisser Muschelarten auf. Sie müssen hier existiert haben, bevor es zur Ausbildung höher entwickelter Böden kam.

Wie schon einmal erwähnt, ist dieser fossile Oberboden die Parallelbildung zum fossilen Humotorfhorizont der mächtigeren Moore. Auf diesen fossilen Böden stockten die im Havelländischen Luch allerorts bekannten sog. Mooreichen. Die manchmal geäußerte Ansicht, daß die Stämme auch angedriftet sein könnten, ist leicht zu entkräften, da es genug Anzeichen für die gegenteilige Ansicht gibt. Weiterhin sind in diesen fossilen Böden zuweilen die Reste neolithischer Kulturen, nämlich Keramikscherben und Feuersteinabschläge zu finden.

Die über diesen Böden vorhandenen Torfschichten bzw. Horizonte besitzen eine den mächtigeren Mooren ähnliche Stratigraphie. An der Basis tritt meist Erlenbruchtorf auf, der hier und da auch Birkenreste aufweist. Gefolgt wird er von Schilf- und Schilf-Seggentorfen. Die obersten Dezimeter gleichen völlig denen der tiefgründigeren Moore.

4. Der Vegetationswandel im Havelländischen Luch

Zusammenfassend soll auf Grund der Moorstratigraphie der vermutete Vegetationswandel skizziert werden. Es kann nur eine Skizze sein, wenn man bedenkt, welche Schwierigkeiten auftreten, wenn von der Torfart auf die torfbildende Pflanzengesellschaft geschlossen wird.

Nach den Pollenspektren zu urteilen, waren in der Spät- und frühen Nacheiszeit auf den flachen Rücken und Kuppen des Havelländischen Luches Tundren mit vorherrschender Gramineenvegetation vorhanden. Dazu gesellten sich aber auch limnische Ablagerungen. In den Senken und Mulden gab es eine Seichtwasser- und Algenvegetation, die im geringen Maße — je nach Tiefe des Gewässers — mit verschiedenen Cyperaceen und Strauchweiden vergesellschaftet war. Mit der weiteren Erwärmung trat als wichtige Leitart das Schilf auf. Durch die zunehmende Verlandung kam es zu einer Differenzierung der Pflanzengesellschaften. Neben Gesellschaften, in denen vermutlich das Schilf dominierte, gab es auch Pflanzengesellschaften, die unterschiedliche Anteile von Großseggen, Fieberklee und anderen Arten aufwiesen In dieser Phase des Moorwachstums kam es zur mehrfach erwähnten Stagnation. Es bildete sich ein Erlenbruch- oder Erlensumpfwald heraus. Doch auch in dieser Zeit gab es ein gut ausgeprägtes Mosaik von Pflanzengesellschaften. Vielleicht handelt es sich um die größte Mannigfaltigkeit überhaupt. Auf den von der Vertorfung noch nicht erfaßten Teilen des Luches stockte ein Eichenmischwald, dessen Zeugen die schon erwähnten Mooreichen sind. Außerdem wurden von uns auch Birkenholzreste gefunden. Auf den Humotorfhorizonten der Niedermoore kamen in unterschiedlicher Wüchsigkeit und mit unterschiedlichem Bestokkungsgrad Schwarzerlen vor, denen hier und da Birken (vermutlich Moorbirken) beigesellt waren. Auf Grund der gefundenen Stubben und sonstigen Holzanteile siedelte die Erle besonders dort, wo die Niedermoore mit mineralischen Grundwasserböden vergesellschaftet waren. Günstigere Nährstoffverhältnisse mögen zum Teil die Ursache dafür sein. In den zentralen Teilen der Niedermoore war auch in dieser Zeit die Erle weniger vertreten. Neben Schilf und Großseggen kamen eher Strauchweiden vor. Mit dem erneuten Grundwasseranstieg kam es zu einem stärkeren Torfwachstum. Die Erlen- und Eichenmischwälder versumpften und starben weitgehend ab. Sie wurden durch Schilf- und Schilf-Großseggenbestände ersetzt. Nur auf den höchsten Kuppen im Luch, die von der fortschreitenden Vermoorung nicht erfaßt wurden, hielten sich verschiedene Baumarten. Damit leitet die Vegetation in die Zeit vor der großangelegten Melioration über. Nach den Beschreibungen über das Havelländische Luch vor der Melioration trugen die nicht vermoorten Kuppen Baumbestände, während sonst Schilf und Großseggen vorherrschten. Daneben traten verschiedene Strauchweiden und Büsche von Erle und Birke auf.

Im Gegensatz zu anderen Niedermooren war offensichtlich das Havelländische Luch nicht von ausgedehnten Erlenwäldern bestockt. Auch der slavische Name Luch deutet wohl mehr auf baumarmen Sumpf hin. Mit der Entwässerung trat ein entscheidender Wandel im Vegetationsbild ein. Die Schilf- und Großseggensümpfe wurden in extensiv genutzte Wiesen und Weiden umgewandelt. Die in dieser Zeit oftmals genannte und zuweilen als ursprünglich angesehene Pfeifengraswiese war bereits eine Ersatzgesellschaft mit Zügen einer Degradation.

5. Das Alter der Moore

Auf Grund der meist geringeren Mächtigkeit der Moore des Havelländischen Luches wird das Alter dieser Moore als niedrig angesehen. Allerdings gibt es auch ältere und neuere Autoren (1955), die durch ihre Untersuchungen zu einem höheren Alter des Vermoorungsbeginns gelangten. Doch billigen sie dieses höhere Alter nur den mächtigen Rinnenmooren zu. Besonders seit den Untersuchungen von BESCHOREN (1935 a, b) meint man, daß die Moore des Havelländischen Luches nur ein geringes Alter haben könnten. Nach seinen Untersuchungen haben sich viele flachgründige Niedermoore erst nach der Eindeichung der Elbe im 12. Jahrhundert und durch den im gleichen Zeitraum beginnenden Mühlenstau bilden können. Durch den bei Hochwässern erfolgenden Rückstau von Elbe und Havel und den Wasserstau im Bereich der Mühlen sei es in den Niederungen zu einem Grundwasseranstieg und damit zu einem raschen Moorwachstum gekommen. Auf Grund dieser Angaben kamen später Vertreter der Vorgeschichtsforschung (HERRMANN 1959) zu der weitgehenden Annahme, daß in der Jungsteinzeit und Bronzezeit die Talsandniederungen völlig anders geartet waren und den Siedlern dieser Zeit viel günstigere Voraussetzungen boten.

Bei unserem Vergleich der Torfstratigraphie mit anderen Mooren und durch die Funde von Dauerfrostbodenbildungen im Basisbereich der Niedermoore kamen uns Zweifel hinsichtlich eines geringen Alters unserer Moore. Um nun endlich die zweifelhaften Altersangaben durch sichere Werte zu ersetzen, haben wir einige Torf- bzw. Holzproben mit der C_{14}-Methode datieren lassen. Diese Datierungen wurden für uns im C_{14}-Labor des Institutes für Ur- und Frühgeschichte in Berlin ausgeführt.

Durch diese absoluten Altersermittlungen mit Hilfe der C_{14}-Datierung wurden unsere Vorstellungen vollauf bestätigt. Es wurden 3 Proben aus einem Moore mit einer Gesamtmächtigkeit von 150 cm entnommen. Es handelt sich also um ein Moor, daß — wenn wir von den sehr mächtigen Rinnenmooren absehen, — zu den mächtigeren Mooren gehört. Die aus 135···150 Tiefe und damit aus der Basis stammende Probe hat ein Alter von 14000 Jahren. Das Wachstum dieses Moores begann bereits in der ältesten Tundrenzeit. Weiterhin wurde der fossile Humotorfhorizont untersucht. Die aus der Mitte des Horizontes stammende Probe hat ein Alter von 5200 Jahren. Es wurde damit eine 75 cm starke Moorschicht in einer Zeit von 8800 Jahren gebildet. Die dritte Probe, die unmittelbar über dem fossilen Humotorf in 56···61 cm Tiefe entnommen wurde, ist immerhin noch 3600 Jahre alt. Schließlich wurde noch eine Probe von einer später vom Niedermoortorf überwachsenen Eiche untersucht. Das Alter dieser Eichenholzprobe beträgt auch rund 3600 Jahre. Stünde das erneute stärkere Torfwachstum mit dem Mühlenstau im Zusammenhang, dann hätte das Alter der dort entnommenen Torfprobe viel geringer sein müssen.

Der Grundwasseranstieg muß deshalb durch andere Faktoren ausgelöst worden sein. Nach allen bisherigen Kenntnissen gibt es keinen Zweifel daran, daß der Anstieg des Weltmeeres und in unserem Falle besonders der der Nordsee die Ursache für den Grundwasseranstieg und damit für das erneute Moorwachstum ist.

Zusammenfassung

Das Havelländische Luch ist ein typisches Talmoor, das sich im Warschau-Berliner Urstromtal gebildet hat.

Auf Grund der Armut an tiefen Rinnen und Mulden begann die Vermoorung meist im Flachwasser. Dennoch läßt sich eine deutliche Stratenfolge erkennen, die von der Torfmudde bis zum Erlenbruchtorf reicht. Die an der Basis der Niedermoore befindlichen limnischen Sedimente sind mit Frostbodenbildungen verzahnt.

Im Laufe des Moorwachstums kam es zu einer Stagnation. Es bildete sich ein Humotorfhorizont heraus, der heute fossil ist und ein Alter von 5500 Jahren aufweist.

Durch den erneuten Grundwasseranstieg wurde der Bruchwaldtorf wieder von limnischen (und telmatischen) Torfen überwachsen. Von der weiteren Vermoorung wurden nun auch semiterrestrische Mineralböden erfaßt.
Trotz der meist geringen Mächtigkeit der Moore des Havelländischen Luches haben sie ein hohes Alter und sind deshalb mit anderen Niedermooren ähnlicher Mächtigkeit vergleichbar.

Резюме

Название работы: К возникновению района низинных болот „Havelländisches Luch"
Havelländisches Luch является типичным долинным болотом, образовавшимся в древней (ледниковой) долине между Варшавой и Берлином. В связи с недостатком глубоких водостоков и лощин процесс заболачивания в большинстве случаев начался в низинном болоте. Несмотря на это отмечается ясная последовательность пластов — от торфяного ила до ольхового торфа. Находящиеся на базисе низинных болот пресноводные осадки соединены с образованиями мерзлой почвы. В ходе роста торфяника наступила стагнация. Образовался горизонт содержащего гумус торфа, имеющий в настоящее время возраст в 5500 лет. Вследствие нового повышения уровня грунтовых вод лесной торф зарос пресноводными торфами. Дальнейшее заболачивание распространялось и на полутерригенные минеральные почвы. Несмотря на незначительную в большинстве случаев мощность торфяников района Havelländisches Luch они имеют высокий возраст и поэтому сравнимы с другими низинными болотами сходной мощности.

Summary

Title of the paper: On the genesis of the Havel Luch
The Havel Luch is a typical valley moore which was formed in the Warsaw-Berlin original stream valley.
On account of the absence of deep grooves and hollows the mooring process started mostly in shallow water, though a distinct stratification is recognizable which extends from the peat mud to the "Erlenbruchtorf". The limnic sediments existing at the bottom of lowmoores are linked with frost soil formation.
In the course of the moore growth there was a stagnation. A humo-peat horizon was formed which today is of fossile character having an age of 5500 years.
Due to the renewed rise of the water table the "Bruchwaldtorf" was again overgrown by limnic peats. Semiterrestrial mineral soils were also affected by the mooring process.
Despite the mostly small thickness of the moores of the Havel Luch they are of long age being comparable, therefore, to other lowmoores of similar thickness.

Literatur

Autoren-Kollektiv (Quartärkomitee der DDR): Die Weichsel-Eiszeit im Gebiet der DDR, Akademie-Verlag Berlin 1965

BESCHOREN, B.: Über alluviale Neubildungen in historischer Zeit im Gebiet von Elbe u. Oder Jb. Preuß. Geo. L.A. B. 55, Berlin 1935a

BESCHOREN, B.: Zur Geschichte des Havellandes und der Havel während des Alluviums, Jb. Preuß. Geo. L.A. B. 55 Berlin 1935b

HERRMANN, J.: Wasserstand und Siedlung im Spree-Havel-Gebiet in frühgeschichtlicher Zeit, Grabungen und Funde Bd. IV 1959

SCHNEIDER, R.: Physiographie und landeskulturelle Entwicklung des Oberen Rhinluchs. Diss. Päd. Hochschule Potsdam 1955

Anschrift des Verfassers:
Gerhart MUNDEL
1551 Paulinenaue
Institut für Grünland- und Moorforschung Paulinenaue

Z. Landeskultur · Bd. 10 · 1969 · H 4–6 · S. 323–349 · Berlin

Aus dem Institut für Grünland- und Moorforschung Paulinenaue
der Deutschen Akademie der Landwirtschaftswissenschaften zu Berlin

HERBERT KALTOFEN

Das Werk E. A. Mitscherlichs und seine Bedeutung für gegenwärtige und künftige Forschungen

Eingegangen: 20. 6. 1969

Wenn man heute auf die Arbeiten E. A. MITSCHERLICHS zu sprechen kommt, so kann man sehr verschiedene Ansichten hören. Manche meinen, daß jene Epoche der Bodenkunde und Pflanzenernährungslehre, der MITSCHERLICH mit das Gepräge gegeben hat, nunmehr endgültig der Vergangenheit angehöre und daß die Arbeiten MITSCHERLICHS heute eigentlich nur noch wissenschaftshistorisch von Interesse seien. Andererseits werden aber die Arbeiten MITSCHERLICHS über das Ertragsgesetz auch in modernen Lehr- und Handbüchern noch ausführlich besprochen und als bedeutsam herausgestellt, beispielsweise von MENGEL (1968).

Um angesichts dieser unterschiedlichen Auffassungen zu einer realen Einschätzung des wissenschaftlichen Werkes zu gelangen, das uns MITSCHERLICH hinterlassen hat, erscheint es zweckmäßig, sich zunächst über die fachliche Grundeinstellung MITSCHERLICHS klar zu werden.

Als MITSCHERLICH im Jahre 1941 nach Jahrzehnten intensiver Arbeit in Forschung und Lehre emeritiert wurde, bedeutete das für ihn nicht, sich nun auszuruhen. Vielmehr sah er — wie er wiederholt selbst zum Ausdruck gebracht hat — jetzt seine Aufgabe darin, die wesentlichen Ergebnisse seiner Forschungsarbeit in einem landwirtschaftlichen Betrieb mit aller Konsequenz anzuwenden. Zwar hatte sich MITSCHERLICH schon vorher tatkräftig für die Einführung der von ihm entwickelten Methoden in die Praxis eingesetzt. Jetzt ging es ihm aber um mehr. Es ging ihm — um in den Worten unserer Zeit zu sprechen — um die komplexe Nutzung der gewonnenen Erkenntnisse, um die Anwendung der Ergebnisse als System.

Diese Aufgabe konnte sich MITSCHERLICH unter den damaligen Verhältnissen offenbar nur im Rahmen eines einzelnen landwirtschaftlichen Betriebes stellen. Wir dürfen aber annehmen, daß MITSCHERLICH damit ein Beispiel schaffen wollte für weitere Betriebe, für die breite Praxis. Die Kriegsereignisse machten diesen Bestrebungen MITSCHERLICHS vorzeitig ein Ende. Nach dem Kriege erhielt MITSCHERLICH jedoch nochmals Gelegenheit, seine Ideen in einem landwirtschaftlichen Betrieb zu verwirklichen. Auf den Flächen dieses Betriebes, die heute zum Lehr- und Versuchsgut Paulinenaue-Selbelang gehören, hat das Wirken MITSCHERLICHS Spuren hinterlassen, die noch heute nachweisbar sind. Davon wird im folgenden noch zu berichten sein.

Die letzten Abschnitte im Leben MITSCHERLICHS lassen eines ganz deutlich werden: Trotz sehr ausgeprägter naturwissenschaftlicher Neigungen sah sich MITSCHERLICH letzten Endes doch als Landwirt. In dieser Beziehung unterscheidet sich MITSCHERLICH beispielsweise von J. v. LIEBIG. LIEBIG war und blieb ungeachtet seiner Ambitionen auf landwirtschaftlichem Gebiet sein Leben lang Chemiker. MITSCHERLICH aber dürfen wir mit einer gewissen Berechtigung jenen anderen großen Landwirten an die Seite stellen, deren Leben und Wirken Asmus PETERSEN immer so fasziniert hat.
Im folgenden soll nun der Versuch unternommen werden, die Bedeutung der wichtigsten Forschungsarbeiten MITSCHERLICHS für die Lösung gegenwärtiger und künftiger Aufgaben zu umreißen. Eine zusammenfassende Darstellung seiner Ergebnisse und Ansichten hat MITSCHERLICH (1954) mit der letzten Auflage seiner „Bodenkunde" selbst vorgelegt. Die folgenden Ausführungen fußen vorwiegend auf dieser authentischen Darstellung.

Bodenphysikalische Arbeiten

Von den Arbeiten WOLLNYS beeinflußt, wandte sich MITSCHERLICH unter seinem Lehrer RODEWALD zunächst bodenphysikalischen Forschungen zu. Seine Dissertation schrieb MITSCHERLICH über die Bestimmung der Benetzungswärme des Bodens, d. h. der Wärmemenge, die bei der Benetzung trockenen Bodens mit Wasser freigesetzt wird. Die Benetzungswärme ist unter bestimmten Voraussetzungen ein Maß für die Größe der Oberfläche aller festen Bodenteilchen, oder anders ausgedrückt, ein Maß für die Größe der Grenzfläche zwischen den Festkörpern und den Hohlräumen des Bodens.
Der Bestimmung der Benetzungswärme kommt heute in der Bodenkunde wohl kaum noch größere Bedeutung zu. Die Arbeiten über die Benetzungswärme führten RODEWALD und MITSCHERLICH jedoch auf die Bestimmung der Hygroskopizität des Bodens, also derjenigen Wassermenge, die der Boden im Gleichgewicht mit Luft von bestimmter relativer Feuchte enthält. Die Hygroskopizität ist nach MITSCHERLICH ebenfalls ein Maß für die Größe der Grenzfläche zwischen den Festkörpern und den Hohlräumen des Bodens, und zwar ein besseres und einfacher zu bestimmendes als die Benetzungswärme.
Die von MITSCHERLICH ausgearbeitete Methode zur Bestimmung der Hygroskopizität wird in der Forschung heute noch viel angewandt. Zwar weiß man seit geraumer Zeit, daß die Hygroskopizität nicht allein von der Größe der Oberfläche aller festen Bodenteilchen abhängt, sondern auch noch von der Ionenbelegung der Bodenkolloide. Deshalb und auch aus anderen Gründen ist die Hygroskopizität der Oberfläche aller festen Bodenteilchen nicht immer streng proportional. Dennoch gewährt die Hygroskopizität in Verbindung mit anderen Meßgrößen oft wertvolle Aufschlüsse.
Zu prüfen bliebe, ob die Hygroskopizität des Bodens nicht auch bei künftigen standortkundlichen Arbeiten stärker berücksichtigt werden sollte. Schon MITSCHERLICH selbst strebte an, die Bodenklassifikation mit Hilfe der Hygroskopizitätsbestimmung objektiver zu gestalten.

Im übrigen sind MITSCHERLICHS bodenphysikalische Arbeiten auch in methodologischer Hinsicht recht interessant. So schickt MITSCHERLICH in seiner „Bodenkunde“ den experimentellen Ergebnissen oft theoretische Überlegungen voraus. Wir würden heute sagen, MITSCHERLICH ging von Modellbetrachtungen aus. Dieses Vorgehen MITSCHERLICHS mutet sehr modern an. Bemerkenswert ist weiterhin, daß MITSCHERLICH offenbar sehr bemüht war, die Fortschritte der Nachbardisziplinen für das eigene Fachgebiet nutzbar zu machen. Es ist wohl kaum ein Zufall, daß sich MITSCHERLICH der Bestimmung der Benetzungswärme und der Hygroskopizität des Bodens in einer Zeit zuwandte, die durch einen gewaltigen Aufschwung der physikalischen Chemie und der Thermodynamik gekennzeichnet war. Die Nutzbarmachung der Ergebnisse von Nachbardisziplinen stellt heute, im Zeitalter der wissenschaftlich-technischen Revolution, eine Forderung ersten Ranges dar.

Die Hygroskopizitätsbestimmung hat die mechanische Bodenanalyse, an der MITSCHERLICH Kritik übte, nicht verdrängen können. Immerhin stellen aber die von MITSCHERLICH erarbeiteten Verfahren eine wesentliche Bereicherung der bodenphysikalischen Methodik dar. MITSCHERLICH hat viel dazu beigetragen, die einseitige mechanische Betrachtungsweise und die einseitige Verwendung mechanischer Methoden in der Bodenphysik zu überwinden.
Die originellen Ergebnisse, die MITSCHERLICH in jungen Jahren auf dem Gebiet der Bodenphysik erzielte, veranlaßten PETERSEN einmal zu der Bemerkung, es sei eigentlich zu bedauern, daß MITSCHERLICH auf diesem Gebiet später nicht weitergearbeitet habe. Das weltweite Echo, das MITSCHERLICHS Untersuchungen über das Ertragsgesetz und über die Bestimmung des Nährstoffzustandes der Böden fanden, läßt freilich die immer stärkere Hinwendung MITSCHERLICHS auf diesen neuen Problemkreis verständlich erscheinen.

Volumenbezogene Bodenuntersuchung

Zur pflanzenphysiologischen Untersuchung der Böden auf ihren Nährstoffzustand hat MITSCHERLICH zwei Methoden ausgearbeitet: Bei der einen wird ein Felddüngungsversuch, bei der anderen ein Gefäßdüngungsversuch durchgeführt. Sowohl der Feld- als auch der Gefäßdüngungsversuch enthält normalerweise die Varianten NPK, NK, NP, teilweise aber auch noch weitere Varianten. Der prozentische Ertragsausfall, der sich durch Weglassung eines Nährstoffes ergibt, gestattet hierbei Rückschlüsse auf die im Boden enthaltene wirksame Menge des weggelassenen Nährstoffes.
An einem Beispiel sei das verdeutlicht. Im Rahmen umfangreicher Untersuchungen, über die KNABE und KNABE (1967) berichten, wurden verschiedene Niedermoorböden in Mitscherlichgefäße eingefüllt, wobei auf eine Verdünnung mit Sand verzichtet wurde. Mit jedem dieser Böden wurde sodann ein Gefäßdüngungsversuch durchgeführt, der unter anderem die Varianten NPK und NK enthielt. In Tabelle 1 sind die Ergebnisse zusammengestellt, die mit drei Niedermoorböden aus Paulinenaue erzielt wurden. Je größer der Ertragsausfall war, der durch Weglassen der P-Düngung entstand, desto schlechter war der betreffende Boden mit P versorgt. Besonders starker P-Mangel lag beim Boden Nr. 14 vor, während Boden Nr. 16 gut mit P versorgt war und Boden Nr. 18 eine Mittelstellung einnahm.

Tabelle 1
Ergebnisse von Gefäßdüngungsversuchen mit 3 Niedermoorböden aus Paulinenaue sowie Resultate der volumenbezogenen chemischen Untersuchung dieser Böden auf ihren P-Gehalt (Versuchsjahr 1965)

Lfd. Nr. des Bodens		Relativerträge des Hafers an oberirdischer Trockenmasse		Prozentischer Ertragsausfall infolge Weglassens der P-Düngung	Gehalt des Bodens an laktatlösl. P in mg P je 100 ml Boden*
		NPK	NK		
16	Grünland, das bereits unter MITSCHERLICH zum Versuchsgut gehörte	100	94	6	>13
18	Später vom Versuchsgut übernommenes Grünland	100	44	56	3,4
14	Nicht zum Versuchsgut gehörendes Grünland	100	16	84	2,3

* ermittelt nach der Methode von KNABE und KNABE

Wesentlich bei dieser von MITSCHERLICH entwickelten Methode zur Untersuchung der Böden auf ihren Nährstoffzustand ist nun folgendes: Von den zu untersuchenden Böden wird nicht eine bestimmte Masse in die Gefäße eingebracht, sondern ein bestimmtes Volumen, nämlich jeweils so viel, daß die Gefäße gerade ordnungsgemäß gefüllt sind. Dabei wird in den Gefäßen eine Lagerungsdichte angestrebt, die etwa der Lagerungsdichte der Böden im Freiland entspricht. Während bei Moorböden etwa 2 kg Bodentrockenmasse ausreichen, um ein Mitscherlichgefäß zu füllen, benötigt man bei Mineralböden meist mehr als 6 kg Bodentrockenmasse.

Diesem Vorgehen MITSCHERLICHS liegt die Einsicht zugrunde, daß für die Pflanze nicht die Bodenmasse, sondern das Bodenvolumen relevant ist. Demgemäß wird die Untersuchung des Nährstoffzustandes der Böden im Rahmen der Gefäßmethode MITSCHERLICHS volumenbezogen durchgeführt.

Im Gegensatz dazu erfolgt die obligatorische chemische Bodenuntersuchung in der DDR nicht volumenbezogen, sondern massebezogen. Die der Praxis ausgehändigten Ergebnisse beziehen sich auf eine bestimmte Bodenmasse, nämlich auf jeweils 100 g lufttrockenen Feinbodens. Diese Verfahrensweise kann nicht befriedigen, besonders dann nicht, wenn neben Mineralböden auch organische Böden mit untersucht werden, wie das in der DDR der Fall ist (KALTOFEN, 1965).

Es mag einem Chemiker, der vom ersten Tage seiner Ausbildung an zu genauem Wägen erzogen wurde, anfangs sehr widerstreben, Bodenproben zu analysieren, die nicht genau eingewogen, sondern volumenmäßig eingemessen wurden. Vielleicht hält der Chemiker ein solches Vorgehen auf den ersten Blick für unexakt. Die größte Exaktheit in chemisch-methodischer Hinsicht nützt aber nichts, wenn sie zu Ergebnissen führt, die der Landwirt nicht recht gebrauchen kann. Bei der Entwicklung von Untersuchungsmethoden ist immer davon auszugehen, was mit den Methoden erreicht werden soll. Dabei gibt es keine Exaktheit an sich, sondern immer nur eine Exaktheit im Hinblick auf das angestrebte Ziel. Die der Gefäßmethode MITSCHERLICHS zugrunde liegende volumenbezogene Bodenuntersuchung ist in diesem Sinne exakt, und wir erkennen, daß MITSCHERLICH eben doch Landwirt war.

Um die krassen Unstimmigkeiten zu beseitigen, die bei der massebezogenen chemischen Untersuchung von Moorböden entstehen, entwickelten KNABE und KNABE (1967) eine volumenbezogene chemische Methode zur Untersuchung von Niedermoorböden auf ihren Gehalt an verfügbarem P und K. Zur Herleitung vorläufiger Grenzzahlen bedienten sie sich dabei mit Erfolg der Gefäßmethode MITSCHERLICHS. Die nach der Methode von KNABE und KNABE bestimmten P-Gehalte der Böden sind in Tabelle 1 mit angeführt. Offensichtlich stehen die Resultate der volumenbezogenen chemischen Bodenuntersuchung mit den Ergebnissen des Gefäßversuches nach MITSCHERLICH im Einklang.

Leider wird die von KNABE und KNABE vorgeschlagene Methode in der systematischen Bodenuntersuchung noch nicht allgemein angewandt. Doch auch wenn das einmal der Fall sein sollte, sind noch nicht alle Probleme gelöst. Erfolgt nämlich die chemische Untersuchung der Moorböden volumenbezogen, während die chemische Untersuchung der Mineralböden weiterhin massebezogen durchgeführt wird, so ist die Vergleichbarkeit der Ergebnisse zumindest sehr in Frage gestellt. Gerade auf die Vergleichbarkeit der Untersuchungsergebnisse ist aber vom praktischen Standpunkt aus besonderer Wert zu legen. Ist sie nicht gegeben, so ist es für eine LPG, die sowohl Mineral- als auch Moorböden bewirtschaftet, sehr schwierig, aus den Ergebnissen der chemischen Bodenuntersuchung die richtigen Schlußfolgerungen zu ziehen.

Im übrigen gibt es zwischen Mineralböden auf der einen und Moorböden auf der anderen Seite alle möglichen Übergänge. Es bliebe also die Frage, wo die anmoorigen Böden einzuordnen sind. Letztlich ist jede Grenzziehung zwischen Moor- und Mineralböden konventionell und damit willkürlich. Somit bliebe bei den anmoorigen Böden auch die Entscheidung für die eine oder die andere Untersuchungsmethode weitgehend der Willkür unterworfen.

Der einzige Weg zur Überwindung dieser unbefriedigenden Situation besteht darin, alle Böden, die Mineralböden ebenso wie die Moorböden, nach einheitlicher Methodik volumenbezogen zu untersuchen, ähnlich wie es bei der Gefäßmethode MITSCHERLICHS geschieht (KALTOFEN, 1965). Auch in bezug auf die Mineralböden liefert die volumenbezogene Bodenuntersuchung realistischere Ergebnisse als die massebezogene.

Gegen die volumenbezogene chemische Bodenuntersuchung wird mitunter der Einwand erhoben, daß die Entnahme von Bodenproben in natürlicher Lagerung viel zu umstandlich sei und deshalb für die routinemäßige Arbeit nicht in Betracht komme. Hier wäre zunächst die Frage zu stellen, was denn unter „natürlicher" Lagerung eigentlich zu verstehen ist. Die Lagerungsdichte eines Bodens ist im zeitigen Frühjahr meist eine andere als im Sommer, unmittelbar nach dem Pflügen

meist eine andere als nach der Ernte usw. Darauf hat nicht zuletzt MITSCHERLICH sehr eindringlich hingewiesen. Es kann also gar nicht darum gehen, die chemische Bodenuntersuchung auf der Basis der „natürlichen“ Lagerungsdichte der Böden durchzuführen, weil sich diese ständig verändert. Vielmehr sollte die chemische Bodenuntersuchung auf der Grundlage einer vergleichbaren bzw. standardisierten Lagerungsdichte erfolgen. Eine solche standardisierte Lagerungsdichte wird bereits im Rahmen der bisherigen Verfahrensweise, nämlich bei der Vorbereitung der Bodenproben für die chemische Analyse, erzeugt. Es kommt nur noch darauf an, die nach dem bisherigen Verfahren vorbereiteten Böden nicht mehr einzuwägen, sondern volumenmäßig, etwa mittels eines geeigneten Schöpfmaßes, einzumessen. Das ist die einzige wesentliche Veränderung, die im gesamten technischen Ablauf der Bodenuntersuchung erforderlich ist.
Durch volumenmäßiges Einmessen der an der Luft getrockneten Bodenproben erhält man übrigens besser reproduzierbare Ergebnisse als durch Einwägen. Ein und derselbe Boden kann ja im lufttrockenen Zustand etwas unterschiedliche Wassergehalte besitzen. Die in einem Milliliter lufttrockenen Bodens enthaltene Boden-Trockenmasse ist aber vom Wassergehalt des Bodens weit weniger abhängig als die in einem Gramm lufttrockenen Bodens enthaltene Boden-Trockenmasse.
Vorläufige Grenzzahlen für die volumenbezogene chemische Untersuchung der Mineralböden können ohne großen Aufwand durch Umrechnung der bisherigen massebezogenen Grenzzahlen gewonnen werden. Es ist also nicht erforderlich, bei der Festlegung der Grenzzahlen mühselig ganz von vorn zu beginnen. Somit kann die volumenbezogene chemische Bodenuntersuchung ohne großen Zeitverlust eingeführt werden.

Nährstoffbilanzen

Tabelle 1 zeigt deutlich, daß die Grünlandflächen, die bereits unter MITSCHERLICH zum Versuchsgut Paulinenaue gehörten, noch heute bedeutend besser mit P versorgt sind als die später, nach MITSCHERLICHs Tod, vom Lehr- und Versuchsgut übernommenen Flächen. Ursprünglich dürften alle Niedermoorböden in Paulinenaue etwa ebenso P-arm oder noch P-ärmer gewesen sein wie der Boden Nr. 14 in Tabelle 1. Durch entsprechend starke Düngung wurden jedoch die zum Versuchsgut gehörigen Flächen mit Phosphor angereichert. Das geschah insonderheit unter der Leitung MITSCHERLICHs, der sich bei der Festlegung der Düngergaben vor allem auf Gefäßdüngungsversuche der bereits beschriebenen Art stützte.
Bekanntlich gingen MITSCHERLICHs Empfehlungen dahin, die Böden so weit mit P und K aufzudüngen, daß der durch P- bzw. K-Düngung erzielbare Höchstertrag erreicht oder annähernd erreicht wird. Beim Boden Nr. 16 in Tabelle 1 ist offenbar diesem Vorschlag gemäß verfahren worden. Später, seit 1958, wurden diesem Boden mit der Mineraldüngung jährlich rund 30 kg P/ha zugeführt. Diese P-Gabe ist etwas größer als der durchschnittliche jährliche P-Entzug, wie er bei intensiver Mähweidenutzung zu erwarten ist. Bei Mähweidenutzung gelangt ja ein Teil der von den Pflanzen aufgenommenen Nährstoffe über die Exkremente der Weidetiere wieder auf die Fläche zurück. Die P-Bilanz war also auf der betrachteten Fläche auch späterhin positiv, wodurch der Phosphorgehalt des Bodens langsam weiter anstieg.
Es ist aber zu beachten, daß die durch unterschiedliche Düngung hervorgerufenen relativen Ertragsdifferenzen im Gefäßversuch meist bedeutend größer ausfallen

als im Freiland (KALTOFEN, 1965). Das ist unter anderem auf die weit bessere Belichtung und Wasserversorgung der Pflanzen im Gefäß zurückzuführen. Würde der Boden Nr. 16 in Tabelle 1 künftig nicht mehr mit Phosphor gedüngt, so dürfte es bei Mähweidenutzung mehrere Jahre, möglicherweise über 10 Jahre dauern, bis sich das in den Freilanderträgen erstmalig bemerkbar macht. Und es dürften mehrere Jahrzehnte vergehen, ehe die Nachwirkungen der diesem Boden in der Vergangenheit zugeführten P-Gaben völlig abgeklungen sind und der Boden wieder so P-arm geworden ist wie Boden Nr. 14. Selbst beim Boden Nr. 18 in Tabelle 1 dürfte das Weglassen der P-Düngung unter Freilandbedingungen im ersten Jahr oder in den ersten paar Jahren zu keiner wesentlichen Ertragseinbuße führen, obwohl die Unterlassung der P-Zufuhr im Gefäß einen Ertragsausfall von 56% zur Folge hatte.

So gesehen ist eine besonders rasche bzw. starke Anreicherung der Böden mit P oder K, wie sie sich aus einer unkritischen, schematischen Übertragung von Gefäßversuchsergebnissen auf das Freiland ergeben könnte, nicht erforderlich. Boden Nr. 18 erhält, seit die betreffende Fläche vor etwa 10 Jahren vom Lehr- und Versuchsgut übernommen wurde, jährlich mit der Mineraldüngung 30···40 kg P/ha. Eine Erhöhung der jährlichen P-Gaben hätte auf dieser Fläche, die ebenfalls als Mähweide genutzt wird, keine Ertragssteigerungen mehr zur Folge. Da die P-Zufuhr größer ist als der P-Entzug, wird auch Boden Nr. 18 allmählich P-reicher. Schon jetzt ist dieser Boden merklich besser mit P versorgt als Boden Nr. 14, wie vor allem die Ertragsrelationen im Gefäßversuch erkennen lassen. Vor 10 Jahren war das zweifellos noch nicht der Fall. Wird der Niedermoorboden Nr. 18 weiterhin so gedüngt und genutzt wie bisher, so wird er nach Ablauf einer hinreichend langen Zeitspanne einmal ebenso gut mit P versorgt sein wie Boden Nr. 16. Demnach könnte künftig beim Boden Nr. 18 durchaus eine gewisse Verringerung der P-Düngung in Betracht kommen.

Beim Boden Nr. 16 ist eine Reduzierung der P-Gaben schon heute in Erwägung zu ziehen. MITSCHERLICH hielt es unter bestimmten Voraussetzungen für vertretbar, Böden, auf denen die P-Zufuhr nachweisbar keine Ertragssteigerung bewirkt, solange nicht mit Phosphor zu düngen, bis sich im Düngungsversuch wieder Anzeichen für eine ertragssteigernde Wirkung der P-Zufuhr ergeben. Bei diesem Vorgehen würde man eine gewisse Zeit lang vom P-Vorrat des Bodens zehren bzw. die im Boden angehäuften P-Mengen ausnutzen. Will man jedoch den P-Vorrat des Bodens nicht angreifen, ihn aber auch nicht weiter erhöhen, so ist eine Ersatzdüngung zu verabreichen. Diese würde sich für Boden Nr. 16 bei Mähweidenutzung auf etwa 20···25 kg P/ha jährlich belaufen, wäre also etwas niedriger als die derzeitige P-Düngung von 30 kg/ha. Selbstverständlich kann die Ersatzdüngung auch in mehrjährigem Abstand, als Vorratsdüngung, verabreicht werden.

Für den Fall, daß der Nährstoffvorrat des Bodens gerade erhalten bleiben soll, hat MITSCHERLICH die Aufstellung von Nährstoffbilanzen vorgeschlagen, aus denen sich die Höhe der erforderlichen Ersatzdüngung ergibt. In diesen als „Nährstoffstatik" bezeichneten Nährstoffbilanzen sah MITSCHERLICH je Kilogramm P-Entzug die Zufuhr von 1 kg Düngerphosphor vor. Werden zum Beispiel mit einer Heuernte von 70 dt/ha dem Boden 25 kg P/ha entzogen, so sind dafür nach MITSCHERLICH 25 kg P/ha entsprechend 3,2 dt Superphosphat/ha zu verabreichen, um den Entzug wieder auszugleichen. Dieses Vorgehen MITSCHERLICHs erscheint sehr plausibel.

Neuerdings sind jedoch im Rahmen der Prognosearbeit auch P-Bilanzen vorgelegt worden, die nach anderen Grundsätzen aufgestellt wurden. Und zwar ist man dabei von der Annahme ausgegangen, daß die insgesamt mit der organischen und mineralischen Düngung zugeführte P-Menge nur zu einem Bruchteil, beispielsweise zu 50%, von den Pflanzen ausgenutzt wird, während die restlichen 50% der P-Menge festgelegt werden und als Verlust zu buchen sind. Es ist klar, daß sich auf diese Weise wesentlich höhere P-Gaben errechnen als nach dem von MITSCHERLICH vorgeschlagenen Verfahren.

Kann aber Düngerphosphor tatsächlich nur zu einem Bruchteil von den Pflanzen aufgenommen werden? Zweifellos haben zahlreiche Düngungsversuche ergeben, daß im ersten Jahr bzw. in den ersten paar Jahren nach der Zufuhr nur ein Teil der verabreichten P-Menge von den Pflanzen aufgenommen wird. In Abhängigkeit von den jeweiligen Bedingungen kann dabei die prozentische Ausnutzung des Düngerphosphors sehr verschieden hoch sein.

Deswegen ist aber die restliche, von den Pflanzen zunächst nicht aufgenommene P-Menge keineswegs für immer verloren. Die Auswaschung von Phosphor spielt ja im allgemeinen nur eine sehr geringe Rolle. Die P-Festlegung aber ist, wie jeder chemische Prozeß, im Prinzip reversibel. Dies bedeutet, daß Dünger-P im Prinzip zu 100% von den Pflanzen ausgenutzt werden kann. Allerdings dürfte es oft sehr lange dauern, bis eine zugeführte P-Gabe von den Pflanzen vollständig oder annähernd vollständig aufgenommen wird.

Daß man in Feldversuchen meist nur eine geringe P-Ausnutzung findet, ist oft eine Folge fortgesetzter P-Zufuhr. Wird in den Jahren nach einer hoch bemessenen P-Gabe ständig wieder reichlich mit Phosphor gedüngt, so braucht man sich nicht zu wundern, wenn sich nur eine geringe P-Ausnutzung errechnet. Wie gut die früher, vor Jahren oder Jahrzehnten zugeführten P-Mengen von den Pflanzen ausgenutzt werden können, zeigt sich jedoch sofort, wenn man die P-Düngung nach einer gewissen Zeit einmal unterläßt. Die hohen Erträge, die der Boden Nr. 16 in Tabelle 1 ohne P-Zufuhr, nur mit NK-Düngung, lieferte, sind vor allem auf starke P-Düngung und damit verbundene geringe P-Ausnutzung in früheren Jahren bzw. Jahrzehnten zurückzuführen. Weglassen der P-Düngung in späteren Jahren ist in der Tat eines der wirksamsten Mittel, um die P-Ausnutzung zu erhöhen. Man sollte jedoch in Übereinstimmung mit den Ansichten MITSCHERLICHs nur dann von dieser Möglichkeit zur Verbesserung der P-Ausnutzung Gebrauch machen, wenn die Erträge nicht bzw. nicht wesentlich darunter leiden.

Wäre der gesamte Düngerphosphor, der von den Pflanzen innerhalb einer bestimmten Zeitspanne nicht aufgenommen wurde, infolge irreversibler Festlegung für immer verloren, so wäre es praktisch unmöglich, die P-Versorgung eines Bodens nachhaltig zu verbessern. Es gehört aber nachgerade zum agrikulturchemischen Grundwissen, daß eine solche nachhaltige Verbesserung der

P-Versorgung des Bodens möglich ist. MITSCHERLICH ist bei seinen Vorschlägen stets von dieser Erkenntnis ausgegangen.

Die Annahme, daß nicht ausgenutzte P-Mengen für immer verloren sind, hätte auch noch einige weitere kuriose Konsequenzen. Beispielsweise müßte man, wenn diese Annahme zutrifft, den Boden zwecks Erhaltung seines Vorrates an verfügbarem Phosphor um so stärker mit P düngen, je besser er bereits mit P versorgt ist. Denn je besser die P-Versorgung des Bodens, desto größer ist in der Regel der P-Entzug und desto geringer ist gleichzeitig die Ausnutzung des Düngerphosphors. Ferner würde die angeführte Annahme bedeuten, daß ein Boden, dem weder P zugeführt noch durch Entnahme von Ernten entzogen wird, mit Fortschreiten der Zeit völlig an verfügbarem Phosphor verarmen müßte. Zwar gelangen die von den Pflanzen aufgenommenen P-Mengen mit den fortlaufend oder periodisch absterbenden Pflanzenteilen wieder vollständig in den Boden zurück. Die in der organischen Düngung bzw. in abgestorbenen Pflanzenteilen enthaltenen P-Mengen sollen jedoch der unterstellten Annahme zufolge nur zu einem Bruchteil ausnutzbar sein, während die restliche P-Menge irreversibel festgelegt wird. Demzufolge würde im Laufe der Jahre immer mehr pflanzenverfügbarer Phosphor in nicht verfügbare Formen überführt, und der Gehalt des Bodens an verfügbarem Phosphor müßte mit Fortschreiten der Zeit mehr oder weniger rasch gegen Null konvergieren. Damit müßte früher oder später auch das gesamte Pflanzenleben ersterben.
Alle diese Folgerungen widersprechen offensichtlich völlig der Erfahrung. Mithin ist die Annahme, die Pflanzen könnten auch auf die Dauer gesehen nur einen Bruchteil der in der organischen und mineralischen Düngung enthaltenen P-Mengen ausnutzen, unhaltbar. P-Bilanzen, die von einer solchen Annahme ausgehen, sind abzulehnen. Die von MITSCHERLICH vorgeschlagene Art der P-Bilanzierung entspricht den Realitäten zweifellos viel besser und ist deshalb entschieden vorzuziehen.
In den N-Steigerungsversuchen von KREIL und Mitarbeitern (1968) wurde die Höhe der Ersatzdüngung gemäß den Vorschlägen MITSCHERLICHS berechnet, wobei vom durchschnittlichen Nährstoffentzug mehrerer Jahre ausgegangen wurde. Die bisherigen Versuchsergebnisse rechtfertigen dieses Vorgehen voll und ganz.

Besonders weittragende Auswirkungen hat die Art der Nährstoffbilanzierung, wenn der P-Bedarf eines ganzen Landes ermittelt werden soll. Bilanziert man auf der Grundlage der Vorschläge MITSCHERLICHS, so errechnet sich ein wesentlich geringerer P-Bedarf als nach der anderen, hier geschilderten Bilanzierungsmethode. Das ist für ein Land wie die DDR, die ihren P-Bedarf vollständig durch Importe decken muß, von großer volkswirtschaftlicher Bedeutung.
Bei der Aufstellung von K-Bilanzen liegen die Verhältnisse natürlich bis zu einem gewissen Grade anders als bei der P-Bilanzierung. Die Auswaschungsverluste an Kalium können bekanntlich auf manchen Standorten eine beträchtliche Höhe erreichen. Andererseits werden von manchen Böden große K-Mengen durch Verwitterung nachgeliefert. Auf grundwassernahen Böden können die Pflanzen auch aus dem Grundwasser Kalium aufnehmen. Diese Fakten sind natürlich bei der Aufstellung von K-Bilanzen gebührend zu berücksichtigen. Entsprechendes gilt auch für die Bilanzierung des Magnesiums.

Erforderliche Höhe der P- und K-Gaben

Im einzelnen sind die P- und K-Gaben je nach Standortbedingungen, Nährstoffversorgung des Bodens und Nutzung sehr verschieden hoch zu bemessen.

Dabei sollten in Übereinstimmung mit den Empfehlungen MITSCHERLICHS die Möglichkeiten zur Ertragssteigerung mit P und K vollständig bzw. nahezu vollständig genutzt werden, ohne wesentlich mehr P und K zuzuführen, als dieser Zielstellung entspricht. Insbesondere ist es überflüssig, zum Zwecke der Anreicherung des Futters mit Phosphor sehr hohe P-Gaben zu verabreichen, die sich nicht mehr auf die Ertragshöhe auswirken. Die Bedeutung des P-Gehaltes der Pflanzen für die Futterqualität wurde früher stark überschätzt. Normalerweise liegen bei einer Düngung, die höchste Erträge gewährleistet, auch die P-Gehalte des Futters ausreichend hoch. Und sollte das einmal nicht der Fall sein, kann man diesem Mangel jederzeit durch Mineralstoffbeifütterung abhelfen. Diese Art der Mineralstoffernährung des Viehbestandes ist, sofern die Düngung mit den betreffenden Elementen keine Ertragssteigerungen mehr bewirkt, viel ökonomischer.

Wie kann nun aber die erforderliche Höhe der P- und K-Düngung im konkreten Falle bestimmt werden? Leider müssen wir feststellen, daß aus den Ergebnissen der obligatorischen chemischen Bodenuntersuchung nach der DL-Methode keine sehr konkreten Empfehlungen zur Höhe der P- und K-Gaben abgeleitet werden können. Das äußert sich nicht zuletzt darin, daß man im Rahmen der Bodenuntersuchung nach der DL-Methode neuerdings nicht mehr zwischen gut, mittel und schlecht mit P bzw. K versorgten Böden unterscheidet, sondern nur noch von Böden mit hohem, mittlerem oder niedrigem Gehalt an extrahierbarem P bzw. K spricht (BERGMANN, 1965). Damit wird heute offen eingestanden, was MITSCHERLICH schon vor Jahrzehnten klar erkannt und immer wieder hervorgehoben hat, daß nämlich zwischen den Ergebnissen der chemischen Bodenuntersuchung und den mit P- bzw. K-Düngung erzielbaren Mehrerträgen im allgemeinen keine sonderlich engen Beziehungen bestehen.

Wenn aber die Beziehungen zwischen den Ergebnissen einer Bodenuntersuchungsmethode und der Reaktion des Ertrages nicht hinreichend eng sind, so fragt sich, was die betreffende Methode einem landwirtschaftlichen Betrieb überhaupt nützen kann. Soll die systematische Bodenuntersuchung aber nur Auskunft darüber geben, wie sich der Gehalt der Böden an extrahierbaren Nährstoffen im Durchschnitt eines größeren Gebietes oder eines ganzen Landes verhält, so braucht man nicht jeden Hektar landwirtschaftlicher Nutzfläche zu untersuchen, sondern es genügt die Untersuchung von Stichproben. Bekanntlich hat die mathematische Statistik in den letzten Jahren Stichprobenverfahren entwickelt, die recht sichere Rückschlüsse auf die interessierenden Grundgesamtheiten zulassen.

Nun soll hier keineswegs behauptet werden, daß zwischen dem Gehalt des Bodens an extrahierbarem P und K einerseits und der Reaktion des Ertrages auf P- und K-Zufuhr andererseits überhaupt keine Korrelationen bestehen. Gewisse Korrelationen sind hier schon vorhanden. Ungeachtet dessen kommt es jedoch nicht selten vor, daß auch bei niedrigem Gehalt des Bodens an laktatlöslichem P bzw. K durch P- bzw. K-Zufuhr keine Ertragssteigerung mehr zu erzielen ist. Andererseits wird der Ertrag durch P- bzw. K-Düngung oft auch dann noch positiv beeinflußt, wenn der Boden relativ hohe Gehalte an extrahierbarem P bzw. K aufweist. Wegen dieser mangelhaften Übereinstimmung zwischen den Ergebnissen der chemischen Bodenuntersuchung und der Reaktion des Ertrages werden heute große P- und K-Mengen völlig nutzlos ausgebracht. Man weiß eben auch bei relativ hohem Gehalt des Bodens an extrahierbarem Phosphor oder Kalium nie genau, ob man die Zufuhr des betreffenden Nährstoffes tatsächlich ohne Nachteil herabsetzen bzw. ganz unterlassen kann. Aus Sicherheitsgründen erhalten in der DDR selbst solche Böden mineralische K-Düngemittel, auf denen die K-Düngung genau so unsinnig ist wie beispielsweise die Kalkung auf Kalkverwitterungs- oder Niedermoorböden.

Angesichts dieser Situation sollte man sich der Vorschläge MITSCHERLICHS erinnern, den Pflanzenertrag selbst als Indikator für die Nährstoffversorgung der Böden zu benutzen. Die Frage, ob hierbei dem Gefäß- oder dem Feldversuch der Vorzug gebührt, muß heute allerdings neu überdacht werden. MITSCHERLICH lehnte den Feldversuch keineswegs ab, bevorzugte aber aus verschiedenen Gründen den Gefäßversuch. In der Forschung kann dieser nach wie vor gute Dienste leisten. Sehr überzeugend zeigen das die Untersuchungen von KNABE und KNABE (1967). Wenn es jedoch unmittelbar darum geht, Empfehlungen für die Düngungspraxis zu erarbeiten, so ist der Felddüngungsversuch zweifellos aussagekräftiger. In den vergangenen Jahren hat sich wiederholt gezeigt, daß die Übertragung von Gefäßversuchsergebnissen auf das Freiland eben doch problematischer ist, als das in den Ausführungen MITSCHERLICHS zum Ausdruck kommt. Die unkritische, schematische Übertragung von Gefäßversuchsergebnissen auf das Freiland kann insbesondere zur Anwendung stark überhöhter P- und K-Gaben führen, die zwar den Pflanzen kaum schaden, aber den Freilandertrag nicht mehr steigern. Die Anwendung derart hoher P- und K-Mengen ist aus ökonomischen Gründen abzulehnen.

In einer Hinsicht erlaubt der Gefäßversuch allerdings sehr sichere Aussagen bezüglich des Freilandertrages: Hat das Weglassen eines Nährstoffes im Gefäßversuch nach MITSCHERLICH keinen Ertragsausfall zur Folge, so ist das im Freiland erst recht nicht der Fall. Es sei in diesem Zusammenhang auf die Bemerkungen zum Boden Nr. 16 der Tabelle 1 hingewiesen.

Der Vorschlag, eine umfangreiche Serie neuer Felddüngungsversuche anzulegen, mutet heute vielleicht etwas anachronistisch an. Ist man doch in neuester Zeit zu der Ansicht gelangt, daß derartige Versuche kaum noch zu grundlegend neuen Erkenntnissen verhelfen können. Indessen geht es hier gar nicht um die Gewinnung grundlegend neuer Erkenntnisse, sondern ähnlich wie bei der systematischen Bodenuntersuchung nach der DL-Methode nur um die routinemäßige Erfassung des Nährstoffzustandes der Böden in der Praxis. Wenn mit Hilfe einer sorgfältig geplanten größeren Serie von Felddüngungsversuchen in der DDR ein jährlicher Nutzen von 50 oder vielleicht auch 100 Millionen Mark erzielt werden kann, so ist nicht einzusehen, warum diese Versuche nicht durchgeführt werden sollen. Der volkswirtschaftliche Nutzen der Versuche würde sich vor allem aus der Einsparung großer Düngermengen auf bestimmten Standorten und aus Mehrerträgen auf anderen Standorten ergeben. Nur mit Hilfe geeigneter Düngungsversuche können beim derzeitigen Stand unserer Kenntnisse diejenigen Böden herausgefunden werden, die keiner oder nur einer geringen K-Düngung bedürfen. Je mehr aussagekräftige Versuchsergebnisse man auf diese Weise erhält, desto besser wird es möglich sein,

die erforderliche Höhe der P- und K-Gaben später einmal auch ohne neue Felddüngungsversuche hinreichend genau abzuschätzen. Gegebenenfalls ist zwecks Finanzierung der Düngungsversuche eine Einschränkung der Bodenuntersuchung nach der DL-Methode in Erwägung zu ziehen.
Selbstverständlich wäre die vorgeschlagene Serie von Felddüngungsversuchen von vornherein EDV-gerecht zu konzipieren, und die Versuchsdurchführung wäre im Interesse der Kostensenkung und aus anderen Gründen durchgehend zu standardisieren. Die Einzelversuche sollten dabei möglichst einfach gehalten sein und nur wenige Prüfglieder umfassen. Dafür sollten lieber mehr Versuchsstandorte einbezogen werden. Besonderer Wert ist auf eine genaue Charakterisierung der Versuchsstandorte zu legen, wofür ebenfalls Standards auszuarbeiten wären. Im Interesse der Aussagekraft sind die Versuche unbedingt mehrjährig, als „statische" Versuche, durchzuführen.

Tabelle 2
Ergebnisse eines Düngungsversuches auf Niedermoorgrünland in Paulinenaue

Jahr	Jährlich wiederholte Düngung						
	NPK	NK			NP		
	Trm.-Ertrag	Trm.-Ertrag	Ertragsausfall durch P-Mangel		Trm.-Ertrag	Ertragsausfall durch K-Mangel	
	dt/ha	dt/ha	dt/ha	%	dt/ha	dt/ha	%
1953	63,3	62,2	1,1	1,7	57,2	6,1	9,6
1954	59,2	55,9	3,3	5,6	47,9	11,3	19,1
1955	71,6	62,2	9,4	13,1	52,6	19,0	26,5
1956	64,5	51,4	13,1	20,3	37,7	26,8	41,6
1957	82,5	66,7	15,8	19,2	41,2	41,3	50,1
1958	80,7	57,6	23,1	28,6	41,3	39,4	48,8

In Tabelle 2 sind die Ergebnisse eines solchen mehrjährigen Versuches angeführt. Der Versuch wurde unter der Leitung von MITSCHERLICH auf Niedermoorgrünland in Paulinenaue angelegt. Während Weglassen der K-Zufuhr rasch einen starken Ertragsausfall nach sich zog, hatte die Unterlassung der P-Düngung erst vom dritten Jahre an eine deutliche Ertragseinbuße zur Folge. Offenbar wirkten die früher verabreichten P-Gaben noch längere Zeit nach. Diese Nachwirkung war auch im sechsten Versuchsjahr noch lange nicht erloschen, wie die Erträge bei NK-Düngung zeigen. Auf anderen Standorten können sich natürlich völlig andere Ertragsrelationen ergeben; eben diese gilt es zu ermitteln.
Möglicherweise kann man mit Hilfe einer hinreichend großen Serie von Felddüngungsversuchen standortbezogene Grenzzahlen des P- und K-Gehaltes der Böden für die DL-Methode finden. Dadurch und durch Übergang zur volumenbezogenen Bodenuntersuchung ließe sich die Aussagekraft der DL-Methode unter Umständen wesentlich verbessern. Aber selbst wenn das nicht möglich sein sollte, wären die Ergebnisse der vorgeschlagenen Versuchsserie von großem praktischem Wert. Würden sie doch endlich einmal begründete standortbezogene Empfehlungen zur Höhe der P- und K-Gaben gestatten.
Natürlich ist nicht zu bestreiten, daß bereits in der Vergangenheit zahlreiche P- und K-Düngungsversuche durchgeführt wurden. Es erscheint durchaus lohnend, dieses umfangreiche Material — soweit es noch auffindbar ist — im Hinblick auf die angedeutete Zielstellung zu sichten und auszuwerten. Jedoch läßt sich heute schon sagen, daß dieses ältere Material sehr lückenhaft und wenig repräsentativ

ist. Aus ihm dürften sich zwar gewisse Hinweise und Anregungen ergeben, aber es dürfte für die Mehrzahl der landwirtschaftlich genutzten Standorte in der DDR keine fundierten Aussagen ermöglichen. Deshalb ist die Durchführung neuer Versuche, in denen auch die Gegebenheiten künftiger industriemäßiger Produktion berücksichtigt werden, wohl kaum zu umgehen. Es sei denn, man findet sich damit ab, daß auch in künftigen Jahrzehnten bedeutende Düngermengen nutzlos vergeudet werden. Zweifellos ist eine wissenschaftlich einwandfreie Berechnung der erforderlichen P- und K-Gaben mit Hilfe von Elektronenrechnern, wie sie für die Zukunft vorgesehen ist, nur dann möglich, wenn man sich auf ausreichende experimentelle Unterlagen stützen kann.

In den meisten Ländern hat sich die hier vertretene Auffassung zur P- und K-Düngung, die mit den Ansichten MITSCHERLICHs im Einklang steht, längst durchgesetzt. Es wird dort nur das gedüngt, was sich in bezug auf den Ertrag und die Qualität der Ernteprodukte als lohnend erweist. So ist es zu erklären, daß der P- und K-Einsatz je Hektar selbst in Ländern, in denen stärker mit Stickstoff gedüngt wird als in der DDR, wesentlich niedriger liegt als bei uns. Damit soll keineswegs einer generellen Herabsetzung der P- und K-Gaben in der DDR das Wort geredet werden. Vielleicht erweist es sich sogar als notwendig, den durchschnittlichen P- und K-Einsatz in der DDR künftig noch etwas zu erhöhen. In erster Linie gilt es jedoch, die P- und K-Gaben von Standort zu Standort viel stärker zu differenzieren als bisher und die P- und K-Düngemittel vor allem dort anzuwenden, wo sie wirklich Nutzen bringen.

Das Ertragsgesetz

Bei der Entwicklung seiner pflanzenphysiologischen Methoden zur Untersuchung des Nährstoffzustandes der Böden ging MITSCHERLICH von Forschungsarbeiten über das Ertragsgesetz aus. Ergebnisse von Nährstoff-Steigerungsversuchen veranlaßten MITSCHERLICH (1909), dem Ertragsgesetz die folgende mathematische Form zu geben:

$$\frac{dy}{dx} = c(y_{\max} - y) . \qquad (1)$$

Hierin ist x die Nährstoffgabe, beispielsweise die P-Gabe, und y der Ertrag. $y_{\max}$, der sogenannte Höchstertrag, ist eine durch die jeweiligen Wachstumsbedingungen gegebene Konstante, gegen die der Ertrag y mit steigender Nährstoffgabe x konvergiert. c ist ebenfalls eine Konstante, die als Wirkungsfaktor oder Wirkungswert des betrachteten Nährstoffes bezeichnet wird.

Ist für $x = 0$ auch $y = 0$, so lautet die Lösung der Differentialgleichung (1)

$$y = y_{\max} (1 - e^{-cx}) . \qquad (2)$$

In Abbildung 1 ist diese Funktion (2) graphisch dargestellt. Danach wird die ertragssteigernde Wirkung eines Nährstoffes um so geringer, je größere Mengen dieses Nährstoffes den Pflanzen bereits zur Verfügung stehen.
Nach MITSCHERLICH kann man auf der Grundlage der Formel (2) aus den Ergebnissen von Feld- und Gefäßdüngungsversuchen den Gehalt des Bodens an

wirksamem Phosphor bzw. an wirksamem Kalium berechnen. Hierbei wird die Ertragskurve in Abbildung 1 gewissermaßen als Eichkurve benutzt. Allerdings sind Gefäß- und Felddüngungsversuche nach MITSCHERLICH auch ohne derartige Berechnungen sehr aussagekräftig (KALTOFEN, 1965). Schon die Höhe des Ertragsausfalles, der sich bei Weglassen eines Nährstoffes ergibt, zeigt ja recht deutlich, wie nährstoffarm oder -reich ein Boden ist (vgl. Tabelle 1).
Die Arbeiten MITSCHERLICHs über das Ertragsgesetz stießen vielerorts auf großes Interesse und lösten teilweise lebhafte Diskussionen aus. Im Laufe der Zeit wurden die Formeln (1) und (2) und die zugehörigen Ertragskurven in der ganzen Welt bekannt. Auch in neuerer Zeit messen manche Forscher, wie ATANASIU (1954), v. BOGUSLAWSKI (1958) und MENGEL (1968), den Formeln (1) und

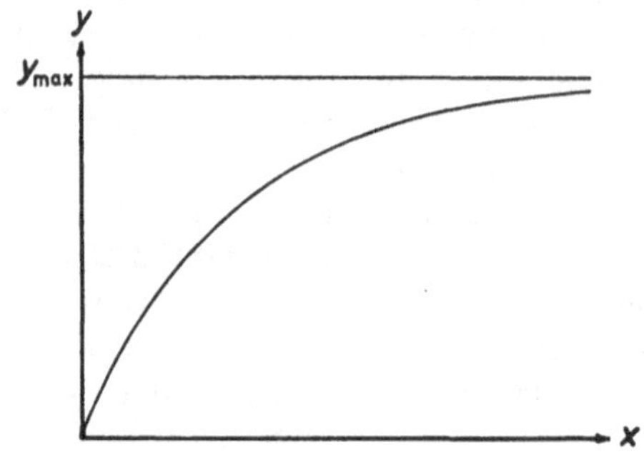

Abb. 1: Abhängigkeit des Ertrages y von der verfügbaren Nährstoffmenge x (nach MITSCHERLICH)

(2) noch wesentliche Bedeutung bei. Andere Forscher, wie SCHMALFUSS (1963) und SCHILLING (1967), halten die von MITSCHERLICH vorgeschlagenen Formeln für weniger bedeutsam, sind jedoch mit MITSCHERLICH davon überzeugt, daß der Ertragszuwachs, der durch Zufuhr der Einheit eines Nährstoffes hervorgerufen wird, in der Tendenz um so geringer ausfällt, je mehr von diesem Nährstoff bereits vorhanden ist. SCHILLING bringt ferner zum Ausdruck, daß diese Beziehung zwischen Nährstoffangebot und Ertrag in der Landwirtschaft bewußt oder unbewußt ausgenutzt wird und daß nicht zuletzt die Bodenuntersuchung auf dieser Beziehung aufbaut.
In der Tat hat die Untersuchung der Böden auf ihren Nährstoffgehalt nur dann einen Sinn, wenn die Höhe des Mehrertrages, der durch Zufuhr des betreffenden Nährstoffes erzielt wird, vom Nährstoffgehalt des Bodens abhängt. Können die Beziehungen zwischen verfügbarer Nährstoffmenge und Ertrag durch eine Kurve dargestellt werden, die in ihrem prinzipiellen Verlauf der Kurve in Abbildung 1 entspricht, so sind bei niedrigem Nährstoffgehalt des Bodens hohe Nährstoffgaben zu verabreichen, während bei hohem Gehalt des Bodens nur geringe Nährstoffmengen zuzuführen sind oder die Nährstoffzufuhr auch ganz zu unterlassen ist.
Indessen ergeben sich genau die gleichen praktischen Schlußfolgerungen, wenn die Ertragskurve S-Form aufweist, also wesentlich anders verläuft als die

Kurve in Abbildung 1. Sigmoide Ertragskurven erhält man zum Beispiel oft in P-Steigerungsversuchen auf P-armen, sauren Böden, wo ein Teil des Düngerphosphors vorübergehend festgelegt wird, so daß niedrige P-Gaben ungenügend zur Wirkung kommen. Verläuft die Ertragskurve S-förmig, so ist bei niedrigem Nährstoffgehalt des Bodens die Zufuhr hinreichend hoher Nährstoffgaben noch weitaus wichtiger als bei einem Ertragsverlauf entsprechend der Abbildung 1.
Trotz aller berechtigten Einwände ist jedoch nicht zu leugnen, daß der Ertragsverlauf in Abhängigkeit von der Nährstoffgabe durch die von MITSCHERLICH vorgeschlagenen Formeln oft recht gut wiedergegeben wird. Deshalb können diese Formeln in vielen Fällen zur Auswertung von Versuchen herangezogen bzw. als Produktionsfunktionen benutzt werden.
Wenn wir jedoch die Frage beantworten wollen, ob bzw. inwieweit die Ergebnisse MITSCHERLICHs bezüglich des Ertragsgesetzes auch noch für gegenwärtige und künftige Grundlagenforschungen auf dem Gebiet der Ertragsbildung Bedeutung besitzen, so müssen wir versuchen, uns eine Vorstellung darüber zu verschaffen, wie der Höchststand in der Pflanzenproduktion in einigen Jahrzehnten aussehen wird.

Prozeßsteuerung in der Pflanzenproduktion der Zukunft

Die raschen Fortschritte in Wissenschaft und Technik bieten die Möglichkeit, den Prozeß der Ertragsbildung im Verlauf der Vegetationszeit immer vollkommener zu beeinflussen und zu steuern. Dabei ergeben sich in stationären Bewässerungssystemen besonders günstige Voraussetzungen für die Prozeßsteuerung.

Künftig wird man stationäre Bewässerungssysteme, die in ihren technischen Details von den heutigen stationären Beregnungsanlagen allerdings wesentlich abweichen können, nicht zuletzt auf armen, trockenen Sandböden installieren. Denn hier können diese Systeme am stärksten ausgelastet und am effektivsten genutzt werden. Ohne sehr häufige Bewässerung bringen derartige Standorte nur sehr dürftige oder überhaupt keine Erträge. Bei optimaler Wasser- und Nährstoffzufuhr hingegen können die Erträge dieser Flächen selbst die Erträge der „fruchtbarsten" Böden noch übertreffen.
Schon MITSCHERLICH hat in seinen Vegetationsversuchen zeigen können, daß die Pflanzen auf Sandsubstrat bei entsprechender Wasser- und Nährstoffversorgung vorzüglich gedeihen und unter Umständen höhere Erträge liefern als auf sogenannten guten Böden. Der unwiderlegbare Nachweis, daß Entsprechendes auch für Großflächen gilt, ist in den letzten Jahren im VEG Zingst erbracht worden. Durch sinnvoll gelenkte Einstaubewässerung und starke Mineraldüngung konnten hier auf Sandböden, die von Natur aus sehr nährstoffarm sind, Futtererträge von erstaunlicher Höhe erreicht werden. Das Verfahren der Hydrokultur, wie es im Sandkulturversuch angewandt wird, ist also im Prinzip auf das Freiland übertragbar. Entsprechende Vermutungen wurden bereits früher geäußert (KALTOFEN, 1954).

Wie könnte nun die Prozeßsteuerung in stationären Bewässerungssystemen künftig, sagen wir im Zeitraum um das Jahr 2000, etwa aussehen? Erste Vorstellungen, die wir hierzu erarbeitet und an das Präsidium der Deutschen Akademie der Landwirtschaftswissenschaften zu Berlin eingereicht haben, fanden zum Teil Aufnahme in die Festrede, die der Präsident der Akademie anläßlich der 7. Festsitzung und Wissenschaftlichen Tagung der Akademie im Oktober 1968 gehalten hat (RÜBENSAM, 1969). Im folgenden soll an Hand des Blockdiagrammes in Abbildung 2 etwas näher auf diese Frage eingegangen werden. Die Steuerung der Ertragsbildung wird aller Voraussicht nach von einer elektronischen Prozeßrechenanlage übernommen. Über ein Datenübertragungssystem erhält die Rechenanlage ständig bzw. in angemessenen Abständen Meßdaten

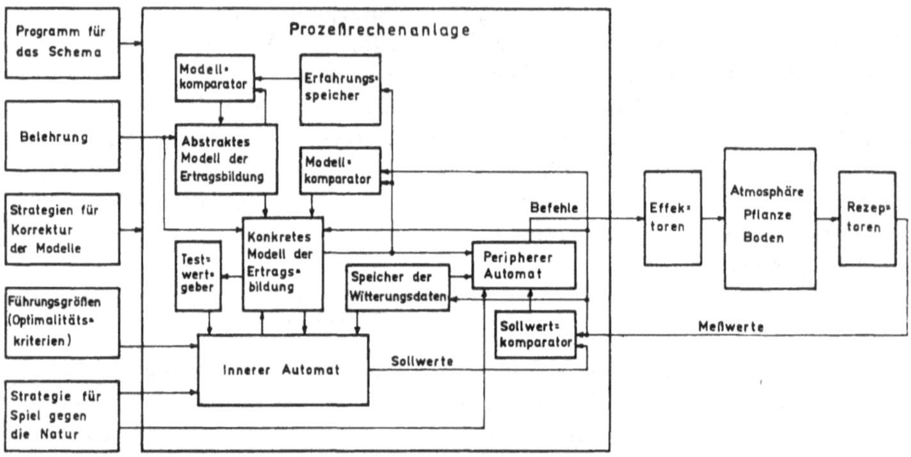

Abb. 2: Schema der Prozeßsteuerung in der Pflanzenproduktion

über die Umweltbedingungen und den physiologischen Zustand der Pflanzen. Die Messung der Umweltbedingungen erfolgt automatisch an verschiedenen Meßpunkten im Boden und oberhalb der Bodenoberfläche. Temperaturfühler messen die Temperatur, andere technische Rezeptoren messen die eingestrahlte Energie, wieder andere Meßeinrichtungen liefern Werte über den Wassergehalt des Bodens sowie über den Gehalt der Bodenlösung an verschiedenen Pflanzennährstoffen usw. Auch Meßergebnisse über den jeweils erreichten Pflanzenertrag, über die Hydratur der Pflanzen und über ihren Gehalt an physiologisch wichtigen Inhaltsstoffen werden der Prozeßrechenanlage regelmäßig übermittelt. Die laufende Ertragsmessung kann dabei berührungslos, beispielsweise auf elektronischem Wege oder mit Hilfe von Gammastrahlen, vorgenommen werden, während notwendige chemische Analysen von Analysenautomaten erledigt werden.

Die Meßergebnisse bezüglich der Wasser- und Nährstoffversorgung der Pflanzen werden dem Sollwertkomparator der Prozeßrechenanlage zugeleitet und dort mit den zugehörigen Sollwerten verglichen. Die Ergebnisse dieses Vergleiches werden an einen Automaten weitergegeben, der als äußerer oder peripherer Automat bezeichnet werden kann. Dieser Automat ermittelt unter Berücksichtigung des Witterungsrisikos, welche Bewässerungs-, Düngungs- und sonstigen Maßnahmen zur Gewährleistung der Sollwerte des Wasserangebotes, des

Nährstoffangebotes usw. zu ergreifen sind. Entsprechend ergehen dann vom peripheren Automaten Befehle an die Effektoren, also an die Förder- und Verteilaggregate, wie Pumpen, Ventile usw. Die Pumpen setzen sich auf Befehl des Automaten in Betrieb und wieder außer Betrieb. Gleichzeitig werden dem Beregnungswasser auf Befehl des peripheren Automaten die erforderlichen Mengen an Düngemitteln, Wachstumsregulatoren, Pflanzenschutzmitteln und anderen Agrochemikalien automatisch zugesetzt. Wie man leicht erkennt, stellen die beeinflußbaren Umweltbedingungen der Pflanzen einerseits und der periphere Automat andererseits Teile eines geschlossenen Regelkreises dar, der als äußerer oder peripherer Regelkreis bezeichnet werden soll.

Das Optimum des Wasserangebotes, des Nährstoffangebotes, des Angebotes von Wachstumsregulatoren usw. liegt nun aber nicht ständig gleich hoch. Vielmehr ändern sich die anzustrebenden Optimalwerte dieser Größen mit Fortschreiten der Vegetationszeit oft beträchtlich, wobei auch eine teilweise stark ausgeprägte Abhängigkeit von der Witterung besteht. Die Sollwerte der genannten Größen müssen daher fortlaufend neu ermittelt werden. Das geschieht in einem anderen Automaten, dem inneren Automaten. Dieser erhält von einem Testwertgenerator fortlaufend verschiedene Testwerte, die vom inneren Automaten an einem Modell der Ertragsbildung der Reihe nach durchprobiert werden. Diejenigen Testwerte, die sich bei dieser Vorprüfung am Modell als die günstigsten erweisen, werden als Sollwerte dem Sollwertkomparator zugeführt. Auch bei der Ermittlung der Sollwerte wird das Witterungsrisiko berücksichtigt.

Hervorzuheben ist, daß die Prüfung der Testwerte an einem aktuellen bzw. konkreten Modell der Ertragsbildung vorgenommen werden muß, das eine homomorphe Abbildung des konkreten Ablaufs der Ertragsbildung in dem betreffenden Jahr darstellt. Bekanntlich können im Ablauf der Ertragsbildung, bedingt durch unterschiedliche Witterung, von Jahr zu Jahr ganz erhebliche Unterschiede auftreten. Dementsprechend sind von Jahr zu Jahr andere zeitliche Verläufe des Wasserangebotes, des Nährstoffangebotes usw. optimal. Diese verschiedenen optimalen Verläufe können nur ermittelt werden, wenn zur Prüfung der Testwerte ein Modell benutzt wird, das den tatsächlichen Ablauf der Ertragsbildung in dem betreffendem Jahr widerspiegelt.

Möglicherweise kann diese Prüfung aber dadurch vereinfacht und beschleunigt werden, daß vom jeweiligen konkreten Modell der Ertragsbildung bestimmte Mengen von Testwerten im Testwertgeber blockiert werden, weil von vornherein feststeht, daß diese Testwertmengen keine Optimalwerte enthalten.

Im übrigen kann aus dem konkreten Modell der Ertragsbildung auch abgeleitet werden, wie groß der Wasser- und Nährstoffverbrauch der Pflanzen im nachfolgenden Zeitabschnitt voraussichtlich sein wird. Diese Informationen nutzt der periphere Automat bei der Ermittlung der Bewässerungs- und Düngungsmaßnahmen, die zwecks Einhaltung der Sollwerte einzuleiten sind.

Das konkrete Modell der Ertragsbildung muß jedenfalls in der Prozeßrechenanlage Jahr für Jahr neu aufgebaut werden. Das geschieht, synchron mit der realen Ertragsbildung, auf der Grundlage der allgemeinen Gesetzmäßigkeiten, die zwischen Umweltbedingungen und Ertragsbildung bestehen, sowie unter Ausnutzung von Informationen über das tatsächliche Verhalten der Witterung und anderer Umweltbedingungen in dem betreffenden Jahr. Diesbezügliche Informationen gehen ja der Prozeßrechenanlage laufend von den Rezeptoren aus zu. Die allgemeinen Gesetzmäßigkeiten der Ertragsbildung sind in Form eines allgemeinen oder abstrakten Modells in der Prozeßrechenanlage enthalten. Nun können aber Unzulänglichkeiten des abstrakten Modells oder unzureichende Informationen über die Umweltbedingungen der Pflanzen beträchtliche Abweichungen des konkreten Modells der Ertragsbildung vom wirklichen Ablauf der Ertragsbildung zur Folge haben. Aus diesem Grunde wird das konkrete Modell der Ertragsbildung in angemessenen Abständen mit der tatsächlichen Ertragsbildung verglichen. Dieser Vergleich erfolgt in einem Modellkomparator, dem sowohl die Parameter des konkreten Modells als auch die tatsächlich gemessenen Erträge und physiologischen Zustände der Pflanzen zugeleitet werden. Auf Grund dieses Vergleiches wird dann, falls erforderlich, das konkrete Modell korrigiert und somit die Übereinstimmung des konkreten Modells mit der Außenwelt wieder hergestellt. Offensichtlich existiert hier ein zweiter Regel- bzw. ein Optimalwertkreis, der dem bereits erwähnten peripheren Regelkreis übergeordnet ist und langsamer arbeitet als dieser.

Schließlich erscheint es angebracht, die konkreten Modelle der Ertragsbildung, die in den einzelnen Jahren aufgebaut werden, am Schluß des Jahres nicht einfach zu löschen, sondern in einem Erfahrungsspeicher zu sammeln. Denn es handelt sich hierbei um ein wertvolles Material, das unter Umständen zur Verbesserung des abstrakten Modells der Ertragsbildung herangezogen werden kann. Der Vergleich des abstrakten Modells mit den gespeicherten Erfahrungen könnte in einem weiteren Modellkomparator vorgenommen werden. Der sich hier ergebende dritte Regel- bzw. Optimalwertkreis ist dem zweiten hierarchisch übergeordnet und arbeitet noch wesentlich langsamer als der zweite. Denn die Überprüfung des abstrakten Modells setzt ja den vorherigen Aufbau gut mit der Wirklichkeit übereinstimmender konkreter Modelle voraus.

Natürlich könnte man auch daran denken, die von den Rezeptoren gelieferten Meßwerte direkt im Erfahrungsspeicher zu sammeln. Dann würden jedoch auch viele Zufälligkeiten mit gespeichert, die den Erfahrungsspeicher nur unnötig belasten. Deshalb erscheint eine gewisse „Vorfilterung" der Meßdaten zweckmäßig, wie sie bei Einspeicherung der konkreten Modelle von selbst gegeben ist.

Die Festlegung der Strategien für die Korrektur des konkreten und des abstrakten Modells wird wohl noch für längere Zeit Sache des Menschen bleiben. Ferner bleibt es dem Menschen vorbehalten, die Führungsgrößen, Optimalitätskriterien und Zielfunktionen vorzugeben. Von den vorgegebenen Optimalitätskriterien hängt es ab, welche Testwerte vom inneren Automaten als optimal ausgewählt und dem Sollwertkomparator zugeleitet werden. Je nach Bedarf bzw. Vorgabe des Menschen vermag ein und dieselbe Prozeßrechenanlage nach verschiedenen Kriterien zu optimieren. Darüber hinaus steht es dem Menschen jederzeit frei, belehrend und korrigierend einzugreifen. Beispielsweise kann der Mensch auf Grund neuer Erkenntnisse über die Ertragsbildung jederzeit Veränderungen am abstrakten Modell der Ertragsbildung vornehmen.

Einer besonderen Betrachtung bedarf noch das Witterungsrisiko. Auch in einigen Jahrzehnten wird man die Witterung noch nicht vollständig beherrschen oder über einen längeren Zeitraum hin sicher voraussagen können. Deshalb ist jede Bewässerungs-, Düngungs- oder sonstige Maßnahme, die von der Prozeßrechenanlage eingeleitet wird, hinsichtlich ihrer Wirkung auf den Endertrag mit einem gewissen Risiko behaftet, wenngleich die Anlage imstande ist, die gespeicherten Witterungsabläufe vergangener Jahre auszuwerten und aus ihnen gewisse Schlußfolgerungen zu ziehen. Mithin befindet sich die Prozeßrechenanlage in der Situation eines Spielers, der gegen die Witterung zu spielen hat. In der Spieltheorie und Kybernetik spricht man in solchen Fällen von einem Spiel gegen die Natur. Hierbei kann man die Rechenanlage etwa gemäß einer Strategie handeln lassen, die der Forderung nach hoher Ertragssicherheit bei möglichst hohen Durchschnittserträgen entspricht.

Insgesamt gesehen wird deutlich, daß sich die Funktion künftiger Anlagen zur Prozeßsteuerung in der Pflanzenproduktion nicht auf die Abarbeitung starr vorgegebener Programme beschränken wird, deren einzelne Schritte vom Menschen im voraus genau festgelegt sind. Vielmehr werden die eingesetzten Anlagen lernende Automaten (STEINBUCH, 1965; KLAUS, 1968) sein, also adaptive Systeme, die sich mit der Außenwelt „auseinandersetzen“ und sich ihr anpassen. Schon die Ermittlung der Sollwerte des Wasser- und Nährstoffangebotes durch Ausprobieren von Testwerten am konkreten Modell der Ertragsbildung ist als Lernen durch Trial and error, durch Versuch und Irrtum, aufzufassen. Es ist auch ein Lernvorgang, wenn die Prozeßrechenanlage ihre „Vorstellungen“ über die jeweilige Ertragsbildung, die sich im konkreten Modell der Ertragsbildung verkörpern, an der äußeren Realität überprüft und gegebenenfalls das konkrete Modell korrigiert. Hierbei lernt die Anlage durch Nachahmung von der Außenwelt. Wesentlich kompliziertere Lernprozesse liegen der Verbesserung des abstrakten Modells der Ertragsbildung zugrunde. Die Verbesserung des abstrakten Modells auf Grund früherer Erfahrungen hat zur Folge, daß die Prozeßrechenanlage ihre Aufgaben immer besser löst. Übrigens besteht im Prinzip auch die Möglichkeit, eine Prozeßrechenanlage von einem „erfahreneren“ Automaten lernen zu lassen, der dann als Lehrer fungiert.

Die fortlaufende Optimierung der beeinflußbaren Umweltbedingungen der Pflanzen mit Hilfe von Prozeßrechenanlagen bedeutet, daß eine positive oder kumulative Rückkopplung ausgenutzt wird. Sind nämlich Wasserangebot, Nährstoffangebot usw. von Anfang an optimal, so wachsen die Pflanzen von Anfang an sehr rasch. Das ist mit einem entsprechend hohen Wasser- und Nährstoffverbrauch im Anfangsteil der Wachstumszeit verbunden. Dadurch werden aber die Voraussetzungen für einen nutzbringenden Einsatz entsprechend höherer Wasser- und Nährstoffmengen im nachfolgenden Zeitabschnitt geschaffen (KALTOFEN, 1954). Dieser weiterhin hohe Wasser- und Nährstoffeinsatz ermöglicht ein weiterhin rasches Wachstum mit einem entsprechend hohen Wasser-

und Nährstoffverbrauch, usw. Man kann ohne Übertreibung sagen, daß die bewußte Ausnutzung dieser positiven Rückkopplung ein Kernproblem künftiger Ertragssteigerungen darstellt. Bislang nutzt man diese Rückkopplung nur unbewußt und deshalb sehr unvollkommen aus. Durch sinnvolle Prozeßsteuerung lassen sich hier aber wesentliche Verbesserungen erreichen, die zu einem höheren Wasser- und Nährstoffdurchsatz der Bewässerungssysteme und zur vollen Ausnutzung des Wasser- und Nährstoffverarbeitungsvermögens der Pflanzen beitragen.

Zur Zeit werden noch fast alle Funktionen des in Abbildung 2 dargestellten Systems vom Menschen oder unter wesentlicher Mitwirkung des Menschen ausgeführt. Gegenwärtig gibt es lediglich Ansätze zur technischen Realisierung des peripheren Regelkreises. Das konkrete Modell der Ertragsbildung hingegen wird noch Jahr für Jahr im zentralen Nervensystem des beobachtenden und steuernden Menschen aufgebaut, und zwar in sehr unvollkommener Form. Das ist nicht zuletzt eine Folge unserer mangelhaften Kenntnisse über die allgemeinen Gesetzmäßigkeiten der Ertragsbildung. Weder in unserem Gedächtnis noch in den Lehrbüchern besitzen wir ein gut ausgearbeitetes abstraktes Modell der Ertragsbildung. Weitere Forschungen über die Ertragsbildung können und werden hier jedoch allmählich Wandel schaffen. Gleichzeitig werden es die Fortschritte in der Technik erlauben, das dargestellte System der Prozeßsteuerung schrittweise zu automatisieren. Bis zur durchgängigen Automatisierung des Gesamtsystems werden allerdings noch mehrere Jahrzehnte vergehen.
Soweit man es schon heute beurteilen kann, wird es sich bei der betrachteten Prozeßrechenanlage um eine Hybridrechenanlage handeln. Es ist zum Beispiel denkbar, daß zum Aufbau des konkreten Modells der Ertragsbildung Hilfsmittel der Analogrechentechnik benutzt werden, während der Speicher für die Witterungsdaten, der Erfahrungsspeicher und das abstrakte Modell der Ertragsbildung digitale Subsysteme darstellen. Dabei wäre es sicherlich falsch anzunehmen, daß künftig neben jedem Bewässerungssystem gewissermaßen ein Kasten stehen wird, in dem eine komplette Prozeßrechenanlage untergebracht ist. Einen solchen Aufwand wird man sich schwerlich leisten können. Die einzelnen Elemente der Prozeßrechenanlage können vielmehr Hunderte, ja Tausende Kilometer voneinander entfernt stationiert sein. Der Speicher für die Witterungsdaten mag sich beispielsweise in einer meteorologischen Dienststelle befinden, wo er von allen Interessenten genutzt werden kann. Ferner braucht das abstrakte Modell der Ertragsbildung für jede Pflanzenart unter Umständen nur an einer Stelle, etwa in einem wissenschaftlichen Institut, vorhanden zu sein, wo es ständig verbessert wird und allen Anwendern eines Landes oder mehrerer Länder zur Nutzung zur Verfügung steht. Der Informationsfluß zwischen den einzelnen Elementen der Prozeßrechenanlage kann auch über große Entfernungen durch ein leistungsfähiges Datenübertragungssystem gesichert werden.

Entwicklung dynamischer Modelle der Ertragsbildung

Wenn wir nun zu der Frage zurückkehren, ob das von MITSCHERLICH aufgestellte Ertragsgesetz auch in der Grundlagenforschung über die Ertragsbildung noch eine größere Rolle spielen wird, so können wir diese Frage auf Grund der angestellten prognostischen Überlegungen wohl kaum bejahen. Die Ertragsbildung ist ein in der Zeit ablaufender, dynamischer Prozeß. Im Ertragsgesetz kommt die Zeit aber überhaupt nicht vor. Dieses Gesetz beinhaltet lediglich pauschale Aussagen über die Beziehungen zwischen verfügbarer Nährstoffmenge und Endertrag. Das Zustandekommen des Ertrages in der Zeit und die Abhängigkeit der Nährstoffwirkung vom zeitlichen Verlauf des Nährstoffangebotes bleiben dabei außer Betracht. Die kausalen und selbst die kinetischen Aspekte der Ertragsbildung finden im Ertragsgesetz keinen Niederschlag. Damit bietet das Ertragsgesetz keine ausreichende Grundlage für die Steuerung der Ertragsbildung im Verlauf der Vegetationszeit.

In Erkenntnis dieser prinzipiellen Unzulänglichkeiten des Ertragsgesetzes wurden vor mehr als 15 Jahren Forschungsarbeiten über die dynamischen Beziehungen zwischen zeitlichem Verlauf des Nährstoffangebotes und zeitlichem Verlauf der Ertragsbildung aufgenommen (KALTOFEN, 1961b). Im Rahmen dieser Untersuchungen ergaben sich auch mathematische Ansätze (KALTOFEN, 1958, 1966a, 1966b), die zu abstrakten Modellen der Ertragsbildung für die Prozeßsteuerung weiterentwickelt werden können. Mit Rücksicht auf andere wichtige Arbeiten in Forschung und Praxis wurden diese experimentellen und biomathematischen Arbeiten bisher allerdings mehr am Rande durchgeführt. Es dürfte jedoch die Zeit herangereift sein, die Untersuchungen nunmehr energischer voranzutreiben.

Die neuen mathematischen Ansätze führen unter Überwindung der statischen Betrachtungsweise MITSCHERLICHs weit über das Ertragsgesetz hinaus. Ungeachtet dessen und bei aller Kritik, die am Ertragsgesetz MITSCHERLICHs geübt werden kann, muß jedoch betont werden, daß es letzterdings MITSCHERLICHS Forschungen über das Ertragsgesetz waren, die den Anstoß zur Entwicklung

Tabelle 3
Vermehrung von Mikroorganismen in Abhängigkeit von der Nährstoffkonzentration (u = Nährstoffkonzentration; p = Anzahl der Teilungsschritte in der Zeiteinheit; t = Zeit; y = Anzahl der Individuen)

	u	0	1	3	9
	p	0	2	3	4
	$\Delta p/\Delta u$	—	2	$^1/_2$	$^1/_6$
$t = 0$	y	1	1	1	1
	$\Delta y/\Delta u$	—	0	0	0
$t = 1$	y	1	4	8	16
	$\Delta y/\Delta u$	—	3	2	$1^1/_3$
$t = 2$	y	1	16	64	256
	$\Delta y/\Delta u$	—	15	24	32

weiterführender, dynamischer Modelle der Ertragsbildung gaben. In den neuen mathematischen Ansätzen fanden darüber hinaus auch gewisse Ideen BAULES (1920), RIPPELS (1922, 1925) und BLACKMANS (1919) Berücksichtigung, wobei BAULE und RIPPEL ihrerseits von den Arbeiten MITSCHERLICHS ausgegangen sind. Alles in allem hat also MITSCHERLICH eine Entwicklung ausgelöst, von der auch in Zukunft noch einiges zu erwarten ist.

Um nun aber wenigstens einige Grundgedanken der neueren Forschungen anzudeuten, sei ein ganz einfaches numerisches Modell betrachtet (Tabelle 3). Es bezieht sich auf die Vermehrung von Mikroorganismen (KALTOFEN, 1960).

Diese ist ja ebenso wie das Pflanzenwachstum mit einer Selbstvermehrung der Biomasse in der Zeit gleichbedeutend. Außerdem ist sowohl der eine als auch der andere Vorgang vom Nährstoffangebot abhängig. Aus diesen Gründen bestehen zwischen beiden Vorgängen in biomathematisch-kybernetischer Hinsicht gewisse Analogien (KALTOFEN, 1961a).

In Tabelle 3 sind den verschiedenen Konzentrationsstufen u bestimmte Teilungsschrittraten p zugeordnet. Der Differenzenquotient $\Delta p/\Delta u$ zeigt, daß der Anstieg von p mit steigendem u immer geringer wird, wie das auch in der Natur meist der Fall sein mag. Zum Zeitpunkt $t = 0$ sei überall 1 Individuum vorhanden. Für beliebige andere Zeitpunkte t ist dann die Individuenzahl $y = 2^{pt}$, wobei die Individuenzahl dem Ertrag an Biomasse entspricht. Die y-Werte für $t = 1$ und $t = 2$ sind in der Tabelle angegeben. Außerdem enthält die Tabelle auch die Differenzenquotienten $\Delta y/\Delta u$, die Wesentliches über den Verlauf des Ertrages y bei steigendem u aussagen.

Zum Zeitpunkt $t = 1$ nehmen die Differenzenquotienten $\Delta y/\Delta u$ offensichtlich mit steigendem u ab. Der Ertragsanstieg mit wachsendem Nährstoffangebot wird also zum Zeitpunkt $t = 1$ immer geringer, wie das im Prinzip vom Ertragsgesetz MITSCHERLICHS ausgesagt wird. Aber schon zum Zeitpunkt $t = 2$ ist das nicht mehr der Fall. Hier steigt $\Delta y/\Delta u$ mit wachsendem u an. Zu noch späteren Zeitpunkten nimmt — wie man sich leicht überlegt — der Differenzenquotient $\Delta y/\Delta u$ mit wachsendem u in noch weit stärkerem Maße zu.

Bereits dieses einfache Beispiel läßt erkennen, daß jene empirisch gefundene und von MITSCHERLICH mathematisch formulierte Regel, die mit steigendem Nährstoffangebot einen abnehmenden Ertragsanstieg konstatiert, nicht Ausdruck eines allgemeingültigen biologischen Gesetzes sein kann. Gewiß liegen die Verhältnisse bei höheren Pflanzen in mancher Hinsicht anders als bei Mikroorganismen. Theoretische und experimentelle Untersuchungen zeigten jedoch, daß der Ertragsanstieg auch bei höheren Pflanzen mit steigendem Nährstoffangebot größer werden kann (KALTOFEN, 1966a, 1967). Mithin ist das sogenannte Gesetz vom abnehmenden Ertragszuwachs heute als falsifiziert zu betrachten, wenngleich unter praktischen Bedingungen mit steigendem Nährstoffangebot oft eine Abnahme des Ertragsanstiegs verbunden ist. Jedenfalls haben wir im sogenannten Gesetz vom abnehmenden Ertragszuwachs kein allgemeingültiges Naturgesetz vor uns.

Aus Tabelle 3 ist noch eine weitere interessante Relation zu entnehmen. Und zwar zeigt sich, daß die Erträge y, die bei verschieden hoher Nährstoffkonzentration u erzielt werden, mit Fortschreiten der Zeit immer weiter auseinanderweichen. So ist y bei der Konzentration $u = 3$ zur Zeit $t = 1$ doppelt so groß, zur Zeit $t = 2$ viermal so groß und zur Zeit $t = 3$ achtmal so groß wie bei der Konzentration $u = 1$. Dieses Auseinanderweichen der Erträge ist mit gewissen Einschränkungen auch bei höheren Pflanzen zu beobachten. Ihm liegt ein allgemeines Prinzip zugrunde, das als Prinzip des divergierenden Wachstums bezeichnet wurde (KALTOFEN, 1967; KALTOFEN u. HEY, 1968).

Anhand der Tabelle 4 seien einige Konsequenzen dieses Prinzips erläutert. *Festuca pratensis* Huds. wurde in Mitscherlichgefäßen angezogen und bei einem

Trockenmassee rtrag von 16 g/Gefäß geschnitten. Während ein Teil der Gefäße nach diesem Schnitt keine N-Gabe mehr erhielt, wurden andere Gefäße unmittelbar nach dem Schnitt mit 1,0 g N/Gefäß gedüngt. Anschließend wurden in wöchentlichem Abstand von jeder Variante 4 Gefäße abgeerntet. Die dabei ermittelten Trockenmasseerträge sind in Tabelle 4 zusammengestellt.

Tabelle 4
Ergebnisse eines Gefäßversuches über den Zuwachsverlauf von *Festuca pratensis* nach einem Schnitt (t = Wachstumszeit in Tagen zwischen N-Düngung und erneutem Schnitt; $y(0)$ = Trockenmasseertrag in g/Gefäß ohne N-Düngung; $y(1)$ = Trockenmasseertrag in g/Gefäß bei einer N-Gabe von 1 g/Gefäß)

t	$y(0)$	$y(1)$	$y(1) - y(0)$	$y(1)/y(0)$
7	4,6	6,5	1,9	1,4
14	5,0	11,8	6,8	2,4
21	5,8	17,2	11,4	3,0
28	6,2	26,8	20,6	4,3
35	8,4	33,1	24,7	3,9
42	8,9	41,1	32,2	4,6
49	8,8	42,6	33,8	4,8
56	9,5	45,3	35,8	4,8
63	10,3	51,3	41,0	5,0
70	11,0	52,9	41,9	4,8

Ersichtlich nahm der Ertrag mit Fortschreiten der Zeit auch dann zu, wenn nicht mit Stickstoff nachgedüngt wurde. Offenbar waren im Boden und vor allem in den Pflanzen noch gewisse N-Mengen enthalten, die ein gewisses Wachstum ermöglichten. Mit Stickstoffdüngung stieg der Ertrag jedoch weitaus stärker an als ohne. Entsprechend dem Prinzip des divergierenden Wachstums wurde die Ertragsdifferenz $y(1) - y(0)$ mit Fortschreiten der Zeit immer größer, wobei besonders in den ersten 6 Wochen ein starkes Anwachsen dieser Differenz zu verzeichnen war. Ferner wurde auch das Ertragsverhältnis $y(1)/y(0)$ mit Fortschreiten der Zeit immer weiter, und zwar ebenfalls besonders in den ersten Wochen.

Diese Ergebnisse führen deutlich vor Augen, daß der Stickstoff Zeit braucht, um seine ertragssteigernde Wirkung voll zu entfalten, obwohl er unter Umständen sehr rasch von den Pflanzen aufgenommen wird. Jedenfalls sollte man, wenn man eine hohe Stickstoffwirkung anstrebt, darauf achten, daß die Nutzung nicht zu früh nach der N-Düngung erfolgt. Wie lang das Zeitintervall zwischen N-Zufuhr und nachfolgender Nutzung in der Praxis sein sollte, läßt sich auf Grund von Gefäßversuchen nicht genau sagen. Es hängt dies sowohl von der Höhe der N-Gabe als auch von den sonstigen Bedingungen ab. Ganz grob kann man aber abschätzen, daß unter den Bedingungen der Praxis zwischen N-Zufuhr und nachfolgender Nutzung des Grünlandes im allgemeinen 4 Wochen oder mehr vergehen sollten (KREIL u. a., 1966). Übermäßig lange sollte man die Nutzung mit Rücksicht auf die Futterqualität allerdings auch nicht hinauszögern.

Vielleicht sieht man an diesem Beispiel, daß man keineswegs Jahrzehnte zu warten braucht, bis Grundlagenforschungen über die Dynamik der Ertragsbildung Ergebnisse liefern, die praktische Bedeutung besitzen. Schon lange bevor vollautomatische Systeme zur Prozeßsteuerung in der Pflanzenproduktion Wirklichkeit geworden sind, dürften sich entsprechende Forschungsarbeiten nutzbringend auf die Anwendungsforschung und damit auch auf die Praxis auswirken. Im einzelnen ist heute noch gar nicht abzusehen, bis in welche Verästelungen sich diese Auswirkungen erstrecken werden.

Schlußbemerkungen

Zusammenfassend können wir wohl feststellen, daß MITSCHERLICHS wissenschaftliches Lebenswerk weit mehr umfaßt als jene Formeln (1) und (2) für das Ertragsgesetz, die in der ganzen Welt bekannt geworden und in die Geschichte der Agrarwissenschaft eingegangen sind. Die volle Breite und Tiefe der Forschungsarbeiten MITSCHERLICHS bleibt aber, indem jene Formeln einseitig in den Vordergrund gerückt werden, leider oft unbeachtet. Dabei könnten die Arbeiten MITSCHERLICHS auf bodenphysikalischem Gebiet, seine Vorschläge zur Aufstellung von Nährstoffbilanzen und die von ihm entwickelten Methoden zur Bodenuntersuchung auf pflanzenphysiologischer Grundlage auch noch in unserer Zeit, ja gerade in unserer Zeit großen Nutzen stiften. In einer Periode, in der die Landwirtschaft der DDR zunehmend in die Lage versetzt wird, auf allen Flächen optimale Nährstoffmengen anzuwenden, besteht mehr denn je Anlaß, den entsprechenden Arbeiten MITSCHERLICHS die gebührende Beachtung zu schenken. Hierbei kommt es nicht so sehr darauf an, die Methoden MITSCHERLICHS in allen Einzelheiten zu übernehmen, als vielmehr darauf, unter Berücksichtigung gegenwärtiger und künftiger Erfordernisse den rationalen Kern dieser Methoden aufzugreifen und darauf aufbauend die Methoden gegebenenfalls weiterzuentwickeln.

Der von MITSCHERLICH vorgeschlagenen mathematischen Formel für das Ertragsgesetz freilich können wir in bezug auf Grundlagenforschungen über die Ertragsbildung keine allzu große Bedeutung mehr beimessen. Das gleiche würde gelten, wenn MITSCHERLICH zufällig irgendeine andere passende Formel aus dem reichhaltigen Arsenal der Analysis für das Ertragsgesetz ausgewählt hätte.

Von größter Tragweite ist hingegen die Tatsache, daß MITSCHERLICH seinerzeit überhaupt daran gegangen ist, biologische Sachverhalte mathematisch zu formulieren. Sicherlich können wir MITSCHERLICH nicht als Begründer oder Mitbegründer der modernen Biomathematik bezeichnen. Denn MITSCHERLICH benutzte die Mathematik kaum, um mit ihrer Hilfe neue biologische Erkenntnisse zu gewinnen. Er begnügte sich im allgemeinen damit, experimentelle Ergebnisse mathematisch zu formulieren und aus den so gewonnenen mathematischen Formeln Schlußfolgerungen für die Praxis abzuleiten. Auf jeden Fall war MITSCHERLICH aber ein Wegbereiter der modernen Biomathematik. Er hat wesentlich dazu beigetragen, die geistigen Voraussetzungen für jenen massiven Einbruch mathematischer Methoden in die Biologie zu schaffen, der für unsere Zeit charakteristisch ist und von dem MOTHES (1967) mit vollem Recht Bedeu-

tendes erhofft. Diese Leistung MITSCHERLICHS kann kaum hoch genug eingeschätzt werden.
Es gibt Anhaltspunkte dafür, daß MITSCHERLICH in den letzten Jahren seines Lebens, die er in Paulinenaue verbrachte, die nur temporäre Bedeutung seines Ertragsgesetzes selbst erkannte. Er ahnte wohl auch, daß es in bezug auf die mathematische Formulierung der Beziehungen zwischen Nährstoffangebot und Ertragsbildung eines Tages wesentliche Fortschritte geben würde. Während dieser letzten Zeit in Paulinenaue sah MITSCHERLICH seine Hauptaufgabe jedoch nicht darin, in der Forschung zu neuen Ufern vorzustoßen, sondern darin, die Ergebnisse seiner langjährigen Forschungsarbeit in die Praxis zu überführen. Im Hinblick auf die Nutzung der Erkenntnisse MITSCHERLICHS zum Wohle unserer landwirtschaftlichen Praxis stehen auch wir noch vor großen Aufgaben.

Zusammenfassung

Die Untersuchung der Böden auf ihren Nährstoffzustand sollte künftig generell volumenbezogen durchgeführt werden, ähnlich wie das im Rahmen der Gefäßmethode MITSCHERLICHS geschieht. Felddüngungsversuche nach MITSCHERLICH zur Ermittlung der tatsächlich erforderlichen P- und K-Gaben verdienen stärkere Beachtung, ebenso auch die Vorschläge MITSCHERLICHS zur Aufstellung von Nährstoffbilanzen. Die mathematische Beschreibung der Beziehungen zwischen Nährstoffangebot und Ertrag durch MITSCHERLICH war seinerzeit eine Pionierleistung, wenngleich das von MITSCHERLICH aufgestellte Ertragsgesetz statischen Charakter besitzt. Für die Prozeßsteuerung in der Pflanzenproduktion mit Hilfe lernender Prozeßrechenanlagen müssen dynamische mathematische Modelle der Ertragsbildung entwickelt werden.

Резюме

Название работы: Творчество Э. А. Митчерлиха и его значение для современных и будущих научных исследований
Исследование обеспеченности почв питательными веществами следовало бы проводить в будущем всегда с учетом объема почвы, как оно имеет место при использовании сосудов Митчерлиха. Полевые опыты с удобрениями по Митчерлиху для определения фактически необходимых доз фосфора и калия заслуживают больше внимания, равно как и предложения Митчерлиха по составлению балансов питательных веществ. Математическое описание Митчерлихом взаимосвязей между предложением питательных веществ и урожаем было в свое время новаторством, хотя выдвинутый Митчерлихом закон урожайности обладает статическим характером. Для управления растениеводством с помощью учащихся цифровых вычислительных машин требуется разработка динамических математических моделей формирования урожая.

Summary

Title of the paper: The achievement of E. A. Mitscherlich and its bearing on research work of to-day and to-morrow

Tests in order to determine the nutrient status of soils should generally be carried out volume-related as it is done in MITSCHERLICH's physiological pot test. Field fertilization trials according to MITSCHERLICH for determining the P and K doses really required as well as MITSCHERLICH's suggestions for constructing nutrient balances should be attributed wider consideration. The mathematical description of the relation between nutrient supply and plant yield by MITSCHERLICH was, at his time, a pioneer result, although the yield law established by MITSCHERLICH is of static character. For process control in plant production by means of learning process computers it is necessary to develop dynamic mathematical models of yield formation.

Literatur

ATANASIU, N.: Das Wirkungsgesetz der Wachstumsfaktoren und seine Bedeutung für Forschung und Praxis in der Landwirtschaft. Sitz.-Ber. Dt. Akad. Landwirtsch.-Wiss. Berlin 3 (1954), Nr. 14, 19 S.

BAULE, B.: Prinzipielle Überlegungen zum Wachstumsgesetz der Pflanze. Landwirtsch. Jahrb. 54 (1920), S. 493–505

BERGMANN, W.: Die Bedeutung der Nährstoffuntersuchungen der Böden für die Bodenfruchtbarkeit. Sitz.-Ber. Dt. Akad. Landwirtsch.-Wiss. Berlin 14 (1965), Nr. 9, 54 S.

BLACKMAN, V. H.: The compound interest law and plant growth. Ann. Bot. 33 (1919), S. 353–360

BOGUSLAWSKI, E. v.: Das Ertragsgesetz. In: RUHLAND, W.: Handbuch der Pflanzenphysiologie. Bd. IV, Berlin–Göttingen–Heidelberg, Springer-Verl., 1958, S. 943–976

KALTOFEN, H.: Hydrokultur und landwirtschaftlicher Pflanzenbau. Z. Acker- u. Pflanzenbau 97 (1954), S. 213–220

KALTOFEN, H.: Beitrag zur Theorie der Wirkung mineralischer Nährstoffe. Bull. Math. Biophysics 20 (1958), S. 25–32

KALTOFEN, H.: Zur Bakterienvermehrung in Abhängigkeit von den Umweltbedingungen. Forsch. u. Fortschr. 34 (1960), S. 193–194

KALTOFEN, H.: Über den Ertragsverlauf bei steigender Nährstoffkonzentration. Bull. Math. Biophysics 23 (1961a), S. 197–210

KALTOFEN, H.: Untersuchungen über die Beziehungen zwischen zeitlichem Verlauf des Nährstoffangebotes und Ertragsbildung. Wiss. Z. Karl-Marx-Univ. Leipzig, Math.-naturwiss. R., 10 (1961b), S. 323–364

KALTOFEN, H.: Aktuelle Fragen der PK-Düngung des Grünlandes. Dt. Landwirtsch. 16 (1965), S. 449–453

KALTOFEN, H.: Mathematische Voraussage und experimenteller Nachweis eines zunehmenden Ertragszuwachses. Forsch. u. Fortschr. 40 (1966a), S. 138–143

KALTOFEN, H.: Das exponentielle Wachstum in Abhängigkeit von mehreren Nährstoffen. Forsch. u. Fortschr. 40 (1966b), S. 266–267

KALTOFEN, H.: Die Entstehung eines zunehmenden Ertragszuwachses. Thaer-Arch. 11 (1967), S. 913–920

KALTOFEN, H.; HEY, E.: Das Prinzip des divergierenden Wachstums in einem Vegetationsversuch mit *Phleum pratense*. Z. Landeskultur 9 (1968), S. 275–282

KLAUS, G.: Wörterbuch der Kybernetik. Berlin, Dietz Verl., 1968, 898 S.

KNABE, O.; KNABE, B.: Methodik und Grenzzahlen für die systematische Untersuchung von Niedermoorböden auf den pflanzenverfügbaren K_2O- und P_2O_5-Gehalt. Z. Landeskultur 8 (1967), S. 265–271

KREIL, W.; FALKE, H.; KALTOFEN, H.; KASDORFF, K.; LEISTNER, J.: Über den Zeitpunkt der N-Düngung nach einer Nutzung auf der Weide. Z. Landeskultur 7 (1966), S. 135–146

KREIL, W.; KALTOFEN, H.; GÜNTHER, CH.: Zusammenfassende Betrachtung 10jähriger Versuchsergebnisse über die Stickstoffdüngung einer Talsandweide. Z. Landeskultur 9 (1968), S. 209–226

MENGEL, K.: Ernährung und Stoffwechsel der Pflanze. 3. Aufl., Jena, VEB Gustav Fischer Verl., 1968, S. 250–260

MITSCHERLICH, E. A.: Das Gesetz des Minimums und das Gesetz des abnehmenden Bodenertrages. Landwirtsch. Jahrb. 38 (1909), S. 537–552

MITSCHERLICH, E. A.: Bodenkunde für Landwirte, Forstwirte und Gärtner. 7. Aufl., Berlin u. Hamburg, Parey-Verl., 1954, 327 S.

MOTHES, K.: Zur Problematik der gegenwärtigen Biologie. Leipziger Universitätsreden, Neue Folge, Nr. 32, 1967, 51 S.

RIPPEL, A.: Die gesetzmäßige Erforschung von Reaktionsgleichgewicht (Produktionskurve) und Reaktionsgeschwindigkeit (Wachstumskurve) bei den höheren Pflanzen. J. Landwirtsch. 70 (1922), S. 9–44

RIPPEL, A.: Wachstumsgesetze bei höheren und niederen Pflanzen. Freising-München, Verl. Datterer & Cie., 1925, S. 69–74

RÜBENSAM, E.: Aufgaben der Agrarwissenschaft in der wissenschaftlich-technischen Revolution. Berichte u. Vorträge VII/1968, Dt. Akad. Landwirtsch.-Wiss. Berlin, 1969 (im Druck)

SCHILLING, G.: Stand und Entwicklungstendenzen der pflanzlichen Ernährungsphysiologie. In: Aktuelle Probleme der Pflanzenernährung. Sitz.-Ber. Dt. Akad. Landwirtsch.-Wiss. Berlin 16 (1967), Nr. 6, S. 5–31

SCHMALFUSS, K.: Pflanzenernährung und Bodenkunde. 9. Aufl., Leipzig, S. Hirzel Verl., 1963, S. 199–201

STEINBUCH, K.: Automat und Mensch. 3. Aufl., Berlin/Heidelberg/New York, Springer-Verl., 1965, 454 S.

Anschrift des Verfassers:

Dr. Herbert KALTOFEN
Institut für Grünland- und Moorforschung
1551 Paulinenaue

Z. Landeskultur · Bd. 10 · 1969 · H. 4–6 · S. 351–360 · Berlin

Aus dem Institut für Grünland- und Moorforschung Paulinenaue
der Deutschen Akademie der Landwirtschaftswissenschaften zu Berlin

GÜNTHER WACKER

Möglichkeiten zur Verteilung des optimalen Nutzungszeitpunktes durch Ansaat verschiedener Grasarten und -sorten

Eingegangen: 16. 6. 1969

Mit dem Übergang zu einer intensiveren, industriemäßig organisierten Futterproduktion ergeben sich bestimmte Forderungen an die Gestaltung des Futteranbaues. Das betrifft vor allem die Anpassung der Futterpflanzenbestände an eine kontinuierlich ablaufende Futterernte. Der Futteranfall des auf dem Grünland und Ackerland zur Frischfutterversorgung der Rinderbestände bzw. zur Futterkonservierung angebauten Futters muß so gesteuert werden, daß bei kontinuierlichem Ernteablauf und hoher Auslastung der Ernte- und Konservierungstechnik jederzeit hohe Nährstofferträge erzielt werden.
Besondere Schwierigkeiten haben in dieser Beziehung Betriebe mit hohem Grünlandanteil. Die meisten derzeitig vorhandenen Grünlandpflanzenbestände erreichen zum ersten Aufwuchs den optimalen Erntetermin innerhalb einer Zeitspanne von nur 2 bis 3 Wochen und relativ zeitig. Ein kontinuierlicher Anfall qualitativ hochwertigen Futters ist nicht gewährleistet und in einer derartig kurzen Zeit können auch nicht alle Grünlandflächen abgeerntet werden, weil der Maschinenaufwand zu teuer würde.
Das Futter von den M ä h f l ä c h e n d e s G r ü n l a n d e s wird fast ausschließlich konserviert. Um bei kontinuierlich ablaufender Futterernte mit hoher Auslastung der Ernte- und Konservierungstechnik die optimalen Schnittzeitpunkte auf allen Flächen einhalten zu können, müßten Grasbestände vorhanden sein, die zum 1. Schnitt über einen Zeitraum von 5 bis 6 Wochen, von Mitte Mai (nach der Ernte der Winterzwischenfrüchte) bis Ende Juni, gestaffelt nutzungsreif werden. Unmittelbar nach Abschluß des 1. Schnittes muß schon wieder mit dem 2. Schnitt begonnen werden können. Insgesamt sind mit zunehmender Intensivierung der Grünlandwirtschaft 3 Schnitte erforderlich, um Futter mit hohen Qualitätseigenschaften zu ernten. In den meisten Fällen wird man die Brigaden, die die Ernte des Futters zur Konservierung durchführen, in der Zeit zwischen dem 2. und 3. Schnitt für die Ernte von Mähdruschfrüchten, vorwiegend Getreide, einsetzen. Diese Organisationsform, daß Komplexbrigaden sowohl die Futterernte als auch die Ernte der Mähdruschfrüchte übernehmen, wird in den Kooperationsgemeinschaften die größte Bedeutung haben.
Auch auf den W e i d e n ist ein kontinuierlicherer Anfall hochwertigen Futters von großer Bedeutung. Dadurch wird es möglich, den Abfall der tierischen Leistungen auf den Weiden in den kritischen Weidemonaten ab Ende Juni

einzuschränken und den Mähflächenanteil zu senken. Unter den Bedingungen einer industriemäßigen Futterproduktion ist es zweckmäßiger, Flächen mit ausschließlicher Mäh- bzw. Weidenutzung zu haben. Die kombinierte Mähweidenutzung erfordert nicht nur einen höheren Aufwand an Weideeinrichtungen, sondern beeinträchtigt auch die Konzentration der Tierbestände bei der Weidenutzung. Außerdem wird die Futterernte im Komplexeinsatz mit Großmaschinen in den einzelnen, relativ kleinen Koppeln eines Weidesystems behindert und die niedrigwüchsigen, dichten Pflanzenbestände auf den Weiden sind für eine Mähnutzung mit den zukünftigen Erntemaschinen weniger gut geeignet.

Durch einen getrennten Anbau gestaffelt nutzungsreif werdender Futtergräser kann man diesen Forderungen annähernd gerecht werden.

Bei den Futtergräsern muß als optimaler Erntetermin der Zeitpunkt angesehen werden, bei dem der höchste Ertrag an verdaulichen Nährstoffen erreicht wird. Mit fortschreitender Entwicklung der Gräser nehmen Trockenmasseertrag und Rohfasergehalt zu und der Rohproteingehalt sowie die Verdaulichkeit ab. Dieser Trend verläuft jedoch nicht geradlinig. Im allgemeinen erreichen die Futtergräser das Optimum eines hohen Ertrages an verdaulichen Nährstoffen zum Zeitpunkt des Schiebens der Blütenstände. Nach dem Schieben der Blütenstände ist die Zunahme an Trockenmasse geringer, weil das vegetative Wachstum nachläßt. Der Rohfasergehalt wird stärker erhöht und der Rohproteingehalt sowie die Verdaulichkeit gehen stärker zurück, vor allem deshalb, weil der Anteil an Halmmasse zunimmt. Dieser allgemeine Verlauf des Nährstoffertrages mit fortschreitender Entwicklung der Futtergräser wird durch zahlreiche Untersuchungsergebnisse bestätigt (NEHRING, 1953; TERRY und TILLEY, 1964; FARRIES, 1966; BEYER, 1967 u. a.).

In der Tabelle 1 sind von den Futtergräsern, die auch zukünftig noch eine Anbauberechtigung auf dem Grünland haben, die Zeitpunkte des Blütenstandsschiebens bei den in der DDR zugelassenen Sorten angegeben. Bei den wichtigsten Futtergräsern Knaulgras (*Dactylis glomerata*), Wiesenschwingel (*Festuca pratensis*), Wiesenlieschgras(*Phleum pratense*), AusdauerndemWeidelgras(*Lolium perenne*) und Wiesenrispe (*Poa pratensis*) sind außerdem die im internationalen Gräsersortiment auftretenden Spannen eingetragen, wobei allerdings nur die Sorten berücksichtigt sind, die in der DDR geprüft wurden, im Vergleich zu unseren Sorten keine niedrigeren Futtererträge bringen und auch in der Saatguterzeugung noch befriedigen. Die Ergebnisse zeigen, daß — mit Ausnahme von Weißstraußgras (*Agrostis gigantea*) — die z. Zt. in der DDR zugelassenen Sorten aller anderen Arten bereits bis Anfang Juni Blütenstände geschoben haben. Nennenswerte Sortenunterschiede innerhalb einer Art bestehen nur bei Ausdauerndem Weidelgras (*Lolium perenne*) und Wiesenrispe (*Poa pratensis*). Da der Anbau von Weißstraußgras (*Agrostis gigantea*) in Reinsaat zu unsicher ist, ist eine Etablierung von Grasbeständen, die in der zweiten Junidekade noch nicht überständig sind, mit den z. Zt. in der DDR zur Verfügung stehenden Grasarten und -sorten nicht gegeben.

Tabelle 1
Zeitpunkt des Schiebens der Blütenstände bei den wichtigsten Futtergräsern und ihren Sorten

Arten Sorten	Nutzungs-typ	früh Monat/Pentade V/3	V/4	V/5	V/6	mittel-früh VI/1	mittel-spät VI/2	spät VI/3	VI/4	VI/5
Knaulgras *Dactylis glomerata*		—	—	—	—	—				
Motterwitzer	MT		—							
Welta	MT		—	—						
Wiesenschwingel *Festuca pratensis*				—	—	—	—			
Neuga	MT			—	—					
Welta	MT				—					
Wiesenlieschgras *Phleum pratense*					—	—	—	—	—	—
Neuga	MT				—	—				
Motterwitzer	MT					—				
Rohrglanzgras *Phalaris arundinacea*										
Motterwitzer	MT				—	—				
Sumpfrispe *Poa palustris*										
Saaletal	MT				—					
Weißstraußgras *Agrostis gigantea*										
Karmos	MT							—		
Ausdauerndes Weidelgras *Lolium perenne*			—	—	—	—	—	—	—	—
Marino	WT		—	—						
Marino Spätling	WT					—				
Wiesenrispe *Pao pratensis*		—	—	—	—					
Kutzlebener	WT	—								
Hohenheimer	WT			—	—					

MT Mähtyp; WT Weidetyp

Größere Spannen sind im internationalen Gräsersortiment vorhanden. Von Wiesenlieschgras (*Phleum pratense*) und Ausdauerndem Weidelgras (*Lolium perenne*) gibt es auch viele spät nutzungsreif werdende Sorten. Von Ausdauerndem Weidelgras (*Lolium perenne*) sowohl diploide als auch tetraploide Formen. Bei Wiesenschwingel (*Festuca pratensis*) ist eine geringere Spanne zu verzeichnen. Neben frühen und mittelfrühen gibt es aber auch mittelspäte Sorten. Bemerkenswert ist außerdem bei Wiesenschwingel eine eindeutige Differenzierung nach Mäh- und Weidetypen. Bei Knaulgras (*Dactylis glomerata*) sind die leistungsfähigsten Sorten frühe und mittelfrühe Typen. Es gibt auch mittelspäte und späte Sorten, die jedoch im Ertrag stark abfallen.

Von Wiesenrispe (*Poa pratensis*) gibt es keine Sorten, die erst im Juni Blütenstände schieben. Man wird auch kaum ausreichend leistungsfähige späte Sorten züchten können, weil die ohnehin schon geringe Konkurrenzkraft in den ersten Jahren nach der Ansaat und die schwierige Saatguterzeugung noch weiter beeinträchtigt würden. Bei Wiesenrispe ist ein Überständigwerden jedoch weniger problematisch, weil auf Grund des geringen Halmmasseanteils die Futterqualität weniger stark zurückgeht. Allerdings darf es bis zur Nutzung nicht zu Absterbeerscheinungen an den Pflanzen kommen.

Im Zusammenhang mit den Untersuchungen, ob mit dem Anbau gestaffelt nutzungsreif werdender Futtergräser bei kontinuierlich ablaufender Futterernte tatsächlich höhere Nährstofferträge erreicht werden, wurden von Wiesenschwingel (*Festuca pratensis*), Wiesenlieschgras (*Phleum pratense*) und Ausdauerndem Weidelgras (*Lolium perenne*) unterschiedlich nutzungsreif werdende Sorten gestaffelt im Abstand von 14 Tagen auf ihren Nährstoffgehalt untersucht. Die Düngung war, wie die Standortbedingungen, zu allen Arten und Sorten einheitlich und betrug 100 kg N, 80 kg P_2O_5 und 160 kg K_2O je ha zur ersten Nutzung. In der Tabelle 2 sind die Gehalte an Rohprotein und Rohfaser

Tabelle 2
Gehalte an Rohprotein und Rohfaser bei unterschiedlich nutzungsreif werdenden Sorten von Wiesenschwingel, Wiesenlieschgras und Ausd. Weidelgras zur späten Ernte in der 4. Junipentade

Arten	Reifegruppe	Rohprotein % d. Trm.	Diff. z. d. zeitigsten Sorten	Rohfaser % d. Trm.	Diff. z. d. zeitigsten Sorten
Wiesenschwingel *Festuca pratensis*	früh	15,17		28,71	
	mittelfrüh	17,68	+2,51	27,73	−0,98
	mittelspät	18,78	+3,61	25,45	−3,26
Wiesenlieschgras *Phleum pratense*	mittelfrüh	14,43		29,17	
	spät	16,85	+2,42	27,00	−2,17
Ausd. Weidelgras *Lolium perenne*	früh	9,74		30,52	
	mittelfrüh	12,23	+2,49	26,93	−3,59
	spät	13,82	+4,08	25,66	−4,86

zum spätesten Erntetermin in der 4. Junipentade, der in den Nutzungssystemen praktisch erreicht werden soll, angegeben. Die Sorten mit späterem Beginn des Blütenstandsschiebens haben zum späteren Nutzungszeitpunkt einen höheren Rohprotein- bzw. niedrigeren Rohfasergehalt. Zum spätesten Nutzungszeitpunkt in der 4. Junipentade betrug die Differenz zwischen den untersuchten zeitigsten und spätesten Sorten bei Wiesenschwingel (*Festuca pratensis*) im Rohproteingehalt +3,61% und im Rohfasergehalt −3,26% der Trm. Bei Wiesenlischegras betrug die Differenz im Rohproteingehalt +2,42% und im

Rohfasergehalt −3,26% der Trm. und bei Ausdauerndem Weidelgras (*Lolium perenne*) im Rohproteingehalt +4,08% und im Rohfasergehalt −4,86% der Trm. Hinzu kommt noch eine höhere Verdaulichkeit der späten Sorten zum späteren Nutzungszeitpunkt.
Im Gesamtergebnis der Untersuchungen sind reale Möglichkeiten gegeben, durch Züchtung und Anbau gestaffelt nutzungsreif werdender Futtergräser höhere Nährstofferträge bei kontinuierlich ablaufender Futterernte zu erzielen.

Der Anbau gestaffelt nutzungsreif werdender Grasbestände zur Mähnutzung

Für die Mähnutzung haben von den Futtergräsern Mähtypen von Knaulgras (*Dactylis glomerata*), Wiesenschwingel (*Festuca pratensis*), Wiesenlieschgras (*Phleum pratense*), Weißstraußgras (*Agrostis gigantea*) und im begrenzten Umfang auf den zur Nässe neigenden Standorten auch noch Rohrglanzgras (*Phalaris arundinacea*) und Sumpfrispe (*Poa palustris*) eine Anbaubedeutung. Nach den bisherigen Untersuchungsergebnissen kommen für den Anbau gestaffelt nutzungsreif werdender Grasbestände zur Mähnutzung die in der Tabelle 3 angegebenen Saatmischungen in Betracht. Wie aus den Angaben über den Zeitpunkt der Nutzungsreife ersichtlich ist, ermöglichen sie eine kontinuierliche Ernte hochwertigen Futters von Mitte Mai bis etwa 20. Juni. Bei entsprechend hoher Düngung kann unmittelbar nach Abschluß des 1. Schnittes auf den bereits Mitte Mai gemähten Flächen schon wieder mit dem 2. Schnitt begonnen werden. Die angegebenen artenarmen Mischungen mit hochwüchsigen, weniger dichten Mähtypen werden auch weitgehend dem Einsatz der zukünftig zu erwartenden Großmaschinen bei der Futterernte gerecht.

Der Anbau gestaffelt nutzungsreif werdender Grasbestände zur Weidenutzung

Für die Weidenutzung haben von den Futtergräsern Weidetypen von Knaulgras (*Dactylis glomerata*), Ausdauerndem Weidelgras (*Lolium perenne*), Wiesenschwingel (*Festuca pratensis*) und Wiesenrispe (*Poa pratensis*) eine Anbaubedeutung. Die in der Tabelle 4 angegebenen Saatmischungen würden den Zielstellungen in der Weidewirtschaft besser als bisher gerecht werden.
Für die Weidewirtschaft von besonderem Nutzen ist die Eigenschaft spät nutzungsreif werdender Grassorten, daß sie ein verzögertes Frühjahrswachstum durch ein intensives Nachwuchsvermögen wieder ausgleichen. In der Abbildung 1 sind von Ausdauernden Weidelgrassorten (*Lolium perenne*) mit unterschiedlichem Wachstums- und Entwicklungsrhythmus die zu drei Aufwüchsen in den Jahren 1966 und 1967 auf Niedermoor und lehmigem Sand in Paulinenaue ermittelten Erträge dargestellt. Die zeitigen Sorten (Marino und Reveille), mittelfrühen Sorten (Marino-Spätling und Taptoe) und die späten Sorten (Pelo und Petra) unterscheiden sich im Zeitpunkt des Schiebens der Blütenstände um jeweils etwa 10 bis 12 Tage. Die Sorten Marino, Marino-Spätling und Pelo

Tabelle 3
Saatmischungen zur Mähnutzung

Arten	Sorten	Nutzungsreife[1]	Saatmengen kg/ha	Standorte
Saatmischungen zur zeitigen Mähnutzung, 1. Schnitt bis Anfang Juni				
1. Knaulgras (*Dactylis glomerata*)	Motterwitzer oder Welta	V/4 V/5	20	Zur Trockenheit neigende Lagen, bes. auf Moorböden
2. Wiesenschwingel (*Festuca pratensis*)	Neuga oder Welta	V/6	16	Gut feuchte bzw. zur Trockenheit oder Nässe neigende Lagen auf Moor- und Mineralböden
Wiesenlieschgras (*Phleum pratense*)	Motterwitzer oder Neuga	VI/1	7	
Weißstraußgras (*Agrostis gigantea*)	Karmos	VI/3	3	
Schwedenklee (*Trifolium hybridum*			2	
Weißklee (*Trifolium repens*)			2	
		Gesamtaussaatmenge	30 kg/ha	
3. Rohrglanzgras (*Phalaris arundinacea*)	Motterwitzer	VI/1	12	Zur Nässe neigende bzw. wasserzügige nasse Lagen, soweit sie eine Neuansaat rechtfertigen
Sumpfrispe (*Poa palustris*)	Saaletal	V/6	4	
		Gesamtaussaatmenge	16 kg/ha	
Saatmischung zur späten Mähnutzung, 1. Schnitt nach Anfang Juni				
Wiesenschwingel (*Festuca pratensis*)	Später Mähtyp	VI/3	16	Gut feuchte bzw. zur Trockenheit oder Nässe neigende Lagen auf Moor- und Mineralböden
Wiesenlieschgras (*Phleum pratense*)	Später Mähtyp	VI/3	7	
Weißstraußgras (*Agrostis gigantea*)	Karmos	VI/3	3	
Schwedenklee (*Trifolium hybridum*)			2	
Weißklee (*Trifolium repens*			2	
		Gesamtaussaatmenge	30 kg/ha	

[1] Zeitpunkt des Schiebens der Blütenstände Monat/Pentade.

sind diploide und Reveille, Taptoe und Petra tetraploide Sorten. Die Stickstoffdüngung war in den einzelnen Jahren und auf den unterschiedlichen Standorten nicht einheitlich. Sie betrug im Durchschnitt zum ersten Aufwuchs 95 kg N/ha, zum zweiten Aufwuchs 80 kg N/ha und zum dritten Aufwuchs 60 kg N/ha und

Tabelle 4
Saatmischungen zur Weidenutzung

Arten	Sorten	Nutzungsreife	Saatmengen kg/ha
Saatmischung für einen zeitigen Weidebeginn			
Knaulgras (*Dactylis glomerata*)	Welta**	V/5	20
Weißklee (*Trifolium repens*)			4
		Gesamtaussaatmenge	24 kg/ha
Saatmischung für früh bis mittelfrüh nutzungsreif werdende Pflanzenbestände			
Wiesenschwingel (*Festuca pratensis*)	Neuga oder Welta**	V/6	12
Ausdauerndes Weidelgras (*Lolium perenne*)	Marino-Spätling	VI/1	8
Wiesenrispe (*Poa pratensis*)		V/5	6
Weißklee (*Trifolium repens*)			4
		Gesamtaussaatmenge	30 kg/ha
Saatmischung für spät nutzungsreif werdende Pflanzenbestände			
Wiesenschwingel (*Festuca pratensis*)	Später Weidetyp	VI/3	12
Ausdauerndes Weidelgras (*Lolium perenne*)	Später Weidetyp	VI/3	8
Wiesenrispe* (*Poa pratensis*)		V/5	6
Weißklee (*Trifolium repens*)			4
		Gesamtaussaatmenge	30 kg/ha

* Von der Wiesenrispe (*Poa pratensis*) sind alle im Handel befindlichen Sorten geeignet, jedoch sind für spät nutzungsreif werdende Pflanzenbestände relativ späte Sorten, wie zum Beispiel „Hohenheimer" zu verwenden.

** Die Knaulgrassorte „Welta" und die Wiesenschwingelsorten „Neuga" und „Welta" sind Mähtypen. Besser geeignet wären Weidetypen.

begünstigte damit den Ertragsabfall vom ersten bis zum dritten Aufwuchs. Trotzdem zeichnen sich eindeutige Unterschiede im Verlauf der Ertragsbildung ab. Die zeitigen Typen lassen in der Ertragsbildung stärker nach als die mittelfrühen und insbesondere die späten Typen, die durch ein verzögertes Frühjahrswachstum und ein besonders gutes Nachwuchsvermögen einen ausgeglicheneren Futteranfall gewährleisten. Im Gesamtertrag waren die unterschiedlichen Typen annähernd gleich hoch.

Durch den Anbau später Weidetypen, die mindestens 40% der Fläche einer Weidenutzungseinheit einnehmen müßten, wird es möglich, die Beweidung zur 1. Nutzung bis mindestens Mitte Juni zu verlängern und den Futteranfall im

Frühjahr und Vorsommer zu senken, zugunsten eines höheren Futterangebotes in der kritischen Weidezeit ab Ende Juni. Andere Maßnahmen, wie gezielte Düngung und Bewässerung, können dieses anzustrebende kontinuierlichere Futterangebot noch fördern und lohnender werden lassen, weil die Bereitschaft dazu vom Pflanzenbestand her besser als bisher vorhanden ist.

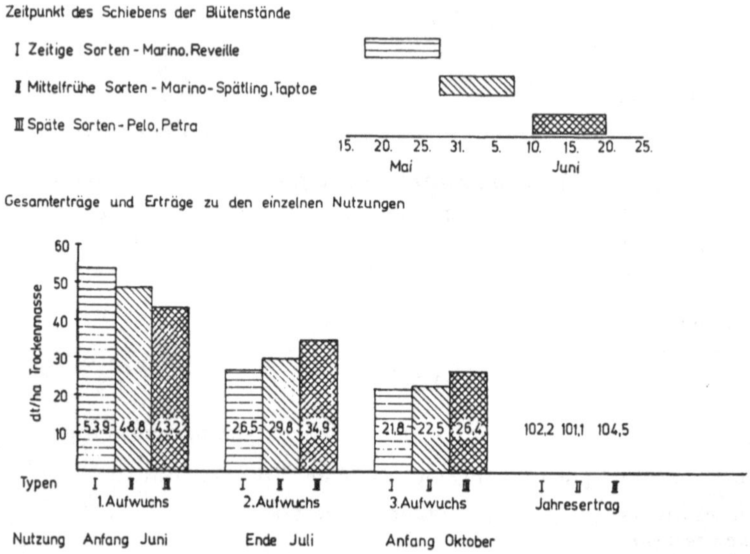

Abb. 1: Entwicklung und Ertragsbildung bei Sorten von Ausdauerndem Weidelgras (*Lolium perenne*) mit unterschiedlichem Wachstums- und Entwicklungsrhythmus

Ausblick

Zukünftig wird man mehr als bisher die Pflanzenbestände rationelleren Technologien der Pflanzenproduktion anpassen müssen. Es wurden Möglichkeiten aufgezeigt, wie durch Ausnutzung der unterschiedlichen Entwicklungs- und Wachstumsrhythmen der einzelnen Grasarten und -sorten die Grasbestände besser den Bedingungen der Grünlandnutzung angepaßt werden können. Von nicht geringerer Bedeutung ist das Beachten anderer Eigenschaften der Gräser. Erwähnt sei nur die bessere Ausnutzung der unterschiedlichen Wuchsformen für die Ertrags- und Qualitätsbildung sowie Anpassung an die Erntetechnologien. Insgesamt gesehen besteht die Zielstellung darin, den nicht unwesentlichen Faktor Züchtung in der Futterproduktion vom Grünland wirksamer zur Geltung zu bringen. Der Fortschritt in der Grünlandwirtschaft wird entscheidend davon abhängen, inwieweit es gelingt, die durch die Züchtung erreichbaren Leistungssteigerungen voll wirksam werden zu lassen. Das erfordert nicht nur eine Intensivierung der Gräserzüchtung, sondern stellt auch höhere Anforderungen an die pflanzenbaulichen Maßnahmen und verlangt bessere Kenntnisse über die Eigenschaften der wichtigsten Futtergräser und ihrer Sorten. Der Futterbau auf dem Grünland wird sich immer mehr dem Ackerfutterbau angleichen. Das bedeutet vor allem, zukünftig mehr mit leistungsfähigeren Zuchtsorten zu arbeiten, diese in kürzeren Zeitabständen als bisher und in Mischungen mit weniger Arten bzw. in Reinsaaten anzubauen. Sobald die angesäten Zuchtsorten nicht mehr hauptbestandsbildend sind, muß eine Neuansaat vorgenommen werden. Die einseitige Orientierung auf die Dauergrünlandnutzung wird den höheren Anforderungen nicht gerecht werden.

Zusammenfassung

Mit dem Übergang zu einer intensiveren, industriemäßig organisierten Futterproduktion wird eine bessere Anpassung der Futterpflanzenbestände an eine kontinuierlich ablaufende Futterernte notwendig. Die Futtergräser und ihre Sorten weisen zum Teil erhebliche Unterschiede im Entwicklungs- und Wachstumsrhythmus auf. Durch Etablierung gestaffelt nutzungsreif werdender Grasbestände auf dem Mähegrasland können bei kontinuierlichem Ernteablauf und hoher Auslastung der Ernte- und Konservierungstechnik höhere Erträge an verdaulichen Nährstoffen erzielt werden. Auf den Weiden gewährleisten gestaffelt nutzungsreif werdende Grasbestände insbesondere ein kontinuierlicheres Futterangebot und ermöglichen eine Reduzierung des Mähflächenanteils.

Резюме

Название работы: Возможности распределения оптимального срока использования путем посева различных видов и сортов трав
С переходом к более интенсивному кормопроизводству промышленного типа требуется повышенная приуроченность травостоев к беспрерывной уборке. Кормовые злаки и их сорта значительно различаются по ритму развития и роста. Введением дифференцированно созревающих к сенокошению травостоев обеспечивается при беспрерывной уборке и высокой нагрузке уборочной и консервирующей техники более высокий выход переваримых питательных веществ. На пастбищах дифференцированно созревающие травостои гарантируют беспрерывное предложение корма и позволяют уменьшить долю сенокосов.

Summary

Title of the paper: Possibilities of spreading the optimum date of utilization by sowing different grass species and varieties
The transition to intensified forage production organized in industry-like lines calls for better adaptation of forage plant stands to continuous forage harvest. The forage grasses and their varieties partly exhibit substantial differences in their rhythm of development and growth. The establishment of forage plants of successive maturity for use on the grassland for mowing may help to achieve

higher yields of digestible nutrients with continual harvest and utilization to capacity of the harvest and conservation technology. On the pastures, forage plants of successive maturity for use will guarantee a continual supply of forage and permit the reduction of the acreage for mowing.

Literatur

BEYER, M.: Einfluß von Nutzungszeitpunkt und Nutzungsfolge auf den Futterwert und den Ertrag an verdaulichen Nährstoffen bei mehrjährigen Pflanzen Dissertation DAL Berlin, 1967

FARRIES, E.: Zum Nährwert von Weidegras in unterschiedlichen Vegetationsstadien Das wirtschaftseig. Futter 12 (1966), S. 77–83

NEHRING, K.: Lehrbuch der Tierernährung und Futtermittelkunde. Neumann-Verlag Radebeul und Berlin 1953

TERRY, R. A., TILLEY, J. M. A.: The digestibility of leaves and stems of perennial ryegrass, cocksfoot, timothy, tall fescue, lucerne and sainfoin, as measured by an in vitro procedure. J. Brit. Grassl. Soc. **19** (1964), S. 363–372

WACKER, G.: Die Etablierung leistungsfähigerer, standort- und nutzungsgerechter Grünlandpflanzenbestände. Habilitationsschrift Universität Rostock 1968

WACKER, G.: Der Anbau gestaffelt nutzungsreif werdender Futtergräser. Feldwirtschaft **10** (1969), S. 133–136

Anschrift des Verfassers:
Dr. GÜNTHER WACKER
Institut für Grünland- und Moorforschung
1551 Paulinenaue

Z. Landeskultur · Bd. 10 · 1969 · H. 4–6 · S. 361–371 · Berlin

Aus dem Institut für Grünland- und Moorforschung Paulinenaue
der Deutschen Akademie der Landwirtschaftswissenschaften zu Berlin

Harry Walkowiak

Verfahren zur Neuansaat von Grasland

Eingegangen: 16. 6. 1969

1. Notwendigkeit der Graslandansaat

Eine der Hauptaufgaben der Graslandwirtschaft in den nächsten Jahren besteht darin, die Wiesen und Weiden der industriellen Futterproduktion zu erschließen.

Diese ist jedoch nur möglich, wenn

a) hohe Erträge erzielt werden,
b) das Futter möglichst gleichbleibend von hoher Qualität ist;
c) über weite Abschnitte der Vegetationsperiode möglichst kontinuierlich Futter geerntet werden kann;
d) die Pflanzenbestände sich zur Mahd mit Maschinen großer Arbeitsbreite und höherer Arbeitsgeschwindigkeit besser als bisher eignen.

Diese vier Merkmale sind zusammengehörend und gleichrangig einzustufen. Die zur Zeit auf dem Grasland stockenden Pflanzenbestände genügen den gestellten Forderungen nicht. Die Pflanzenbestände auf den Weiden kommen diesem Ziele näher als die auf den Wiesen, sofern ausschließlich Weidenutzung betrieben wird.

Gegenwärtig ist die allgemeinste Form der Graslandverbesserung die der Beeinflussung der artlichen Zusammensetzung durch verbesserte Umwelt- und Wachstumsbedingungen sowie durch Maßnahmen der Bewirtschaftung und Nutzung. Ihr Hauptnachteil, ja gerade ihre Unzulänglichkeit für die industriemäßige Futterproduktion vom Grasland besteht darin, daß der wirtschaftende Mensch es der Natur überläßt, welche Pflanzenarten der Bestand bilden und er nur versucht, das Leistungspotential dieser Pflanzenbestände auszuschöpfen. Die Grenzen für das Ausschöpfen des Leistungspotentials dieser Dauergraslandbestände sind durch eine Reihe von Düngungsversuchen angedeutet (Kreil u. a. 1968).

Gegenüber intensiv bewirtschaftetem und genutztem Grasland mit guten Wachstumsbedingungen für die Nutzpflanzen sind durch Neuansaaten im Trockenmasseertrag nur geringe Verbesserungen möglich (Wacker, 1968). Stärker als durch die Trockenmasseerträge werden die Vorzüge junger Graslandbestände durch Qualitätsaufbesserung des Futters und höhere tierische Leistungen pro Flächeneinheit belegt (Thimm u. Berg, 1968). Allerdings zeigen diese Ergebnisse auch, daß nach einigen Jahren — die Zeitspanne mag von Standort zu Standort und in Abhängigkeit von klimatischen Faktoren, Düngung, Bewirtschaftung und Nutzung schwanken — ein Angleichen an die Leistungen der

alten Narben eintritt, das seine Ursachen im verstärkten Eintreten weniger wertvoller Arten findet und auch durch das Altern der angesäten Arten begründet sein könnte. Daher ist es notwendig, Grasland periodisch zu erneuern.
Zur Erzielung gleichbleibend hoher Futterqualität und Kontinuität sind vier Wege denkbar, von denen drei die Graslandansaat erfordern.

(1) Die Ansaat gestaffelt nutzungsreif werdender Arten;
(2) Verlagerung der Ansaatzeit auf den Spätsommer und auf das Frühjahr;
(3) Der Anbau kurzlebiger Gräser mit schneller Entwicklung und großer Nutzungshäufigkeit;
(4) Der Einsatz von Wachstumsregulatoren (Wuchsstoffe und Wuchshemmstoffe).

Schließlich ist Neuansaat von Grasland erforderlich, um Pflanzenbestände zu etablieren, deren Bestandsaufbau den durch die Großmaschinen bedingten Nutzungshöhen von $>$ 7 cm Rechnung trägt.

2. Voraussetzungen für die Graslandansaat zum Zwecke industriemäßiger Futterproduktion

Folgt man den Ergebnissen von THIMM u. BERG (1968), so wird das Abklingen der Vorteile des Saatgraslandes mit zunehmenden Alters der Narbe ganz entscheidend durch das Zurücktreten der angesäten Arten und das Eintreten standorttreuer, aber geringerwertiger Arten beeinflußt. Das bezieht sich nicht allein auf die Qualität des Futters, sondern auf alle genannten Forderungen an Graslandbestände für die industriemäßige Futterproduktion.
Die erste Voraussetzung für die Graslandansaat heißt: Vollständige Abtötung der alten Narbe, d. h. Vernichtung der vorhandenen Pflanzen einschließlich ihrer Organe für die vegetative Vermehrung. Die zweite Voraussetzung ist die Schaffung eines guten Saatbettes als entscheidender Faktor für ein schnelles Auflaufen des Saatgutes. Beide Voraussetzungen sind unbedingt als zusammengehörend zu betrachten. Hieraus geht hervor, daß die Einsaat von Gräsern und Leguminosen in etablierte Dauergraslandnarben nicht als Graslandansaatverfahren gewertet werden kann.

3. Wertung der bekannten Hilfsmittel für Narbenvernichtung und Bodenbearbeitung

3.1. Mechanisch wirkende Geräte

3.1.1. Egge, Scheibenegge, Grubber, Scheibenschälpflug

sind als alleinige Bodenbearbeitungsgeräte für die Etablierung von Grasland nicht geeignet, da sie weder die Forderung nach vollständiger Vernichtung der alten Narben erfüllen, noch eine gute Saatbettbewertung ermöglichen. Tiefwurzelnde Pflanzen (z. B. *Rumex spec.*) oder Gräser mit Rhizomen werden überhaupt nicht nachhaltig geschädigt. Arten mit Rhizomen werden durch Zerteilen derselben vermehrt (z. B. *Agropyron repens*).

3.1.2. Die Bodenfräse

Der Wert der Bodenfräse wird unterschiedlich bewertet (DOMSCH, 1966, HOOGERKAMP, 1967, WILLEMSEN, 1969). Ihr Vorzug besteht darin, daß sie auf allen Standorten, einschließlich flachkrumiger Gebirgsstandorte, eingesetzt werden kann. Ferner ermöglicht es ihr Einsatz, in einem Arbeitsgang ein feinkrümliges Saatbett zu schaffen, in das die Ansaat nach Verfestigen der Ackerkrume ohne weitere Arbeitsgänge erfolgt. Generell ist bei der Beurteilung der Bodenfräsen zwischen zwei Grundausführungen zu unterscheiden:

(1) Fräsen vom Typ HOWARD ROTAVATOR, KUHN, MALETTI . . ., bei denen vorwärtsgreifende Fräswerkzeuge den Boden hackend abschälen und ihn an der unteren Rotorhälfte frei tangential abwerfen. Grobe und feine Bodenteilchen werden gemeinsam abgelegt;
(2) Fräsen vom Typ LELY, bei denen der Rotor entgegengesetzt zu den üblichen Fräsen arbeitet, in dem er den Boden von unten schabend abhebt und ihn über den Rotor nach hinten gegen ein Gitterrost wirft. Grobe Materialien (Rasenstücke . . .) werden vor dem Rost abgelegt und von dem feineren Boden, der diesen passiert, zugedeckt.

Nachteilig sind für beide Fräsentypen:

(1) hoher Kraftbedarf (∼ 30 PS/m Arbeitsbreite) bei nur geringem Vorschub von 3 km/h;
(2) geringe Flächenleistungen in der Zeiteinheit im Vergleich zu anderen Bodenbearbeitungsgeräten;
(3) ungünstige Beeinflussung des Bodengefüges in der bearbeiteten Schicht durch Vergrößerung des Porenvolumens und der Porendurchmesser, durch starke Auflockerung und nachfolgend intensives Austrocknen des Bodens, auf organischen Böden durch die Gefahr ungenügenden Bodenschlusses selbst nach dem Einsatz schwerer Wiesenwalzen;
(4) unzureichende Vernichtung alter Bestandsbildner, insbesondere *Agropyron repens*;
(5) größere Ansaatunsicherheit auf Böden mit einem hohen Anteil organischer Masse als nach dem Umbruch mit dem Wiesenpflug.

Falsch ist es jedoch, hieraus den Schluß zu ziehen, daß fräsende Bodenbearbeitungsgeräte bei der Graslandansaat generell ungeeignet sind. Es sind technische Auslegungen denkbar, die neue Wege und größte Vorteile bei der Graslandansaat erhoffen lassen.

3.1.3 Der Wiesenpflug

Durch den Umbruch mit dem Wiesenpflug wird die alte Narbe weitgehend ausgeschaltet, völlig vernichtet im Sinne der Forderungen für die Graslandansaat unter den Bedingungen der industriemäßigen Futterproduktion jedoch nicht. *Agropyron repens*, *Rumex spec.* und andere, der Intensivierung des Graslandes folgende Pflanzenarten werden nur z. T. vernichtet. Vollständiges, fehlerfreies Wenden des Erdbalkens ist unbedingt erforderlich. Sachgemäß ausgeführte Ansaaten sind nach dem Umbruch mit dem Wiesenpflug relativ sicher im Gelingen, da der gewendete Erdbalken genügend feucht bleibt oder ausreichend Niederschläge aufzunehmen und zu halten vermag, um Keimung und Wachstum der Gräser zu sichern. Nachteilig sind neben der nicht in allen Fällen ausreichenden Vernichtung der alten Narbe die zahlreichen unumgänglichen Arbeitsgänge, die nach der Pflugfurche bis zur Ansaat erforderlich werden.

Von allen mechanischen Geräten zur Narbenvernichtung ist gegenwärtig noch dem Pflug der Vorrang zu geben, obwohl sich dadurch nur sehr begrenzte Möglichkeiten zur Verringerung des Aufwandes (Arbeitskräftestunden, Traktorenstunden, Motor-PS-Stunden, Kosten) durch Gerätekombination ergeben.

3.2. Chemische Substanzen

Um die Narbe sicherer als mit mechanisch wirkenden Geräten zu vernichten, wird intensiv versucht, zu diesem Zweck chemische Substanzen einzusetzen. Die Schaffung eines guten Keimbettes kann durch diese Mittel jedoch nicht erreicht werden. Chemische Substanzen, zur Vernichtung alter Narben müssen mindestens folgende drei Eigenschaften aufweisen:

(1) Schnelle und vollständige Vernichtung der abzutötenden Pflanzenbestände;
(2) möglichst keine oder nur geringe Nachwirkung über dem Boden, so daß die Ansaat ohne Wartezeiten erfolgen kann;
(3) weitestgehende Witterungsunabhängigkeit infolge schneller Aufnahme des Mittels durch die Pflanze bzw. gute Haftfestigkeit an der Pflanze.

Von den geprüften chemischen Stoffen mit pflanzenvernichtenden Eigenschaften scheiden Ammoniak (geprüfte Aufwandmengen **400** bis **3000** kg/ha N), Aminotriazol, Natriumtrichlorpropinat (TCP) und Natriumtrichloracetat (TCA) entweder wegen ungenügender herbizider Wirkung (Ammoniak), zu langer Nachwirkung über dem Boden (TCP u. TCA) oder wegen starker Bodenaktivität und hohen Mittelkosten (Aminotriazol) aus.

Paraquat (1 bis 2 kg/ha), das sich durch schnelle Wirkung und äußerst geringe Bodenwirksamkeit auszeichnet, hat den schwerwiegenden Nachteil, daß Gräser und Rhizomen (z. B. *Agropyron repens*) oder Pflanzen mit holziger Grundachse (z. B. *Rumex*, *Anthriscus*, *Taraxacum* u. dergleichen) nicht vernichtet werden.

Na-DCP (Dalapon) hingegen eignet sich zur Vernichtung von Gräsern im allgemeinen gut. *Dactylis glomerata* ist jedoch recht widerstandsfähig. Da krautige Pflanzen durch Na-DCP (Dalapon) nicht nachhaltig geschädigt werden, sind beim Vorhandensein derartiger Pflanzen Wuchsstoffherbizide hinzuzugeben. Die Pflanzenbestände brechen erst 3 bis 5 Wochen nach der Anwen-

dung zusammen. Die lange Zeitdauer vom Spritzen bis zum Zusammenbrechen der Pflanzenbestände gilt als ein besonderer Nachteil, weil man unterstellt, daß die Bodenbearbeitung erst erfolgen könne, wenn die Pflanzen wenigstens oberirdisch vertrocknet und zusammengebrochen sind.
In Anbetracht der günstigeren Wirkung von Na-DCP (Dalapon) gegen *Agropyron repens* im Vergleich zu Paraquat wurde *eine* neue Arbeitshypothese aufgestellt:

(1) Behandelte Pflanzen sind bereits als vernichtet zu betrachten, sobald letal wirkende Herbizidmengen aufgenommen und in die reproduktiven Pflanzenteile abgeleitet wurden;
(2) die Zeitspanne von der Applikation des Herbizides bis zur Neuansaat wird bestimmt durch die notwendige Dauer für die Aufnahme und Ableitung des Mittels durch die Pflanze sowie durch seine Bodenwirksamkeit;
(3) die Wirkung eines Herbizides wird durch die nachfolgende Bodenbearbeitung beeinflußt, durch das mechanische Zerkleinern der Pflanzen nach Aufnahme und Ableitung der Herbizide wird die Wirkung des Mittels nicht vermindert, sondern erhöht;
(4) es wird angenommen, daß der Wirkstoff Na-DCP (Dalapon) innerhalb von 1–2 Wochen in der erforderlichen Menge aufgenommen und transportiert ist, so daß die Bodenbearbeitung bereits nach dieser Zeitdauer erfolgen kann.

Durch einen Gefäßversuch und eine Anzahl von Feldversuchen konnten die in der Arbeitshypothese gemachten Unterstellungen erhärtet werden. Als entscheidende Kriterien wurden dabei der Abbau des Mittels im Boden auf ein nicht mehr phytotoxisches Minimum und die herbizide Wirksamkeit auf *Agropyron repens* betrachtet. Gegenwärtig läßt sich feststellen:

(1) Na-DCP (Dalapon) wird bei ausreichender Bodenfeuchte und sommerlichen Bodentemperaturen so stark abgebaut, daß eine Schädigung von Grasansaaten bei Wartezeiten von mehr als einer Woche vom Spritzen bis zur Ansaat nicht auftritt;
(2) Bei trockenem Boden werden hydrolytischer Zerfall und mikrobieller Abbau des Mittels verlangsamt, herbizidbedingte Auflaufschäden sind noch bei Ansaat zwei Wochen nach der Behandlung möglich;
(3) Im Vergleich zu Paraquat wird *Agropyron repens* durch Na-DCP (Dalapon) weitaus vollständiger vernichtet, insbesondere bei Einwirkzeiten von mehr als einer Woche;
(4) Es scheint sich dadurch die Möglichkeit anzudeuten, bei Einsatz von NA-DCP (Dalapon) auf eine Zwischennutzung zur Ungrasbekämpfung verzichten zu können.

Ungeklärt ist jedoch noch, ob Na-DCP (Dalapon) in nicht mehr phytotoxischen Mengen von den Pflanzen aufgenommen die Winterhärte der Gräser herabsetzt. Einige Beobachtungen im Frühjahr dieses Jahres auf Ansaatflächen von 1968, auf denen die alte Narbe mit Na-DCP (Dalapon) vernichtet wurde, lassen diese Annahme aufkommen.

Zusammenfassend ist festzustellen:
Bei der Vernichtung alter Graslandnarben und bei der Herrichtung des Saatbettes wird man den kombinierten Einsatz von Herbiziden und mechanisch wirkenden Werkzeugen anstreben.
Die Gründe dafür sind:

(1) Durch den Einsatz mechanisch wirkender Werkzeuge allein ist die Forderung nach vollständiger Vernichtung der alten Narbe nicht erfüllbar.
(2) Mit chemischen Mitteln wird es zwar möglich sein, die alte Narbe vollständig zu vernichten, jedoch wird durch ihren Einsatz allein kein Saatbett geschaffen.

Aber der zusätzliche Einsatz von Herbiziden zu der ohnehin erforderlichen Bodenbearbeitung mit üblichen Geräten verteuert die Graslandansaat derart, daß er gegenwärtig allgemein noch nicht empfohlen werden kann. Sofern der Aufwand für Bodenbearbeitung und Saatbettbereitung entscheidend gesenkt werden kann, verspricht die Kombination von Herbiziden zur Narbenabtötung und mechanisch wirkenden Geräten zur Bodenbearbeitung und Saatbettbereitung günstige Erfolge. Unter den gegenwärtigen Umständen bietet daher der Umbruch mit dem Pflug noch die günstigsten Voraussetzungen für eine erfolgreiche Graslandansaat.

3.3. Zwischennutzung

Zur Vernichtung hartnäckiger, durch einmaliges Pflügen und Saatbettbereitung nicht vollständig auszuschaltende Unkräuter und Ungräser bedient man sich des Zwischenbaues schnellwüchsiger Arten. Der Zwischenbau von Marktfrüchten wie Hanf, Kartoffeln, Getreide ... oder Futterfrüchten wie Mais, Futterrüben, ist zumindest auf organischen Böden problematisch. Man ist bestrebt, zu gut mähbaren oder gut beweidbaren Zwischenfrüchten überzugehen. Als solche bieten sich an:

(1) Grünhafer als Pionierpflanze auf meliorierten, wenig zersetzten Moorböden;
(2) Schnellwüchsige Weidelgräser (*Lolium westerwoldicum* oder *Lolium multiflorum*);
(3) *Trifolium resupinatum*, sofern die Zwischennutzung geweidet werden kann.

Bei starker Verunkrautung mit *Agropyron repens* ist ein mehrmaliger Anbau dieser schnellwüchsigen Arten mit häufiger Nutzung und intensiver Düngung erforderlich, um einen hinreichenden Bekämpfungserfolg zu erzielen (Vergleiche auch HOOGERKAMP, 1967, WILLEMSEN, 1969).

4. Konsequenzen des gegenwärtigen Standes der Verfahren zur Ansaat von Grasland

Infolge der Unterschiede zwischen den wichtigsten Standorten des Grünlandes besonders hinsichtlich des Wasserhaushaltes und der Bearbeitbarkeit der Böden ergeben sich gewisse Differenzen in der Höhe der Aufwendungen (Abb. 1).

Besonders muß jedoch auf die vergleichsweise hohen Aufwendungen gegenüber dem Getreidebau hingewiesen werden. Hierzu kommt noch das größere Ansaatrisiko bei der Graslandansaat, das unter den Bedingungen der Praxis gegenwärtig noch mit größer als ein Drittel geschätzt werden kann. In beiden Fakten sind die entscheidenden Ursachen für das Bestreben der Betriebe zu sehen, einmal etablierte Ansaaten möglichst lange zu nutzen, auch wenn ihre Erträge oft schon nicht mehr befriedigen.

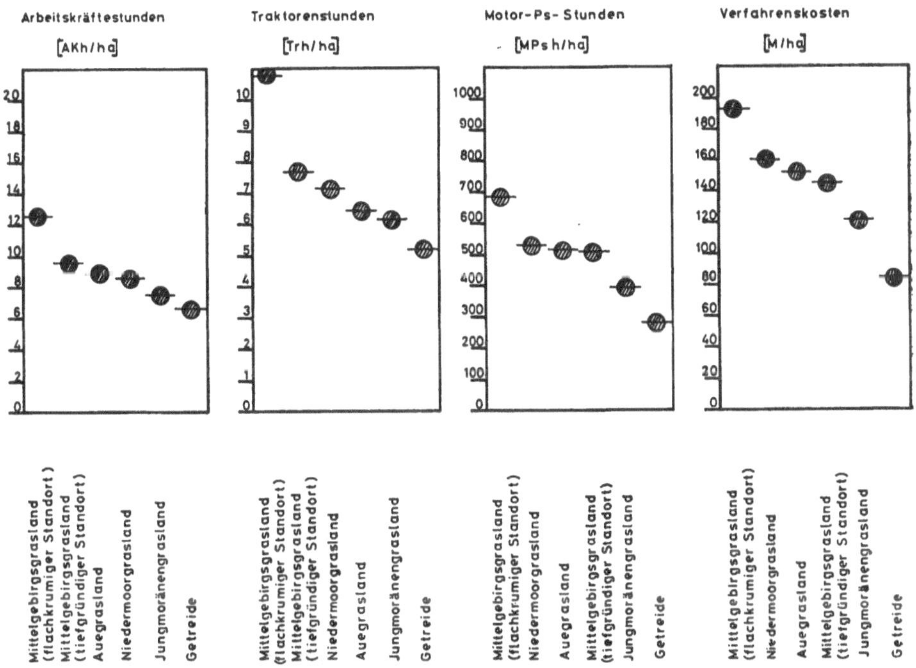

Abb. 1: Aufwendungen und Kosten der Graslandansaat auf verschiedenen Standorten

Der gegenwärtige Stand der Graslandansaat, sein Umfang und die Qualität seiner Ausführung können bei weitem nicht befriedigen. Sucht man nach den Ursachen für das allzu häufige Nichtgelingen von Graslandansaaten, so sind sie in den meisten Fällen auf Fehler in der Organisation der Ausführung von Umbruch und Neuansaat zu finden. Der Stand der technischen Ausrüstung unserer landwirtschaftlichen Einrichtungen erlaubt es nunmehr jedoch, die Graslandansaat auf einer höheren Stufe als bisher zu organisieren. Durch komplexen Einsatz von Maschinen und Geräten sind alle Arbeiten zügig und mit großer Sachkenntnis auszuführen. Jedoch erfordert die optimale Durchführung von Graslandansaaten zur Zeit noch erheblichen Einsatz von Technik. Nicht zuletzt werden gegenwärtig Umbruch und Neuansaat von Grasland auch deshalb in noch zu geringem Umfang als Intensivierungsmaßnahme systematisch ausgenutzt. Für die wichtigsten Graslandstandorte der DDR wurden dem gegen-

Tabelle 1
Zusammenstellung wichtiger Kennziffern zu den Maschinensystemen Graslandansaat auf verschiedenen Standorten auf der Grundlage des Traktorenbedarfes

Standort	Traktoren Type	Anzahl	Richtpreis TM Maschinensystem	jährl. Leistungen ha Graslandansaat	Auslastung der Traktoren %
1. Niedermoorgrasland	D4KB	10	464	1000	42,5
2. Auegrasland	ZT 300/D4KB	12	575	400	13,5
	ZT 300/D4KB	7	600	2000	36,6
3. Jungmoränengrasland	Univers./MTS	8			
4. Mittelgebirgsgrasland					
a) tiefgründig, wenig erosionsgefährdet	ZT 300/D4KB	6	607	1120	31,4
	Univers./MTS	11			
b) tiefgründig, erosionsgefährdet	ZT 300/D4KB	6	563	960	23,5
	Univers./MTS	11			
c) flachkrumig, wenig erosionsgefährdet	ZT 300/D4KB	8	682	1120	31,8
	Univers./MTS	11			
d) flachkrumig	ZT 300/D4KB	8	639	960	23,8
	Univers./MTS	11			

wärtigen Stand der technischen Ausrüstung entsprechend Maschinensysteme für die Graslandansaat erarbeitet. Eine Zusammenstellung der wichtigsten Daten enthält die Tabelle 1. Die Anzahl der Traktoren für die Maschinensysteme Graslandansaat schwankt von 10 (Niedermoorgrasland) bis 19 (flachkrumiges Mittelgebirgsgrasland). Die jährlichen Leistungen in Hektar Ansaatfläche betragen auf der Basis achtstündiger täglicher Arbeitszeit bei Jungmoränengrasland 2000 ha und bei Auegrasland 400 ha. Ebenso differieren die Werte für die Auslastung der Traktoren. Sie ist mit 43% bei Niedermoorgrasland am günstigsten. Auf Auestandorten wird eine Auslastung von 14% erreicht.

Aus der geringen Auslastung der Technik ist abzuleiten, daß in keinem Falle Einrichtungen geschaffen werden können, die ausschließlich Graslandansaaten ausführen. Maschinensysteme für die Graslandansaat kommen nur für Betriebe in Betracht in denen diese Arbeiten sinnvoll in andere eingegliedert werden können. Hierzu zählen Meliorationsbaubetriebe oder Dienstleistungseinrichtungen und nicht zuletzt können Maschinensysteme auf dem Wege der Kooperation landwirtschaftlicher Betriebe zeitweise zusammengestellt werden.

Zusammenfassung

Die Graslandansaat wird bei industriemäßiger Futterproduktion zur Notwendigkeit. Hierzu sind folgende Grundvoraussetzungen zu erfüllen:

1. Vollständige Vernichtung der alten Bestandesbildner, einschließlich ihrer vegetativen Vermehrungsorgane;
2. Schaffung eines guten Saatbettes.

Die besten Voraussetzungen hierzu schafft der Pflug, aber damit werden eine Anzahl von Arbeitsgängen notwendig, um ein gutes Saatbett herzustellen. Die gegenwärtig bekannten Typen von Bodenfräsen sind nicht so günstig. Obwohl mit ihnen auch nicht pflügbare Standorte bearbeitet werden können. Aber ihre ungünstige Beeinflussung des Bodengefüges führt bei Graslandansaaten zu einem größeren Risiko als nach dem Pflügen. Herbizide eignen sich zur Narbenvernichtung, die Saatbettbereitung muß mit mechanischen Geräten erfolgen. Dalapon (Na-DCP) und Paraquat sind geeignet; Paraquat aber nur dort, wo keine Quecken und andere Rhizomgräser in der alten Narbe auftreten. Der Einsatz von Herbiziden und die mechanische Saatbettbereitung verteuern gegenwärtig das Ansaatverfahren. Auf der Grundlage des Einsatzes des Pfluges werden für die wichtigsten Graslandstandorte der DDR Ansaatverfahren und Maschinensysteme mitgeteilt.

Резюме

Название работы: Методы залужения луговых и пастбищных земель

В условиях промышленного кормопроизводства необходимо залужение луговых и пастбищных земель. Для этого в основном потребуется

1. коренное уничтожение прежней дернины, включая вегетативные органы размножения;
2. создание хорошего семенного ложа.

Лучшие условия создаются вспашкой. Но в связи с этим следует выполнять ряд операций для создания хорошего семенного ложа. Известные в настоящее время типы почвенных фрез неудовлетворительны, хотя их можно использовать также и на непригодных к вспашке местах. При высеве лугопастбищных трав применение фрезы — вследствие отрицательного ее влияния на почвенную структуру — связано с бóльшим риском, чем вспашка. Гербициды пригодны для уничтожения дернины, а приготовление ложа требует использования механических средств. Использовать можно препараты далапон (Na-DCP) и паракват, причем последний применим лишь там, где в старой дернине не встречаются пырей и другие корневищные травы. В настоящее время использование гербицидов и механизированное приготовление семенного ложа удорожают метод залужения. Имея в виду использование плуга автор сообщает о методах залужения и системах машин для основных лугопастбищных районов ГДР.

Summary

Title of the paper: Methods of grassland establishment
Under the conditions of industry-like forage production, the reseeding of grassland swards has become a necessity. In this connection, the following requirements have to be met:

1. Complete destruction of the old sward-forming species and their organs of vegetative propagation.
2. Preparation of a proper seed-bed.

This is accomplished best of all by ploughing, though it will involve a number of additional operations necessary for a proper seed-bed preparation. The currently known types of rotary cultivators are less suitable, although unploughable sites can be worked with them. But their unfavourable effect on soil texture involves a greater risk than ploughing. Herbicides are suitable for sward destruction whilst the seed-bed must be prepared mechanically. For that purpose, Dalapon (Na-DCP) and Paraquat can be used, though the latter is applicable only where no couchgrass and other rhizomic grasses occur in the old sward. The use of herbicides and the mechanical seed-bed preparation make grassland renewal more costly. Methods of sward establishment as well as machine systems based on ploughing are reported for the principal grassland sites of the GDR.

Literatur

DOMSCH, M.: Entwicklungstendenzen bei der Bodenbearbeitungstechnik. Die Deutsche Landwirtschaft 17 (1966), H. 12, S. 585—588

HOOGERKAMP, M.: Verbetering van de botanische sammenstelling van grasland. Kali Nr. 1971, Maart 1967. N. V. Nederlandsche Kali-Import. Maatschappij te Amsterdam

THIMM, H.; BERG, F.: Der ökonomische Nutzen der Grünlanderneuerung. Feldwirtschaft 9 (1968), H. 12, S. 558–559

WACKER, G.: Die Etablierung leistungsfähigerer, standort- und nutzungsgerechter Grünlandpflanzenbestände. Universität Rostock, 1968

WILLEMSEN, W.: Graslansverbetering sterk in de belangstelling. Landbouwvoorlichting 26 (1969), 1, S. 23–26

Anschrift des Verfassers:

Dr. Harry WALKOWIAK
Institut für Grünland- und Moorforschung
1551 Paulinenaue

Berichtigung:

Bei der Berechnung der Verfahrenskosten (dargestellt in Abb. 1) ist ein Fehler unterlaufen.
Die Verfahrenskosten betragen für Getreide nicht 80 M/ha, sondern etwa 120 M.

Z. Landeskultur · Bd. 10 · 1969 · H. 4–6 · S. 373–381 · Berlin

Aus dem Institut für Grünland- und Moorforschung Paulinenaue
der Deutschen Akademie der Landwirtschaftswissenschaften zu Berlin, Zweigstelle Thüringen

KURT MÜLLER

Futtererzeugung auf dem Grünland und auf dem Ackerland in höheren Lagen des Thüringer Waldes

Eingegangen: 9. 6. 1969

Die höheren Lagen des Thüringer Waldes gehören zu den Gebieten der DDR, in denen über den Futterbau die höchsten Erträge je Flächeneinheit erzielt werden können. Es galt herauszuarbeiten, wie der Futterbau in diesen Lagen entsprechend den Erfordernissen industrieartiger Produktion zu gestalten ist. Diese Aufgabe wurde in den letzten Jahren von der Zweigstelle Thüringen des Institutes für Grünland und Moorforschung Paulinenaue gelöst.

Entscheidenden Einfluß auf die Form der Futterproduktion im Thüringer Wald hat die Hangneigung. Deshalb wurden die futterbaulichen Untersuchungen für Ackerfutter und Weiden durchgeführt. Das Forschungsprogramm für Letztere war in Mähweiden und absolute Weiden unterteilt.

Wichtigstes Ziel für den Ackerfutterbau wie auch für die Weiden waren hohe Erträge bei guter Futterqualität. Auf Weiden mit, wie auch ohne Mähflächen sollte ein ausgedehnter und ausgeglichener Weidefutteranfall und im Ackerfutterbau eine kontinuierliche Mähfutterernte erreicht werden. Die Eignung der Ackerfutterpflanzenbestände für die maschinelle Ernte wurde besonders beachtet.

Die Versuche mit Ackerfutterpflanzen, mit ausdauernden und kurzlebigen Gräsern wurden in Neustadt/Rennsteig durchgeführt und die Versuche zur ausgeglichenen Grasproduktion auf den Weiden in Neustadt/Rennsteig und Lobenstein.

Der Versuchsstandort Neustadt/Rennsteig liegt 770 m über NN. Es fallen dort im langjährigen Mittel jährlich 1036 mm Niederschläge bei einer Durchschnittstemperatur von 5,2 °C. Für den Standort Lobenstein belaufen sich die entsprechenden Werte auf 455 m über NN, 755 mm Niederschläge und 6,4 °C.

Von den Ackerfutterpflanzen wurden nur wenige den gestellten Anforderungen voll gerecht. Dagegen kommt in höheren Lagen des Thüringer Waldes dem Anbau von mehrjährigen Gräsern auf dem Ackerland besondere Bedeutung zu. Von den im Vergleich gestandenen Grasarten erwiesen sich nach einer Prüfdauer von 3 Jahren *Dactylis glomerata* (Knaulgras), *Festuca rubra* (Rotschwingel), *Phleum pratense* (Wiesenlieschgras) und *Agrostis gigantea* (Weißes Straußgras) als am ertragreichsten und beständigsten. *Festuca pratensis* (Wiesenschwingel) überdauerte wegen Saatgutmängeln die Prüfzeit nicht. Er ist aber in diesen Lagen anbauwürdig.

Mit nur geringen Ertragsschwankungen innerhalb der Jahre lag der mittlere Ertrag von *Dactylis glomerata* bei 112 dt TM/ha, von *Festuca rubra* bei 101,5 dt TM/ha, von Phleum pratense bei 89,5 dt TM/ha und von *Agrostis gigantea* bei 82,5 dt TM/ha.
Die Schnittzeiten von *Dactylis glomerata* fielen in den 3 Versuchsjahren immer in etwa gleiche Zeitabschnitte. Die anderen Gräser zeigten diese Beständigkeit nicht. Die Bestände von *Festuca rubra* sind für die maschinelle Ernte wenig geeignet. Auf den absoluten Weiden des Thüringer Waldes ist dieses Gras aber Hauptbestandsbildner.
Grasgemische aus *Phleum pratense* und *Poa pratensis* sowie *Festuca pratensis* und *Poa pratensis* brachten Trockenmasseerträge um 100 dt/ha.
Die kurzlebigen Weidelgräser (*Lolium multiflorum* var.) standen im Ertrag den mehrjährigen Gräsern nicht nach. Sie eigneten sich für Blank- und Untersaat. Ihr Anbau bietet besonders gute Möglichkeiten, die Mähfutterernte kontinuierlich zu gestalten.
Die hier über den Ackergrasbau dargelegten Befunde wurden in Großversuchen bestätigt.
Auf den Weiden wurde untersucht, wie mit variierter Stickstoffdüngung bei Mähweide- und ausschließlicher Weidenutzung der Futteranfall ausgedehnt und gleichmäßiger gestaltet werden kann.
Es hat sich gezeigt, daß im Herbst verabreichter Stickstoff gegenüber Frühjahrsgaben keinen früheren Wuchsbeginn bewirkte. Der Weideauftrieb konnte aber mit Frühjahrsgaben von 120 kg N/ha gegenüber solchen von 60 kg N/ha um etwa 5 Tage vorverlegt werden.
Eine Nachwirkung der hohen Frühjahrsgabe war nicht festzustellen. Zum zweiten wie zum dritten Aufwuchs erwiesen sich 120 kg N/ha gegenüber 60 kg N/ha in gleicher Weise ertragsüberlegen. Die hohen Stickstoffgaben im Sommer zeigten gesicherte Nachwirkungen. Nach Mähfutterernte vom ersten Aufwuchs erwiesen sich Stickstoffgaben von 120 kg/ha gegenüber 60 kg N/ha als besonders effektiv.
Ob im Frühjahr Stickstoff verabreicht oder nicht verabreicht wurde, hatte weder nach Mäh- noch nach Weidenutzung Einfluß auf die Ertragshöhe der folgenden Nutzungen.

In Auswertung der Untersuchungen und anderen statistischen Materials werden nachfolgende Feststellungen getroffen:

1. In höheren Lagen des Thüringer Waldes ist die Erzeugung von Futter die ertragreichste Form der Pflanzenproduktion und die einzige Möglichkeit ihrer industrieartigen Organisation.
2. Weidenutzung und Ackerfutterbau bieten ertragsmäßig für die Futterproduktion etwa gleiche Voraussetzungen (Tabelle 1).
3. Mit dem Anbau von Gräsern in Reinsaaten und artenarmen Gemischen lassen sich in diesen Lagen die höchsten Futtererträge und ein weitgehend kontinuierlicher Futteranfall erreichen (Tabelle 1).

Als Formen des Teilsystems Futterbau werden sich in diesen Lagen

Mähfutterbau auf Ackerflächen,
Mähweidewirtschaft mit Ackerfutterbau und
Weidewirtschaft ohne Mähflächen

herausbilden.

Tabelle 1
Trockenmasse-, Rohproteinerträge und Stickstoffeinsatz bei Futterkulturen aus den Versuchen Neustadt/Rennsteig (Mittel der Jahre von 1965–1967)

Form des Futterbaues	TM-Ertrag dt/ha	Rohprotein-Ertrag dt/ha	N-Aufwand kg/ha
Ackerfutterpflanzen (Mittel der Versuchsglieder)	77,5	12,2	180
Ackerfutterpflanzen (Mittel der 4 ertragreichsten Versuchsglieder)	88,0	14,2	195
Mähweide	83,3	15,6	180
absolute Weide	82,0	17,2	180
Knaulgras	112,0	22,8	180
Wiesenlieschgras	89,5	15,8	180
Wiesenschwingel/Wiesenrispe*	99,5	19,1	180
Wiesenlieschgras/Wiesenrispe*	104,5	19,1	180

* nur 1967

Im Mähfutterbau auf Ackerflächen (Tab. 2) werden außer Grünhafer mit Untersaat von Welschem Weidelgras keine der übrigen in der Prüfung gestandenen Ackerfuttervarianten berücksichtigt, weil sie den an die industriemäßige Futterproduktion gestellten Anforderungen nicht gerecht werden. Den größten Teil der Flächen nehmen die ausdauernden Gräser ein. Von Knaulgras (*Dactylis glomerata*) und einem Gemisch von Wiesenschwingel/Wiesenlieschgras (*Festuca pratensis/Phleum pratense*) sind ein-, zwei- und dreijährige Bestände vorhanden. Die Felder (III und VIII) mit dreijährigen Grasbeständen werden im Oktober gepflügt und es folgt im Frühjahr Grünhafer mit Untersaat von Welschem bzw. Einjährigem Weidelgras (*Lolium multiflorum* var.). Nach den kurzlebigen Weidelgräsern ist Ende August die Aussaat von Knaulgras bzw. einem Gemisch Wiesenschwingel/Wiesenlieschgras vorgesehen. Bei dieser Form des Ackerfutterbaues ist der Aufwand an Bodenbearbeitungs- und Bestellarbeiten und auch der Futterausfall gering. Von Anfang Juni bis Ende Oktober fällt ununterbrochen und weitgehend kontinuierlich Mähfutter an.
Das Futter läßt sich gut mit Maschinen ernten und eignet sich zur Konservierung wie auch als Frischfutter.
In die Form Ackergrasbau mit Saatgraslandbau (Tab. 3) des Teilsystems Futterbau sind Acker- und Grünlandflächen einbezogen. Das Grünland ist als Bestandteil einer Weidenutzungseinheit anzusehen. Die Nutzung erfolgt als Mähweide. Es wird vorausgesetzt, daß die technische Möglichkeit zur periodischen Erneuerung gegeben ist. Deshalb wird für dieses Grünland der Begriff „Saatgraslandbau“ verwendet.

Tabelle 2
Teilsystem Futterbau — in Form des Ackergrasbaues

Feld	Futterkultur Hauptfrucht	Zweitfrucht	Zeitspanne	Aussaat Menge kg/ha	Reihen-entfernung cm	Umbruch Zeitspanne	Gerät
I	Knaulgras		Ende August	25—30	8—12		
II	Knaulgras						
III	Knaulgras					Ende Oktober	Pflug
IV	Einj. Weidelgras		zeitiges Frühjahr	50	8—12	Ende Oktober	Pflug
V	Grünhafer	Welsches	zeitiges Frühjahr	200	8—12		
		Weidelgras	gleichzeitig	50	8—12		
VI	Welsches Weidelgras					Ende August	Pflug
VII	Wiesenschwingel mit		Ende August	18/6	8—12		
	Wiesenlieschgras		Anfang September				
VIII	Wiesenschwingel mit						
	Wiesenlieschgras						
IX	Wiesenschwingel mit					Ende Oktober	Pflug
	Wiesenlieschgras						
X	Grünhafer	Einj. Weidelgras	zeitiges Frühjahr	200	8—12		
			gleichzeitig	50	8—12	Ende August	Pflug

Tabelle 3
Teilsystem Futterbau — in Form von Ackergrasbau und Saatgraslandbau

Feld	Futterkultur	Aussaat			Umbruch
		Zeitspanne	Menge kg/ha	Reihenentfernung cm	
I	Knaulgras	Ende August	25–30	8–12	
II	Knaulgras				
III	Knaulgras				Mitte bis Ende Oktober
IV	Einjähriges Weidelgras	zeitiges Frühjahr	50	8	Mitte bis Ende Oktober
V	Futterkohl	Frühjahr	4	40–50	
VI	Grünhafer/Welsches Weidelgras	zeitiges Frühjahr	200/50	8–12	
VII	Welches Weidelgras				Ende August

Ansaatmischung bei Erneuerung in kg/ha; Wiesenschwingel 20, Wiesenlieschgras 7,
Wiesenrispe 5, Weißklee 2

Feld	Futterkultur	Zeitspanne	Aussaat		Umbruch	
			Menge kg/ha	Reihenentfernung cm	Zeitspanne	Gerät
VIII	Grünland	Ende August	etwa 30 kg	8–12		
IX	Grünland					
X	Grünland					
XI	Grünland					
XII	Grünland				Anfang Oktober	Pflug oder Fräse
XIII	Grünhafer/Welsches Weidelgras					
XIV	Welsches Weidelgras				Mitte bis Ende August	Fräse oder Scheibenegge

Tabelle 4
Düngungs- und Nutzungsschema für eine Weidenutzungseinheit mit Mähweideflächen

Düngungs-einheit	Umfang in v. H.	Stickstoffdüngung in kg/ha zum			geplante Nutzung	Auftrieb	Auftriebszeit	
		1. Aufw.	2. Aufw.	3. Aufw.			von Dekade	bis Dekade
I	30	120	0	60	frühe Frühjahrsweide,	I.	1. Mai	3. Mai
					zeitiger 2. Auftrieb, weitere	II.	2. Juni	1. Juli
					Nutzung im Herbst	III.	3. Aug.	1. Sept.
II	40	60	120	60	erster Aufwuchs Konservatfutter		(Mähnutzung)	
					intensive Weidenutzung	I.	1. Juli	1. Aug.
					im Sommer und Herbst	II.	1. Sept.	3. Sept.
III	30	60	60	120	erster Auftrieb aus weide-	I.	3. Mai	2. Juni
					techn. Gründen auf höher	II.	1. Aug.	3. Aug.
					gewachsenem Futter, Hauptnutzung Spätsommer und Herbst	III.	3. Sept.	3. Okt.

Tabelle 5
Düngungs- und Nutzungsschema für eine Weidenutzungseinheit ohne Mähweideflächen

Düngungseinheit	Umfang in v. H.	Stickstoffdüngung in kg/ha zum			geplante Nutzung	Auftrieb	Auftriebszeit	
		1. Aufw.	2. Aufw.	3. Aufw.			von Dekade	bis Dekade
I	20	120	0	60	frühe Frühjahrsweide,	I.	1. Mai	2. Mai
					zeitiger 2. Auftrieb, weitere	II.	2. Juni	3. Juni
					Nutzung im Herbst	III.	3. Aug.	1. Sept.
II	50	60	120	0	Hauptnutzung Frühjahr und	I.	2. Mai	1. Juni
					Sommer	II.	3. Juni	2. Aug.
						III.	1. Sept.	3. Sept.
III	30	0	60	120	erster Auftrieb muß auf älterem	I.	1. Juni	2. Juni
					Weidefutter erfolgen, Haupt-	II.	2. Aug.	3. Aug.
					nutzung Sommer und Herbst	III.	3. Sept.	2. Okt.

Wie aus der Tabelle 3 hervorgeht, soll die Erneuerung jährlich auf einem Fünftel der Fläche erfolgen. Zur Zwischennutzung werden Grünhafer und Welsches Weidelgras angebaut. Die Ansaatmischung setzt sich aus *Festuca pratensis* (Wiesenschwingel), *Phleum pratense* (Wiesenlieschgras), *Poa pratensis* (Wiesenrispe) und *Trifolium repens* (Weißklee) zusammen.

Im Teil Ackerfutterbau kann Futterkohl (Feld 5) nach Belieben angebaut oder weggelassen werden.

Auf den Weiden im Thüringer Wald ist der variierte Stickstoffeinsatz eine wirksame Maßnahme, die Ertragsentwicklung zu beeinflussen, in Weidenutzungseinheiten ohne Mähflächenanteil zur Zeit sogar die einzige.

Es wird deshalb empfohlen, die Weidenutzungseinheiten ohne und auch mit Mähflächen in Düngungseinheiten zu unterteilen. Das Prinzip dieser Einteilung sichert eine intensive Weidewirtschaft und erleichtert die Weideführung, zumal stationäre Koppeleinteilung im Thüringer Wald kaum Anwendung findet.

Für Weidenutzungseinheiten mit Mähflächen wird folgende Einteilung vorgeschlagen (Tabelle 4): Düngungseinheit I soll 30% der Gesamtfläche einnehmen. Sie erhält zum ersten Aufwuchs 120 kg N/ha. Der Umtrieb erfolgt nach Düngungseinheit III, die nur 60 kg N/ha bekommt. Auf Düngungseinheit II wird der erste Aufwuchs als Mähfutter geerntet. Der zweite Umtrieb verläuft von Düngungseinheit I über Düngungseinheit II, die das Weidefutter im Juli liefern soll, zu Düngungseinheit III. Düngungseinheit III erhält zum dritten Aufwuchs 120 kg N/ha, damit auch im Herbst frisches und ausreichend Weidegras vorhanden ist.

In Weidenutzungseinheiten ohne Mähflächen ist ein kontinuierliches Futterangebot weit schwieriger zu erreichen. Die Aufteilung und der Stickstoffeinsatz sind nach Tabelle 5 vorgesehen.

Düngungseinheit I mit starker Frühjahrsstickstoffgabe hat hier nur 20% Flächenanteil. Der Auftrieb soll früh, aber der Umtrieb zur Düngungseinheit II, die die Hälfte der Weidenutzungseinheit einnimmt, nach kurzer Zeit erfolgen. Düngungseinheit II erhält zum ersten Aufwuchs keinen Stickstoff, damit das Futterangebot nicht zu groß wird und bald wieder auf Düngungseinheit I, die zum zweiten Aufwuchs ebenfalls ohne Stickstoffdüngung bleibt, umgetrieben werden kann. Während des Sommers soll der Hauptteil des benötigten Weidefutters auf Düngungseinheit II heranwachsen. Für die spätere Herbstweide ist wiederum Düngungseinheit III vorgesehen. Diese Form der Weideführung in Weidenutzungseinheiten ohne Mähflächen eignet sich nur für Jungrinder.

Für Jungrinderweiden im Thüringer Wald, die ohne Mähflächen sind, stellt diese Weideführung aber einen bedeutenden Fortschritt dar. Sie wird auch den an die Jungrinderaufzucht gestellten Anforderungen gerecht.

Zusammenfassung

In höheren Lagen des Thüringer Waldes können mit Futterbau die höchsten Flächenerträge mit Formen industrieartiger Pflanzenproduktion erreicht werden. Den dazu notwendigen Erfordernissen werden Grasbestände als Reinsaaten und artenarmen Gemischen am besten gerecht. Als Formen industrieartiger Organisation des Futterbaus im Thüringer Wald werden Mähfutterbau auf Ackerflächen, Mähweidenutzung mit Ackerfutterbau und Weidenutzung ohne Mähflächenanteil aufgezeigt und entsprechende Teilsysteme des Futterbaus konstruiert. Es wird empfohlen, die Weidenutzungseinheiten mit und ohne Mähflächen in Stickstoffdüngungseinheiten zu unterteilen und mit variierter Stickstoffdüngung den Weidefutteranfall kontinuierlich zu gestalten.

Резюме

Название работы: Лугопастбищное и полевое кормопроизводство в повышенных месторасположениях Тюрингенского леса
В повышенных месторасположениях Тюрингенского леса кормопроизводство промышленными методами дает высшие урожаи на единицу площади. Чистые посевы и бедные видами травосмеси наиболее отвечают предъявляемым требованиям. Как организационные формы промышленного кормопроизводства выдвигаются возделывание кормовых культур на пахотных площадях для сенокосного использования, для сенокосного и пастбищного и исключительно пастбищного использования. В соответствии с этим разработаны раздельные системы кормопроизводства. Рекомендуется на единицах пастбищного использования с площадями под скашиваемым кормом и без них обеспечить беспрерывное получение пастбищного корма путем варьированного внесения азотного удобрения.

Summary

Title of the paper: Forage production on grassland and fields in higher altitudes of the Thuringian Forest
In higher altitudes of the Thuringian Forest forage growing gives highest yields per unit area with various forms of industry-like plant production. The respective requirements are met best of all by grass populations established as pure stands or mixtures with but few species. Field forage growing for mowing, hay pastures with field forage growing, and pasturing without a certain acreage for mowing are presented as forms of industry-like organization of forage growing in the Thuringian Forest, and respective partial systems of forage growing are constructed. It is recommended to subdivide the pasture units with or without an acreage for mowing into units of nitrogen fertilization and to use varied nitrogen fertilization for continuous supply of pasture forage.

Literatur

Müller, K.: Untersuchungen zur kontinuierlichen Futterproduktion auf dem Grünland-und auf dem Ackerland in den höheren Lagen des Thüringer Waldes. Dissertation. Berlin 1969

Anschrift des Verfassers:

Dr. Kurt Müller
Institut für Grünland- und Moorforschung
Paulinenaue, Zweigstelle Thüringen
5103 Neudietendorf/Thür.

Z. Landeskultur · Bd. 10 · 1969 · H. 4–6 · S. 383–396 · Berlin

Aus dem Institut für Grünland- und Moorforschung Paulinenaue
der Deutschen Akademie der Landwirtschaftswissenschaften zu Berlin

WOLFGANG KREIL

Zeitnahe Ergebnisse der Arbeiten über die optimale Stickstoffdüngung der Weiden

Eingegangen: 16. 6. 1969

Über die Düngung des Grünlandes wurde in Deutschland seit langem intensiv gearbeitet, und auch nach Ende des zweiten Weltkrieges erschienen in beiden deutschen Staaten zahlreiche Beiträge zu diesem Thema. Dennoch gab und gibt es eine Reihe offener Probleme. Mit Beginn unserer Arbeit im Jahre 1958 konzentrieren wir unsere Forschungen auf das Ziel, die optimale N-Düngung der Weiden in der DDR zu finden. Diese Zielstellung wählten wir, weil die Weiden der Intensivierung von der Nutzungsform wie von den Standorten her wesentlich bessere Voraussetzungen boten als die verbreitete zweischürige Dauerwiese, und weil parallel zu den Arbeiten über die N-Düngung das System der Weidekombinate entwickelt wurde, womit eine intensive Nutzung der Weiden erreicht werden konnte.
Die Ergebnisse der Paulinenauer Arbeit sowie der Versuche anderer Versuchsansteller wurden zum größten Teil in den letzten Jahren veröffentlicht, besonders in dieser Zeitschrift und in Dissertationen. Im folgenden Beitrag wird versucht, die Einzelergebnisse zusammenzufassen und zu werten. In den hier berücksichtigten Versuchen wurde die jährlich vorgesehene Stickstoffdüngung in 3 oder 4 gleichgroßen Teilgaben und in Form von Kalkammonsalpeter verabreicht.

1. N-Düngung und Ertrag

Für die meisten der hier einbezogenen Versuche hat THIMM (1969) die jeweilige Produktionsfunktion berechnet und BAATH (1969) unter Hinzunahme weiterer Versuche eine mittlere Produktionsfunktion für die Mähweiden der DDR gebildet. Wir haben diese Berechnungen abermals ergänzt, so daß nunmehr 31 Versuche einbezogen sind. Abbildung 1 zeigt das Ergebnis. Die Kurve wird nur für den experimentellen Bereich dargestellt, der in allen Versuchen erfaßt worden war. In unseren eigenen Versuchen waren stets größere N-Mengen verabreicht worden. Es mag daher angemerkt sein, daß x_{max} bei 394 kg N/ha liegt, wobei y_{max} 105 dt Trockenmasse je ha beträgt.
Aus der Produktionsfunktion wurde die ökonomisch optimale N-Menge errechnet. Sie beträgt $x_{opt} = 225$ kg N/ha und bringt den Ertrag $y_{opt} = 97$ dt Trockenmasse je ha, wenn man nach THIMM (1969) den Quotienten Kosten je kg N-Düngung: Preis je kg Trockensubstanz mit 9,73 ansetzt.

Es dürfte zulässig sein, die berücksichtigten 31 Versuche als ausreichende Stichprobe der Dauerweiden der DDR zu betrachten, mit Ausnahme lediglich der noch stärker meliorationsbedürftigen Flächen. Gegenwärtig dürften im Durchschnitt etwa 50–60 kg N/ha Weide gedüngt werden. Anhand der dargestellten Produktionsfunktion läßt sich ableiten, daß die Erträge durch Stei-

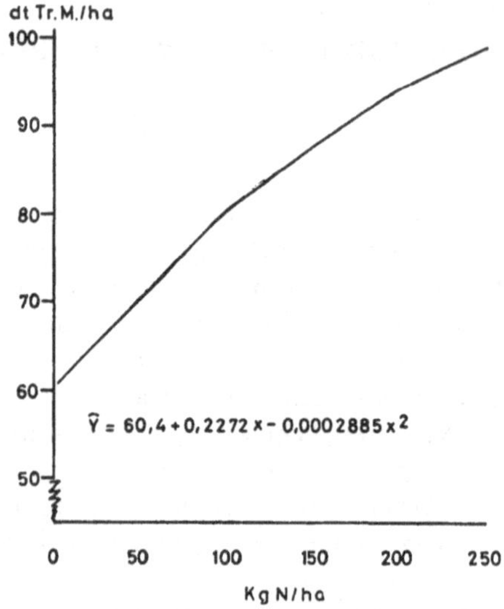

Abb. 1: Errechneter Trockenmasseertrag

gerung des N-Einsatzes auf das ökonomische Optimum um 40% erhöht werden könnten. Hierbei wird gute Bewirtschaftung und intensive Nutzung vorausgesetzt. Da aber auch in dieser Hinsicht noch vielfache Verbesserungen möglich und notwendig sind, kann der Effekt gesteigerten N-Einsatzes durchaus noch höher sein, wenn zugleich allgemein intensiviert wird.

Der Verlauf der Ertragssteigerung bei zunehmender N-Düngung wird in den Erzeugungswerten (Tab. 1) näher gekennzeichnet. Bis 100 kg N/ha steigen die Erträge im Durchschnitt aller Versuche fast geradlinig an, bei Einsatz größerer Mengen nimmt der Erzeugungswert immer schneller ab. Das ökonomische Optimum von 225 kg N/ha wird bei einem Differentialertrag von rund 10 kg Trockensubstanz je kg N erreicht.

Tabelle 1
Erzeugungswerte und Differentialerträge
(kg Tr.-S./kg N)

	kg N/ha					
	0	50	100	150	200	250
Erzeugungswerte						
gegen 0	–	22,6	19,8	18,4	17,0	15,5
in der Steigerungsstufe	–	22,6	17,0	15,6	12,6	9,8
Differentialerträge	22,7	19,8	17,0	14,1	11,2	8,3

Das Ertragsniveau, das bei optimaler N-Düngung erzielt werden kann, darf noch als gut bezeichnet werden. Es darf nicht übersehen werden, daß als Weiden überwiegend Flächen dienen, die nicht oder doch nur schwer anderweitig zu nutzen wären.

Nähere Aussagen über die N-Wirkung auf den einzelnen Hauptweidestandorten, die PETERSEN (1962) zur allgemeinen Charakteristik ausgeschieden hat, oder für Standorteinheiten lassen sich nicht ableiten, da die Schwankungen der Werte beträchtlich sind. Die ökonomisch optimale N-Menge hängt von den Erzeugungswerten ab. Daher hat THIMM (1968) für die Hauptweidestandorte Spannen angegeben (Tab. 2).

Tabelle 2
Optimale Stickstoffmengen für Mähweiden verschiedener Standorte (zusammengestellt nach THIMM, 1968)

Art des Grünlandes	N-Wirkung bei höheren Gaben		
	klein	durchschnittlich	groß
	Düngung kg N/ha		
Niedermoor und Anmoor	150	175	200
Flußauegrünland	—	120	250
Mittelgebirgsgrünland	50	175	275
Jungmoränengrünland	100	250	300
Sandbodengrünland (mit Grundwasser)	200	250	350

Tabelle 3
Erträge auf den organischen und mineralischen Böden (dt Tr.-M./ha)

	kg N/ha					
	0	50	100	150	200	250
organische Böden	71,4	82,8	92,4	99,8	105,4	109,0
mineralische Böden	56,6	66,3	76,2	84,0	90,4	94,6

Selbst ein Vergleich der Ergebnisse von den organischen Böden mit denen für die mineralischen ist wenig ergiebig (Tab. 3). Der allgemein höhere Ertrag der organischen Böden dürfte mit der besseren Wasserversorgung und auch dem günstigeren Klima zu erklären sein, da unter den Mineralböden auch höhere Mittelgebirgslagen anzutreffen sind. Sicher spielt ferner die Stickstoffmineralisation in den organischen Böden eine Rolle. Doch sind die Erzeugungswerte nur bei den hohen Gaben etwas niedriger. Ebenso wie innerhalb der mineralischen Böden sind auch innerhalb der organischen Böden beträchtliche Unterschiede von Standort zu Standort vorhanden, deren Ursachen quantitativ nur in größeren, standortkundlich angelegten Versuchsserien erfaßt werden können. Es wird auf den Beitrag von v. D. WAYDBRINK verwiesen, wonach Torfmächtigkeit und Grundwasserstand Ertragshöhe und N-Wirkung bestimmen. WOJAHN, v. D. WAYDBRINK und DÖRNER (1967) haben gezeigt, daß die biologische Aktivität und damit das Ausmaß der Stickstoffmineralisation vom Bodenluftvolumen abhängen. Demnach läßt sich in Übereinstimmung mit den Angaben in Tabelle 2 aussagen, daß die Wirkung gedüngten Stickstoffs auf Niedermoorweiden nicht in jedem Falle geringer zu sein braucht als auf mineralischen Böden. Auf noch verhältnismäßig nassen und auf gut wasserregulierten Niedermoorweiden in feuchten Jahren kann man hohe Erzeugungswerte des gedüngten Stickstoffs erwarten. Bei Einsatz größerer N-Mengen, 200 kg und mehr, geht die N-Wirkung allerdings in den meisten Fällen rascher zurück als auf mineralischen Böden.

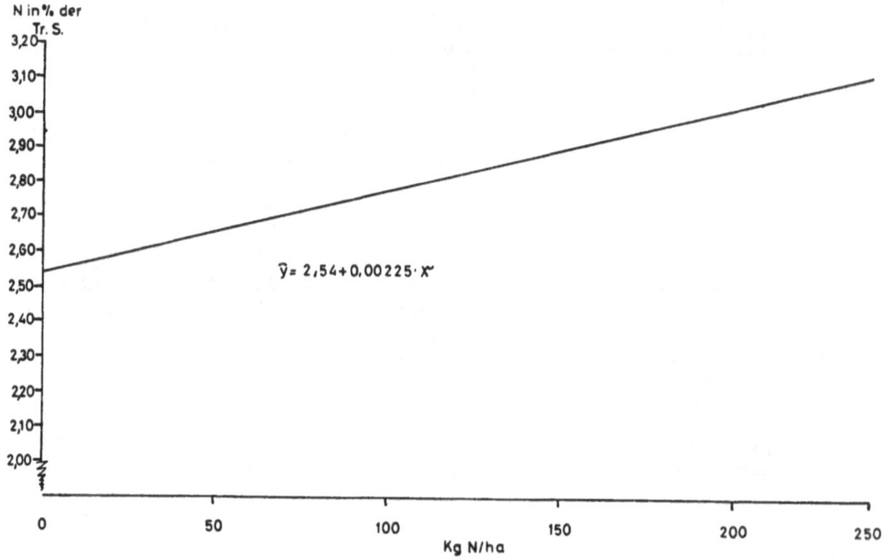

Abb. 2: N-Gehalt in der Trockensubstanz

2. N-Düngung und N-Ausnutzung

Analog zu den Erträgen wurden die Analysenergebnisse für den N-Gehalt des Erntegutes verrechnet. Im untersuchten Bereich steigt der N-Gehalt mit der N-Düngung linear an; die in Abbildung 2 dargestellte Funktion hat das hohe Bestimmtheitsmaß $B = 0{,}973$. Die weiter errechneten Werte für die N-Aufnahme und die N-Ausnutzung sind in Tabelle 4 vermerkt. Bei geringer Abnahme des Ertragszuwachses und geradlinig steigendem N-Gehalt ist die Ausnutzung des gedüngten Stickstoffs recht gleichbleibend und auch bei 250 kg N/ha nur wenig geringer. Sie liegt in der Größenordnung, die nach WOLDENDORP u. a. (1965) für die europäischen Länder im gemäßigten humiden Klima generell zu erwarten ist.

Der nicht aufgenommene Stickstoff wird größtenteils denitrifiziert; Auswaschungsverluste sind den genannten Autoren zufolge nur außerhalb der Vegetationsperiode und nach starken Regenfällen zu erwarten, ihr Ausmaß hängt stark vom Boden ab. Die dritte Möglichkeit schließlich, Einbau des gedüngten Stickstoffes in die organische Substanz des Bodens, kann eine gewisse Rolle spielen, die Vorgänge sind jedoch von der Düngerform, vom Boden, seiner Aktivität, der Durchwurzelung u. a. abhängig.

Tabelle 4
N-Entzug und Ausnutzung des gedüngten N

	Düngung kg N/ha					
	0	50	100	150	200	250
Ertrag kg N/ha	153,4	186,0	221,1	252,9	281,4	306,6
Ausnutzung des gegedüngten Stickstoffs in %	–	65,2	67,7	66,3	64,0	61,3

3. N-Düngung und Qualität des Futters

Zwischen Stickstoff- und Kohlenhydratgehalt der Gräser besteht eine negative Korrelation. Sie ist in den ersten Tagen nach einer Nutzung besonders gravierend, wie in vielen Arbeiten, darunter in der von Bühring (1967), gezeigt wurde. Sehr hohes N-Angebot kann sogar zu einer Erschöpfung der Kohlenhydratreserven führen, so daß die Pflanzen nach einer Nutzung nur schwach, in Extremfällen (Colby u. a., 1966) gar nicht wieder austreiben. Auch zum Zeitpunkt der Nutzung nach normalen Wachstumszeiten zieht höherer N-Gehalt geringeren Gehalt an Kohlenhydraten, und zwar den leichtlöslichen, nach sich. Eine praktisch bedeutsame Minderung des Futterwertes läßt sich hieraus jedoch nicht ableiten.

Die N-Düngung wirkt auf den N-Gehalt des Futters ein, womit im verrechneten Bereich eine Verbesserung der Futterqualität verbunden ist (Abb. 2). Bei Einsatz noch größerer N-Mengen steigt der N-Gehalt weiter an. In der internationalen Literatur hat in diesem Zusammenhang das Problem der Anreicherung von NO_3-N wegen der möglichen toxischen Wirkung auf das Weidetier eine große Rolle gespielt. Es hat sich dabei herausgestellt, daß man die Gefährdung der Tiere durch Nitratstickstoff zunächst überschätzt hatte. In den Paulinenauer Arbeiten (Hey, 1968) konnte gezeigt werden, daß NO_3-N im Futter nur in Spuren vorhanden ist, solange der Gesamt-N-Gehalt unter 3,3–3,5% liegt. Erst bei höheren Gehalten steigt auch der Gehalt an NO_3-N, und dann sprunghaft an. Jedoch gibt es Abweichungen, so daß man nur begrenzt aus dem Gehalt an Gesamt-N auf die NO_3-Konzentration schließen kann.

Im Einzelnen ergeben sich erhebliche standortbedingte Unterschiede. Auf dem Paulinenauer Talsand wurde der NO_3-N-Gehalt durch 240 kg N/ha, verabreicht in drei gleichgroßen Gaben, kaum erhöht. Selbst nach 720 kg N/ha wurden 0,22% NO_3-N in der Trockensubstanz nur gelegentlich überschritten. Auf dem

Paulinenauer Niedermoor hingegen wurden nach 240 kg N/ha wesentlich höhere Gehalte gefunden, gleichhoch oder höher als auf Talsand nach 720 kg N/ha. Die N-Lieferung durch Mineralisation aus der Torfsubstanz ist die Ursache. Die höchsten Gehalte zeigte eine Neuansaat auf Niedermoor im ersten Jahr. Nach 120 kg N/ha enthielt der erste Aufwuchs 0,43% NO_3-N; im Laufe des Jahres fiel der Gehalt an NO_3-N auf 0,14% und betrug im Mittel 0,29% NO_3-N. NO_3 wurde somit in potentiell gefährlichen Mengen gespeichert. Auf Standorten mit hoher N-Mineralisation nach dem Umbruch braucht im Ansaatjahr jedoch nicht mit N gedüngt zu werden.
Unterschiede im NO_3-N-Gehalt des Futters können auch durch die Zusammensetzung des Pflanzenbestandes verursacht sein. So speichern bei starker N-Düngung z. B. *Festuca pratensis*, *Dactylis glomerata*, *Taraxacum officinale* und *Galinsoga parviflora* verhältnismäßig hohe Nitratbeträge, *Poa pratensis* und die *Rumex*-Arten geringe. Auch Sortenunterschiede gibt es (HEY, 1967). Im ganzen kann man feststellen, daß bei Einsatz der laut Tabelle 3 als ökonomisch optimal bezeichneten Mengen, Ausbringung in mehreren Teilgaben und Einhaltung normaler Wuchszeiten zwischen den einzelnen Nutzungen keine den weidenden Tieren schädliche NO_3-Konzentration erwartet zu werden braucht.
Ein weiteres Qualitätsmerkmal ist der Gehalt des Weidefutters an Mineralstoffen. Die hierzu ausgeführten Untersuchungen haben eindeutig ergeben, daß die Gehalte des Weidefutters in erster Linie von der Verfügbarkeit dieser Nährstoffe im Boden abhängen, ohne daß noch ungeklärte Zusammenhänge zwischen der Aufnahme von N und einigen Mineralstoffen übersehen werden

Tabelle 5
Gehalte des Futters an P und K bei konstanter und differenzierter Grunddüngung, Paulinenauer Talsand (1964–1967)

	kg N/ha					
	0	60	120	240	480	720
P-Gehalt						
Düngung konstant	0,44	0,41	0,40	0,38	0,40	0,42
differenziert	0,43	0,43	0,42	0,38	0,38	0,41
K-Gehalt						
Düngung konstant	2,40	2,22	1,98	1,74	1,52	1,56
differenziert	2,47	2,62	2,82	2,72	2,72	2,64

sollen. Tabelle 5 zeigt die Auswirkungen unterschiedlicher Versorgung mit P und K auf die Gehalte im Futter. Der Versuch war im Jahre 1958 mit konstanter Grunddüngung angelegt worden. Ab 1964 wurden Teilflächen nach dem durchschnittlichen jährlichen Entzug der ersten sechs Jahre gedüngt. Im Herbst 1966, am Ende des neunten Versuchsjahres, enthielt der Boden unter konstanter Düngung von 31 kg P/ha und Jahr in 0–10 cm meist über 30 mg P_2O_5, in 10–20 cm über 16 mg. Folglich blieben Höhe der N-Düngung und Differenzierung der P-Düngung ohne Einfluß auf den P-Gehalt. Hingegen war der Boden an K völlig verarmt, die Düngung lag mit 66 kg K/ha und Jahr

weit unter dem Entzug. Mit steigender N-Düngung fielen die K-Gehalte bei konstanter Grunddüngung stark ab. Durch Düngung nach Entzug mit 166 — 208 — 232 — 266 — 253 kg K/ha und Jahr wurden etwa gleich hohe K-Gehalte in allen N-Varianten erreicht und der Gehalt des Bodens an Kali begann wieder zu steigen.
Für die Elemente Mg, Cu und Mn fand KNABE (1967) ebenso klare Beziehungen. Angemessene Versorgung mit diesen Nährstoffen zieht ausreichend hohe Gehalte im Futter nach sich. Bei reichlicher Cu-Zufuhr steigt der Cu-Gehalt mit der N-Düngung an, Mn verhält sich ebenso.
Die notwendige Erhöhung der Grunddüngung bei steigender N-Düngung kann gegenwärtig noch nicht näher quantifiziert angegeben werden. KALTOFEN (1967) hat nach den bisher vorliegenden Daten und Erfahrungen lineare Gleichungen aufgestellt. Danach müßte bei Steigerung der N-Düngung von 50 auf 200 kg/ha die P-Düngung von 25 auf 35 und die K-Düngung von 79 auf 116 kg/ha erhöht werden. Die Werte gelten jedoch nur für mittlere Bedingungen, besonders mittleren P- und K-Gehalt und mittleres Nachlieferungsvermögen des Bodens.

4. Reaktion der Pflanzenbestände auf unterschiedliche N-Düngung

Die Pflanzenbestände des Dauergrünlandes sind labile Gefüge. Der Anteil einer vorkommenden Art wird durch ihre Kampfkraft bestimmt, diese aber ist je nach der Wettbewerbsfähigkeit der anderen Bestandsbildner verschieden groß, und sie hängt nicht zuletzt von den vielen Umwelteinflüssen ab, zu denen auch die Eingriffe des wirtschaftenden Menschen zu zählen sind. Unter diesen Umständen weichen ökologisches und physiologisches Optimum einer Art sehr häufig weit von einander ab (ELLENBERG, 1956).
Die N-Versorgung der Graslandpflanzen ist zweifellos ein bedeutender Umweltfaktor; verändert er sich, kann sich die Zusammensetzung des Bestandes, ausgedrückt als Ertragsanteil der einzelnen Partner, ebenfalls verändern.
Die Ursache für Gewinn oder Verlust an Ertragsanteil ist letzterdings in erster Linie in Differenzen der Nettoassimilationsrate der beteiligten Arten zu suchen, wodurch Unterschiede im relativen Wachstum entstehen. Das daraus resultierende Prinzip des divergierenden Wachstums, das KALTOFEN und HEY (1968) für unterschiedliche Nährstoffversorgung von Beständen einer einzelnen Art dargelegt haben, dürfte auch für das Verhalten verschiedener Arten im Bestand, vor allem ihre Kampfkraft, gelten. Demzufolge ist zu erwarten, daß selbst kleine Unterschiede im Reaktionsvermögen auf die N-Düngung, also im physiologischen Verhalten, genügen müssen, um im Laufe der Zeit merkliche Unterschiede im Ertragsanteil hervorzurufen. Dies könnte vielleicht auch besonders bedeutungsvoll für die Selektion auf bestimmte Ökotypen einer Art in einem Dauergrünlandbestand sein; derartigen Problemen ist man noch kaum nachgegangen. Kleine Unterschiede im Reaktionsvermögen auf die N-Zufuhr können ohne nachhaltige Auswirkungen bleiben, wenn veränderte Umweltbedingungen die Differenzen aufheben oder gar gegenteilige Effekte auslösen,

wie dies z. B. durch die Witterung oder den Nutzungsrhythmus geschehen kann. Neben diesen Faktoren dürfte auch die Wuchsform der einzelnen Arten Einfluß auf den Ertragsanteil bei verschiedener N-Düngung ausüben, so daß bei gleicher physiologischer Reaktion dennoch Unterschiede zustande kommen, oder geringe physiologische Differenzen in kurzer Zeit verhältnismäßig große Auswirkungen zeitigen können.

Unter diesen Umständen lassen sich aus den vor jeder Nutzung in den Versuchen durchgeführten Ertragsanteilschätzungen nur wenige generalisierende Aussagen ableiten. Andererseits sind diese Aussagen aber recht sicher, und es ergeben sich weitreichende Konsequenzen.

Das auf unseren Weiden verbreitetste der wertvollen Untergräser ist *Poa pratensis*. Die Reaktion dieser Art auf unterschiedliche N-Düngung ist in ganz starkem Maße von der Umwelt, besonders den Begleitarten, abhängig. In einer Weidenarbe auf dem Kamm des Thüringer Waldes (Tab. 6) wurde die Art durch Stickstoff stark gefördert, sie konnte sich auf Kosten von *Festuca rubra* und besonders *Agrostis tenuis*, durchsetzen, ihren Ertragsanteil nahezu vervierfachen. Der Gräserbestand wurde durch die Zunahme von *Poa pratensis* auf diesem Standort wesentlich verbessert. Bei sehr hohen N-Gaben hört die positive Reaktion der Art allerdings auf, wie auch auf dem Paulinenauer Talsand gefunden wurde.

Tabelle 6
Ertragsanteil der wichtigsten Arten in der Kammlage des Thüringer Waldes (Neustadt a. R.) ($\bar{x}$ 1964–1968)

	kg N/ha			
	0	160	320	480
Poa pratensis	11	39	45	40
Festuca rubra	12	9	6	7
Agrostis tenuis	21	8	7	9
Trifolium repens	20	1	+	+
Kräuter	12	14	15	14

Auf den meisten Standorten zeigte *Poa pratensis* jedoch keine nennenswerte Reaktion auf gestaffelte N-Gaben. Das mag verschiedene Ursachen haben, besonders bedeutungsvoll ist der Einfluß der Partner, wie aus dem folgenden Beispiel vom Paulinenauer Niedermoor hervorgeht. Die beiden in Tabelle 7 aufgeführten Arten bilden die überwiegende Masse des Bestandes. *Poa pratensis* war *Agropyron repens* in Trockenjahren wie 1963 generell, in feuchten Jahren nur bei starker Düngung, über 240 kg N/ha, unterlegen. *Poa pratensis* war lediglich in feuchten Jahren bei N-Zufuhr bis 120 kg/ha überlegen. Im Mittel von sieben Jahren hatte *Poa pratensis* auf der Variante ohne N den höheren Ertragsanteil, bei 120 kg N/ha waren die Anteile etwa gleich, bei starker N-Zufuhr überwog *Agropyron repens* eindeutig.

Ähnlich wie auf dem Niedermoor wurde *Agropyron repens* auch auf dem Paulinenauer Talsand, im Versuch in der Saaleaue und im Erzgebirge durch die

N-Düngung stark gefördert; lediglich auf dem Jungmoränenstandort in Mecklenburg konnte die Art nicht an Boden gewinnen. Stark positiv reagiert als weitere Art *Dactylis glomerata*, sofern der Anteil im Anfangsbestand über 5% ausmacht.

Beide Arten sind als N-dankbar bekannt, und ihre positive Reaktion war auch bei den höchsten eingesetzten Gaben noch eindeutig. Die Stickstoffzahl 5 trifft für diese Arten auch unter unseren Bedingungen voll zu (KLAPP, 1965). Für *Lolium perenne* hingegen muß dies bezweifelt werden; die Reaktion dieser Art, die in unserem Klimagebiet nur zweitrangige Bedeutung hat, war nicht einheitlich und auch nicht so ausgeprägt. Die wertvollen Arten *Festuca pratensis* und *Phleum pratense* hatten nur selten höhere Ertragsanteile, in keinem Falle konnten sie durch die N-Düngung nennenswert gewinnen.

Tabelle 7
Ertragsanteile von *Poa pratensis* und *Agropyron repens* auf einem Niedermoorstandort (Paulinenaue) (1961–1967)

	kg N/ha				
	0	60	120	240	480
			Poa pratensis		
1963	12,1	14,7	14,9	13,0	13,3
1967	25,2	34,0	33,4	38,6	38,2
x̄ 1961–1967	28,6	30,8	30,5	29,0	27,0
			Agropyron repens		
1963	29,8	31,1	36,6	51,0	63,9
1967	17,5	18,8	20,7	26,9	40,4
x̄ 1961–1967	21,4	24,8	28,6	35,8	46,6

Tabelle 8
Anteil der umstrittenen Arten am Mehrertrag

	kg N/ha						
	60	80	120	160	240	320	480
Erzgebirge							
D. glomerata		27		31		38	38
Niedermoor							
A. repens	53		67		88		112

Es bleibt das Fazit, daß auf Standorten, auf denen sie gedeihen können, und in Beständen, in denen sie vorhanden sind, mit *Agropyron repens* und *Dactylis glomerata* zwei Arten durch starke N-Düngung vornehmlich gefördert werden, die nicht zur Gruppe der Gräser mit der höchsten Wertzahl gehören.

Die Bedeutung der beiden umstrittenen Arten läßt sich quantitativ annähernd genau darstellen, wenn man die Ertragsanteile in Ertrag umrechnet und daraus den Anteil am Mehrertrag ableitet (Tab. 8). Der Anteil beider Arten, besonders von *Agropyron repens*, am Mehrertrag wächst mit der N-Düngung stark an.

Bereits nach 120 kg N/ha entfallen zwei Drittel des Mehrertrages auf *Agropyron repens*, nach 480 kg N/ha wirkt die Art ausgesprochen unterdrückend auf die Bestandspartner, da ihr Mehrertrag größer ist als der Mehrertrag insgesamt.

Die Formbarkeit von Grünlandbeständen ist bekannt und gilt allgemein als eine bemerkenswerte positive Eigenschaft. Die N-Düngung ist neben der Nutzungsform einer der die Pflanzengesellschaft am stärksten prägenden Faktoren. Das starke Vordringen einzelner Arten bei sehr hoher N-Düngung zeigt dies deutlich. Wird nur mittlere N-Düngung verabreicht, werden einige Arten im Bestand optimal, andere noch suboptimal versorgt. Folglich haben mehrere Arten etwa gleiche Kampfkraft. Bei sehr hoher N-Düngung finden nur noch-Arten mit dem höchsten Ausnutzungsvermögen für Stickstoff optimale Berdingungen. Reinbestände entstehen jedoch deshalb keineswegs, die Zahl der Arten wird häufig kaum verringert, nur die Ertragsanteile verschieben sich stark.

Mit Dauergrasland zu wirtschaften bedeutet, daß der Mensch mit Beständen arbeitet, die das Produkt von Klima, Bewirtschaftung, Nutzungsform und Boden und mehr oder weniger zufälliger Besiedlung sind; der Mensch hat keinen unmittelbaren Einfluß auf die primäre Auswahl der Arten. Unter diesen Umständen hat es den Anschein, daß sich bei starker N-Düngung unter maritimem Klima in Europa von *Lolium perenne* beherrschte Weidenarben entwickeln, wie u. a. OOSTENDORP und BOXEM (1967) zeigten. In unserem Klimagebiet ist damit nur gelegentlich zu rechnen. U. a. kann, wie gezeigt, *Agropyron repens* zur Dominanz gelangen. *Agropyron repens* ist sicherlich als schwach kontinentale Art zu bezeichnen (MEUSEL u. a. 1965), die deshalb in unserem Gebiet auf vielen Standorten gut vorankommen kann, wenn sie einmal eingewandert ist. Insbesondere ist ihr die auf dem Niedermoor vorherrschende *Poa pratensis* im Wettbewerb klar unterlegen. Die Nutzungshäufigkeit im Mähweidebetrieb mit einer Mahd und drei Beweidungen kommt dem Lebensrhythmus der Pflanze entgegen, die häufigere Nutzung im maritimen Gebiet vermindert ihre Kampfkraft. Die Formbarkeit des Pflanzenbestandes auf dem Dauergrünland kann bei hoher N-Düngung im wirtschaftlichen Sinne ungünstige Wirkungen zeitigen.

Die Bekämpfung von *Agropyron repens* wie von *Dactylis glomerata* in Mischbeständen ist — solange keine streng selektiv wirkenden Herbizide verfügbar sind — nur durch Umbruch möglich. Auf dem Paulinenauer Niedermoor ist der Weidegrasbau — Mischung von *Festuca pratensis*, *Phleum pratense* und *Poa pratensis*, auch die Reinsaat von *Dactylis glomerata* als Spezialansaat für frühen Austrieb — dem Dauergrasland im Trockenmasseertrag leicht unterlegen (Tab. 9). Besonders in den ersten Jahren ist aber die Zusammensetzung der angesäten Bestände eindeutig besser. Im 6. Jahr haben sie sich zwar schon ziemlich weit vom angesäten Bestand entfernt, ohne jedoch der alten Narbe völlig zu gleichen. Insbesondere sind die Anteile von *Agropyron repens* mit nur 8% bzw. 12% nach 480 kg N/ha noch vergleichsweise niedrig. Die Ausbreitung dieser Art ist eine Funktion der Zeit. Sie geht um so langsamer vor sich, je besser die Vernichtung der alten Narbe vor der Neuansaat gelingt.

Die mitgeteilten Befunde drängen zu dem Schluß, daß es Weiden gibt, auf denen hoher N-Einsatz zur Aufgabe der Nutzung als Dauergrasland und zum Übergang zum Saatgrasland führen kann. Diese Aussage gilt um so mehr, je höhere Erträge angestrebt werden, denn diese sind ohne Einsatz großer N-Mengen nicht zu erreichen.

Tabelle 9
Trockenmasseerträge von Dauergrasland und Saatgrasland (Niedermoor, in dt/ha)

	kg N/ha				
	0	60	120	240	480
Dauerweide (1961–1968)	73,2	82,2	90,3	101,0	112,6
Weidegrasbau (1963–1968)					
Mischung	70,8	82,2	86,9	92,0	97,0
D. glomerata	65,2	80,1	87,4	94,7	107,8

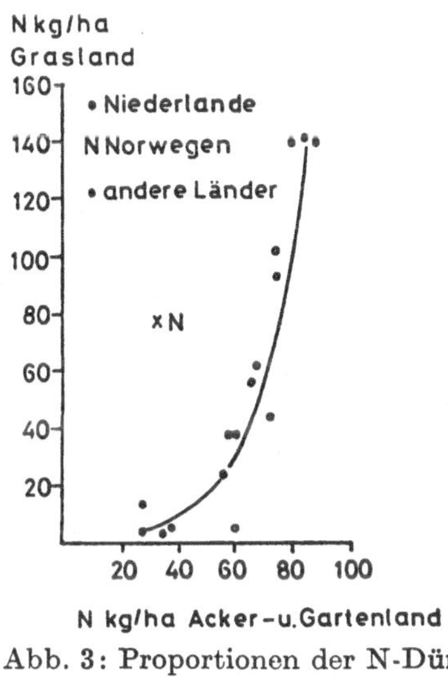

Abb. 3: Proportionen der N-Düngung

5. Allgemeine Schlußbetrachtung

T'Hart und van der Molen (1966) haben aus vielen Versuchen die Produktion an kStW je kg N für Praxisbedingungen berechnet. Sie erhielten im Bereich von 0 bis 200 kg N/ha für das Dauergrünland in Skandinavien 6–8, in Westeuropa und Italien 6–7 kg StW/kg N. Nach derselben Methode berechnet – Abzug 30% von den Erträgen unserer in Abb. 1 mitgeteilten Werte für 0 und 200 kg N/ha – und unter Ansatz des Stärkewertes der Trockenmasse 55 können in der DDR 6,3 kg StW/kg N erzeugt werden. Die N-Wirkung ist somit bei uns allenfalls nur wenig geringer als in West- und Nordeuropa. Aus den international koordinierten Versuchen hatten wir unter Einschluß der Ergebnisse aus der VR Polen, der ČSSR, der VR Bulgarien und der SR Rumänien rund 6 kg StW/kg N errechnet (KREIL, 1967). Die Wirkung der N-Düngung in Aufwandmengen bis 200 kg/ha ist in weiten Teilen Europas beachtenswert hoch.

T'HART und VAN DER MOLEN (1966) haben die Relationen zwischen der Düngung des Ackerlandes und des Graslandes — in Westeuropa fast ausschließlich Weiden oder Mähweiden — dargestellt (Abb. 3). Aus der Kurve ergibt sich, daß die Düngung der Weiden erst dann stark ansteigt, wenn die Ackerfrüchte etwa optimal mit N versorgt sind. Dieser Vorrang der Ackerfrüchte ist berechtigt, solange Stickstoffdünger nur begrenzt verfügbar ist, weil die N-Düngung bei geringeren Gaben auf dem Ackerland größeren wirtschaftlichen Effekt hat.

In der DDR ist der Stickstoffeinsatz ständig gestiegen. Im Düngejahr 1966/67 wurden 70 kg/ha LN überschritten. Damit dürfte die optimale Versorgung der Ackerfrüchte annähernd erreicht sein, und es ist zu erwarten, daß die N-Düngung des Graslandes, speziell der Weiden, in den nächsten Jahren schnell weiter ansteigen wird.

Zusammenfassung

Aus zahlreichen N-Düngungsversuchen wird die mittlere Produktionsfunktion errechnet. Danach liegt das ökonomische Optimum bei 225 kg N/ha, wobei der Ertrag von 97 dt Trm./ha erzielt wird. Von Standort zu Standort ist das Optimum sehr unterschiedlich. Bei N-Aufwendungen bis zum Optimum ist keine direkte Minderung der Futterqualität zu befürchten. Durch starke N-Düngung kann auf bestimmten Standorten *Dactylis glomerata* oder *Agropyron repens* zur Dominanz gelangen. Insbesondere letztere Art zwingt dann zu Umbruch und Neuansaat; die Ansaaten sind den Dauerweiden in den ersten Jahren zwar im Ertrage etwas unterlegen, liefern jedoch qualitativ besseres Futter.

Резюме

Название работы: Результаты работ по оптимальному удобрению пастбищ азотом

На основе многих опытов по удобрению азотом исчисляется средняя функция выхода. Сообразно с этим экономический оптимум — 225 кг/га азота, при котором достигается урожай сухой массы в 97 ц/га. От местопроизрастания к местопроизрастанию оптимум сильно варьирует. При затрате азота до оптимума нет основания опасаться прямого снижения качества корма. При высоких дозах азота доминирующими растениями на определенных местах могут стать *Dactylis glomerata* или *Agropyron repens*. В особенности последний вид принуждает тогда к перепашке и к новому высеву. В первые годы посеянные травы хотя и отстают по урожайности от долголетних пастбищ, но поставляют качественно лучший корм.

Summary

Title of the paper: Recent results on the optimum nitrogen fertilization of pastures

The mean production function is calculated from many N-fertilization trials. Accordingly, the economic optimum is reached at 225 kg N per ha with a dry matter yield of 97 dt per ha. The optimum differs widely between the sites. No direct reduction of the forage quality is to be expected from N-application up to the optimum. In case of high N-fertilization, *Dactylis glomerata* or *Agropyron repens* may become predominant on certain sites. Above all the latter species would then necessitate ploughing up and reseeding. Although in the first few years newly established pastures are somewhat inferior to the permanent pastures with regard to the yield, they produce forage of higher quality.

Literatur

BAATH, A.: Die Wirkung der N-Düngung und Klarwasserberegnung auf Mineralbodendauergrünland im Norden der DDR. Rostock, Dissertation 1969

BÜHRING, J.: Ein Beitrag zur Wechselwirkung zwischen N-Düngung und Bodenblättern bei Wiederaufnahme des Wachstums der Gräser nach einem Schnitt Z. Landeskultur 8 (1967), S. 273–280

COLBY, W. G.; DRAKE, M.; OOHARA, H.; YOSHIDA, N.; Carbohydrate Reserves in Orchardgrass. Proc. X. Internat. Grassland Congress, Helsinki 1966, S. 151–155

ELLENBERG, H.: Einführung in die Phytologie von H. Walter, 2, I. Teil: Aufgaben und Methoden der Vegetationskunde. Stuttgart, Verlag Ulmer, 1956

HEY, E.: Untersuchungen über den Nitratgehalt von Graslandpflanzen und dessen Beeinflussung unter besonderer Berücksichtigung der Düngung, des Vegetationsstadiums und der Pflanzenart. DAL, Berlin, Dissertation 1967

KALTOFEN, H.; HEY, E.: Das Prinzip des divergierenden Wachstums in einem Vegetationsversuch mit *Phleum pratense*. Z. Landeskultur 9 (1968), S. 275–282

KALTOFEN, H.: Das Nährstoffverhältnis bei steigendem Niveau der Grünlanddüngung. Die Dt. Landwirtschaft 6 (1967), S. 211–214

KLAPP, E.: Grünlandvegetation und Standort. Berlin, Parey-Verlag, 1965

KNABE, O.: Einfluß der N-Düngung auf den Mg-, Cu- und Mn-Gehalt im Weidegras Z. Landeskultur 8 (1967), S. 99–106

KREIL, W.: Zusammenfassende Auswertung der mitgeteilten Ergebnisse. In: Zur Stickstoffdüngung der Weiden. Tag.-Ber. DAL Berlin Nr. 94 (1967), S. 185–191

MEUSEL, H.; JÄGER, E.; WEINERT, E.: Vergleichende Chorologie der Zentraleuropäischen Flora. Jena, VEB Gustav Fischer Verlag, 1965

OOSTENDORP, D.; BOXEM, T.: Stikstofbemesting en gebruikswijte van grasland. Proefstation voor de Akker- en Weidebouw Wageningen, Mededeling Nr. 131 (1967)

PETERSEN, A.: Die Standortbedingtheit der Weiden in der Deutschen Demokratischen Republik. In: Probleme der rationellen Bewirtschaftung von Dauerweiden. Tag.-Ber. DAL Berlin Nr. 52 (1962), S. 7–22

T'HART, M. L.; VAN DER MOLEN, H.: Possibilities for increasing Grassland Productivity with Nitrogen Fertilizers in European Agriculture. Proc. X. Internat. Grassland Congress, Helsinki 1966, S. 36–44

THIMM, H.: Ökonomik des Stickstoffeinsatzes auf Mähweiden. Berlin, DAL, Dissertation 1969

WOJAHN, E.; VON DER WAYDBRINK, W.; DOERNER, K.: Über den Einfluß der Nutzungsdauer, der organisch-mineralischen Düngung und der Entwässerungstiefe auf die bodenbiologische Aktivität und die Erträge von Grasland auf Niedermoor. Zeszyty Problemowe Postepów Nauk Polniczych 72 (1967), S. 103–137

WOLDENDORP, J. W.; PILZ, K.; KOHLENBRANDER, G. J.: The Fate of Fertilizer Nitrogen on permanent Grassland Soils. In: Nitrogen and Grasslands. Proc. First. Gen. Meet. Europ. Grassland Fed., Wageningen 1965, S. 53–68

Anschrift des Verfassers:

Prof. Dr. Wolfgang KREIL
Institut für Grünland und Moorforschung
1551 Paulinenaue

Z. Landeskultur · Bd. 10 · 1969 · H. 4–6 · S. 397–407 · Berlin

Aus dem Institut für Grünland- und Moorforschung Paulinenaue
der Deutschen Akademie der Landwirtschaftswissenschaften zu Berlin

WILHELM SIMON und GÜNTER WATZKE

Ackerfutterproduktion in Grünlandgebieten

Eingegangen: 6. 6. 1969

Unsere Untersuchungen über die Ackerfutterproduktion in Grünlandgebieten setzen Sommerweidehaltung der weidefähigen weiblichen Rinder voraus. Die hier empfohlenen Grundrichtungen der Konservatfutterproduktion sind deshalb nicht ohne weiteres auf Betriebe mit Sommerstallfütterung zu übertragen. Solche Ackerfutterpflanzen, die schwer zu silieren oder zu verheuen sind und wegen zu großer Transportentfernung von > 15 km auch nicht heißluftgetrocknet werden können, scheiden hier weitgehend aus. Dazu gehören vor allem großkörnige Leguminosen, Grünmais, Grünfutter-Lupinen sowie verschiedene Futterzwischenfrüchte.

Auch bei der Konservatfutterproduktion in Grünlandgebieten müssen künftig die technologischen Parameter des Einsatzes und der Auslastung von Maschinenkomplexen vorrangig beachtet werden wie > 25 cm Bestandeshöhe bei > 8 cm Stoppellänge und mindestens 100···120 dt/ha Frischmasse je Aufwuchs sowie Produktion von etwa 20000 t Frischfutter pro selbstfahrenden Häcksler und Jahr, woraus sich große Produktionseinheiten in der Futterproduktion ergeben. Hinzu kommt die Realisierung der Forderungen nach hoher Energiekonzentration seitens der Tierernährung wie > 55 StW % in der Frischmasse (bei Luzerne > 50 StW %) und Einschränkung der Arten zur Verminderung leistungssenkender Futterwechsel.

Zu beachten sind besonders die Parameter der künftigen Flächenleistungen, die bei hoher Anbauintensität in feuchten, futterwüchsigen Lagen sowie bei Bewässerung > 65 dt/ha StW, auf besseren Böden ohne Beregnung > 55 dt/ha StW, auf Sandböden > 40 dt/ha StW betragen. Der Trockenmasseertrag allein darf künftig kein Kriterium für Flächenleistung mehr sein, weil er keine ausreichende Aussage über die tierische Leistung pro Flächeneinheit gestattet. Exakte Untersuchungen über StW-Leistungen/ha sind jedoch erst angelaufen (BEYER, 1967; SCHMIDT, 1968).

Große Produktionseinheiten resultieren schließlich auch aus der Forderung, Silos bzw. größere Siloabschnitte innerhalb von 3···5 Tagen zu befüllen; denn kleine Futtermengen, die entwicklungsbedingt genutzt werden müssen, können nicht anderweitig verwertet werden, es sei denn, daß Massenzuwachs mit Qualitätsminderung erkauft wird.

Gleichzeitig mit der Einhaltung der genannten Parameter der Ackerfutterproduktion sind niedrige Kosten und hohe Arbeitsproduktivität anzustreben.

Für die Auswahl der Ackerfutterpflanzen zur Konservatfutterproduktion sind Standort- und Bewirtschaftungsbedingungen von ausschlaggebender Bedeutung. Wir unterscheiden dabei zwischen vier nachstehenden Gebietsgruppen mit $> 20\%$ Grünland/LN:

1. Gebiete mit hohem Anteil an Mineralbodengrünland ($> 30\%$ der LN) in besonders futterwüchsigen Gebirgs- und Vorgebirgslagen ($\bar{x} < 7{,}7$ °C).
2. Gebiete mit hohem Anteil an Niedermoorgrünland ($> 30\%$ der LN) und rel. trockenem, weniger futterwüchsigem Ackerland (ohne Bewässerung).
3. Gebiete mit mittlerem Grünlandanteil von $< 30\%$ der LN auf Niedermoor, ebenfalls mit rel. trockenem, weniger futterwüchsigem Ackerland.
4. Gebiete mit mittlerem Grünlandanteil von $< 30\%$ der LN im mittelfeuchten norddeutschen Flachland, mittelsächsischen und thüringischen Hügelland und anderen noch rel. futterwüchsigen Lagen.

Hiermit werden die bezüglich der Ackerfutterproduktion unterschiedlichen wichtigsten Grünlandgebiete der DDR weitgehend erfaßt. Auf die Ackerfutterproduktion in Gebieten mit geringerem Grünlandanteil wird hier nicht eingegangen.
Für die genannten vier Gebiete ist zunächst der Entscheid über kontinuierliche oder diskontinuierliche Konservatfutterproduktion wichtig.

Zu 1: Gebiete mit hohem Anteil an Mineralbodengrünland in besonders feuchten, futterwüchsigen Gebirgs- und Vorgebirgslagen ($\bar{x} < 7{,}7$ °C)

Ein großer Teil des benötigten Konservatfutters wird auf dem Schnittgrünland erzeugt, von Wiesen und Mähweiden. Die besondere Futterwüchsigkeit des Standortes verlangt jedoch zur Erzielung hoher Flächenleistungen in der gesamten Pflanzenproduktion einen starken Ackerfutterbau. In nunmehr 16jährigen Fruchtfolgeversuchen unter solchen Standortbedingungen konnten wir nachweisen (SIMON und WERNER, W. 1963, SIMON und WERNER, K. 1966), daß in 7feldrigen Fruchtfolgen durch einjährigen Kleegras-Hauptfutterbau — bei gleichem Düngemittelaufwand — 10 bis 15% höhere Rotationsleistungen an Nährstoff gegenüber futterbaufreien Fruchtfolgen erzielt werden.
Dieser Ackerfutterbau muß dem zeitlichen Futteranfall auf dem Grünland angepaßt werden, um den kontinuierlichen Einsatz von Futtererntebrigaden und eine hohe Auslastung der Erntetechnik zu erreichen. Der 1. Aufwuchs von Welschem Weidelgras — unserer leistungsfähigsten Ackerfutterpflanze (SIMON und GLUTHMANN, 1969) — ist vor dem 1. Grünlandaufwuchs schnittreif, ebenfalls der 1. Knaulgrasaufwuchs. Futterroggen und Grünhafer werden hier künftig auf die für Kleegraseinsaat benötigten Flächen reduziert; Wickgras mit Welschem Weidelgras wird nur soviel angebaut, wie Futterkohl-Zweitfrucht folgt. Kleegras mit Welschem Weidelgras oder Wiesenschwingel ist zumeist zeitlicher Konkurrent mit dem 1. Grünlandschnitt, so daß Rotkleegras mit besonders spätschossenden Gräserarten und -sorten sowie reiner Rotklee, vor

allem etwas spätere, langsam verholzende, polyploide Formen, sich künftig besser in die kontinuierliche Konservatfutterproduktion einordnen. Mit dieser Futterartenfolge sowie mit einer stärkeren Verlagerung der N-Düngung auf den 2. und 3. Aufwuchs läßt sich der unvermeidliche „Futterberg" im Frühjahr reduzieren und bewältigen.

Maisanbau – außer Hauptfruchtmais bis 300 m Höhenlage – hat kaum Bedeutung. Um nach der Aufstallung der Rinder bis Ende November 15···20 kg Futterkohl/RGV-Tag verabreichen zu können, sind 2···2,5 Ar je RGV erforderlich; die Futterkohlkonservierung ist z. Z. noch problematisch[1]. Über den Umfang an Futterrüben muß nach Nährstoffkosten und arbeitswirtschaftlichen Berechnungen örtlich entschieden werden; in Rindergroßanlagen werden Futterrüben aus fütterungstechnologischen Gründen voraussichtlich nicht eingesetzt.

Zu 2: Gebiete mit hohem Anteil an Niedermoorgrünland mit relativ trockenem, weniger futterwüchsigem Ackerland (ohne Bewässerung)

Der Ackerfutterbau muß auf das bodenfruchtbarkeitsbedingte Minimum reduziert werden, wo durch Melioration und Intensitätssteigerung noch höhere Erträge vom Grünland – auch als Konservatfutter – zu erzielen sind. Im Gegensatz zu feuchten Lagen wird außerdem eine kontinuierliche Ackerfutterproduktion schwierig und meistens unwirtschaftlich erkauft. Für den Kampagneeinsatz ist hier Silomais auch fürderhin die wichtigste Konservatpflanze. In Verbindung mit den rel. hohen Schnittfuttermengen vom 1. und 2. Grünlandaufwuchs ergibt sich durch den Silomais mit 25···30 Erntetagen im Herbst bei hoher Maschinenauslastung ein guter arbeitswirtschaftlicher Ausgleich in den Futtererntebrigaden. Der Anteil an Hauptfruchtmais (bzw. sehr früh nach frühschossendem Futterroggen gesätem Zweitfruchtmais) muß hier künftig wesentlich höher sein als derzeitig, um den Mais mit ca. 25% Tr.-S. in der Gesamtpflanze ernten zu können. Dadurch wird einerseits eine verlustärmere Konservierung und eine höhere Trockenmasseaufnahme durch die Rinder erreicht, zum anderen nimmt beim Mais – im Gegensatz zu allen mehrschnittigen Arten – mit zunehmender Vegetationsdauer die Energiekonzentration zu und erreicht Werte von 60···65% StW in der Erntetrockenmasse. In der Zeit zwischen Kolbenansatz und -ausbildung kann täglich mit 100···160 kg/ha Trockenmassezunahme gerechnet werden, bei spätem Zweitfruchtmais ist diese Periode des höchsten täglichen Zuwachses zu kurz.

Die Zuwachsleistung des Maises im Herbst ist am höchsten, die des Futterkohls am längsten anhaltend (Tab. 1).

Außer Mais sollte hier bei hohem Grünlandanteil möglichst wenig oder kein weiteres Ackerhauptfutter angebaut werden. Nur bei hohem Sandbodenanteil kommt Silolupinen-Zweitfrucht in Betracht, die ca. 3···5 Wochen vor ihrer Samenreife gemeinsam mit Silomais siliert werden können und dadurch –

[1] Gute Erfahrungen über Futterkohlsilierung gibt es im LVG Clausberg/Eisenach; Mitt. v. Dr. Steinkopf.

neben NPN-Verbindungen – eine Verengung des Eiweiß:StW-Verhältnisses im Konservat herbeiführen.
Von den zur Bodenverbesserung in Betracht kommenden Ackerhauptfrüchten ordnet sich Luzerne zeitlich am besten vor dem hohen Futteranfall von Schnittgrünland ein. Die Bodenverbesserung sollte hier jedoch weitmöglich über den Zwischenfruchtanbau gelöst werden, vor allem durch zeitig gesäte Wickrapsgründüngung ('–''/8, 50 + 8 kg/ha) vor Mais und Kartoffeln, durch Weißklee-Untersaaten ('' –'''/2, 12 kg/ha) sowie durch frühe Stoppelfrüchte wie Persischen Klee/Einjähriges Weidelgras (''–'''/7, 20 + 12 kg/ha) und div. Hülsenfruchtgemenge (''/7).

Tabelle 1
Täglicher Ertragszuwachs bei Ackerfutterpflanzen im Herbst
(~ kg/ha Trockenmasse; Standort: Börde/Altmark)

Monat / Dekade	Silomais-Hauptfrucht*	Futterkohl-Zweitfrucht**	legume Stoppelfrucht***
'''/ 8	160		< 40
'/ 9	160		60
''/ 9	120	60	80
'''/ 9	60	60	70
'/10	30	60	70
''/10	< 10	50	< 40
'''/10		40	
'/11		< 30	

* „Siloma", bis 15. V. gedrillt (Mitt. Dr. A. Winkel, Bernburg). Bei Grünmais liegt die Zuwachsrate im August wegen der größeren Assimilationsfläche um 30···50% über, von Mitte September an jedoch wegen zu engen Standraumes unter der des Silomaises.

** '''/5···'/6 gedrillter Futterkohl; > 150 kg N/ha.

*** Von '''/8···'/10 ~ 1,6···1,9 kg/ha Rohproteinzuwachs; bei nichtlegumen Stoppelfr. + N < 80 kg/ha/Tag Trockenmasse- und 1,3···1,5 kg/ha/Tag Rohproteinzuwachs (nach Abstimmung mit Dr. M. Körschens, Bad Lauchstädt).

Zu 3: Gebiete mit mittlerem Grünlandanteil von < 30% der LN auf Niedermoor, ebenfalls mit relativ trockenem, weniger futterwüchsigem Ackerland

Auch bei < 30% Grünlandanteil der LN wird noch Sommerweidegang aller weidefähigen weiblichen Rinder vorausgesetzt. Der Schwerpunkt der Konservatfutterproduktion liegt kampagnemäßig auf Silomais, jedoch muß der Umfang an eiweißreicheren Konservaten vom Acker höher sein als im Gebiet 2, da hier bei nur mittlerem Grünlandanteil auch der Anteil an Welksilageprodukten vom Grünland wesentlich geringer ist. Soweit möglich, sollte hier die noch verbleibende Heugewinnung auf das Ackerland, die Gewinnung von eiweißreicherer Silage auf das Grünland verlegt werden. In Rindergroßanlagen wird aus fütterungstechnologischen Gründen voraussichtlich kein Heu eingesetzt. Für die übrige Rinderversorgung wird – soweit überhaupt noch erforderlich – in erster Linie Luzerne zur Heugewinnung angebaut (Tab. 2).

Ergänzend zur Produktion eiweißreicher Konservate vom Grünland erfolgt die Produktion eiweißreicher Anwelksilagen vom Acker künftig besonders durch Luzernegras, auf etwas frischeren Böden durch Wickgras oder Rotkleegras, auf Sandböden durch Silolupinen, außerdem durch Zuckerrübenkraut.
Kontinuierliche Ackerfutterproduktion wird in diesen rel. trockenen Lagen ohne Bewässerung nicht möglich ist unwirtschaftlich, mit Bewässerung jedoch ist sie geradezu ein Erfordernis, worauf bei den Betrachtungen zum Grünlandgebiet 4 eingegangen wird.

Tabelle 2
Heu vom Ackerland, Welkgrassilage vom Grünland

Vorteile des Ackerheus	Vorteile der Welkgrassilage
Eiweiß- und mineralstoffreiches Heu von Kleegras, Luzerne und Winterwickgemengen Schnelle Vortrocknung zur Kaltbelüftung Erhöhte Bodenfruchtbarkeit durch Leguminosenanbau assim. N-Gewinn im Boden 30···120 kg/ha Vorfruchtgewinn 80···250 M/ha	billigste und sicherste, verlustarme Konservierung eiweißreicher, nährstoffkonzentrierter junger Gräser tierphysiologische Wirkung fast wie beim Frischfutter Schmackhaft, dadurch Erhöhung des Grundfutteranteils aus der Ration sehr gute N-Wirkung auf Schnittgrünland Entlastung vom N- und humuszehrenden Ackerfutterbau

Weitere Vorteile: beschleunigte Futterernte durch wahlweise Heu- oder Silagegewinnung, geringere Witterungsabhängigkeit, höhere Arbeitsproduktivität, beträchtliche Kosteneinsparung, höhere tierische Leistung.
Voraussetzungen: massive hohe Silos (> 4 m) oder sehr gute Siliertechnik in flachen Silos, Heubelüftungsanlagen, ausreichendes N-Angebot, moderne Erntetechnik.

Zu 4: Gebiete mit mittlerem Grünlandanteil von <30% der LN im mittelfeuchten norddeutschen Flachland, mittelsächsischen und thüringischen Hügelland und anderen noch futterwüchsigen Lagen

Ergänzende Ackerweide zur Verlängerung der Grünfutterperiode sowie zur Nutzung schwächer wüchsiger, nicht schnittwürdiger Ackerhaupt- und -zwischenfrüchte spielt in den Gebieten 3 und 4 auch bei der künftigen Rinderweidehaltung eine bedeutende Rolle hinsichtlich Leistungssteigerung, höherer Arbeitsproduktivität und Kostensenkung (SIMON, 1966).
Da im Gebiet 4 der Anteil an Schnittgrünland durch höhere Besatzstärken auf den Weiden und durch die Melioration der Wiesen künftig reduziert werden kann, liegt hier der Konservatfutterbedarf vom Acker höher als in den vorgenannten Gebieten. Unter diesen futterwüchsigen Bedingungen muß weitgehend kontinuierliche Ackerfutterproduktion betrieben werden, wenngleich auch hier Silomaishauptfrucht unter noch geeigneten Bedingungen große Bedeutung hat.
Bei der Planung der kontinuierlichen Konservatfutterproduktion haben sich unsere nach Dekaden geordneten Schemata der Futterplanung

vielfältig bewährt, so daß sie zur allgemeinen Verwendung in LPG und VEG empfohlen werden (SIMON, 1968).
Zunächst soll das Wesen der kontinuierlichen Futterproduktion kurz erklärt werden.
Mit Futterkontinuität wird die quantitativ weitgehend gleichbleibende hohe Produktion von qualitativ hochwertigem Futter vom Grün- und Ackerland für die Frischverfütterung und Konservierung bezeichnet. Sie ist die Voraussetzung für hohe tierische Leistungen sowie für den kontinuierlichen Einsatz von Arbeitsbrigaden und für die Auslastung der Ernte- und Konservierungstechnik. Sie setzt einen hohen Intensitätsgrad der Landwirtschaft voraus und ist gekennzeichnet durch großfeldrigen Anbau weniger Futterpflanzen mit hohen, schnittwürdigen Aufwuchs- und Jahreserträgen.
Das Problem der Futterkontinuität ist historisch gewachsen. Wir halten die synonyme Verwendung des Begriffes „Grünes Fließband" nicht mehr für tragbar, da dieses durch eine Vielzahl von Futterpflanzen ausschließlich für die Grünfütterung und durch einen niedrigen Intensitätsgrad der Landwirtschaft gekennzeichnet war. Mit zunehmender Konzentration und Spezialisierung der landwirtschaftlichen Produktion entwickelt sich unter sozialistischen Produktionsbedingungen schrittweise eine industriegemäße Futterproduktion mit kontinuierlichem Angebot hochwertigen Futters.
Die kontinuierliche Produktion quantitativ und qualitativ weitgehend gleichbleibenden Futters mit hoher Energiekonzentration gilt unter futterwüchsigen Standort- und Bewirtschaftungsbedingungen gleichermaßen für die Grün- und Konservatfutterproduktion. Denn auch bei der Konservatfutterproduktion — ergo auch beim Konservateinsatz — kann Futterwechsel nur durch weitgehend gleichbleibende Energiekonzentration während der Ernte vermindert oder vermieden werden. Folgende Zahlen vermögen zu demonstrieren, wie schnell mehrschnittige Futterpflanzen im Verlaufe ihrer Aufwuchsentwicklung am Nährwert verlieren (Tab. 3).

Tabelle 3
Abnahme des Stärkewertgehaltes bei Futterpflanzen in % pro Tag (BEYER — 1967)

	1. Aufwuchs	2. Aufwuchs	3. Aufwuchs
Luzerne-Hauptnutzungsjahre	0,50···0,55	0,50···0,55	0,40
Rotklee-Hauptnutzungsjahr	0,50	0,50	0,40
Grünlandgras, vorwiegend Wiesenschwingel	0,60···0,80	0,25	0,25

Innerhalb von 3···5 Tagen, der opt. Befülldauer eines Silos, ist die Abnahme der Energiekonzentration noch unbedeutend, jedoch ist der Qualitätsabfall zwischen den zuerst und zuletzt gefüllten Silos bereits bedeutsam, sofern über mehr als eine Woche von ein und demselben Schlag Gras bzw. Leguminosen-Gras-Gemenge geerntet worden ist. Beim Konservatfuttereinsatz müssen diese Differenzen berücksichtigt werden.

In der Abbildung 1 sind die optimalen Nutzungsspannen dargestellt, die jeweils mit dem Erreichen des Höchstertrages an Rohprotein beginnen und mit dem Erreichen des Höchstertrages an Stärkewerte enden. Außerdem wurden die Schnitterträge der einzelnen Aufwüchse — bezogen auf $\bar{x}$-Erträge — vermerkt. Besonders hinzuweisen ist auf die hohen Erträge und die kurzen optimalen Nutzungsspannen beim ersten Aufwuchs. Durch Sortenwahl und Düngung kann die Nutzungsspanne erweitert werden.

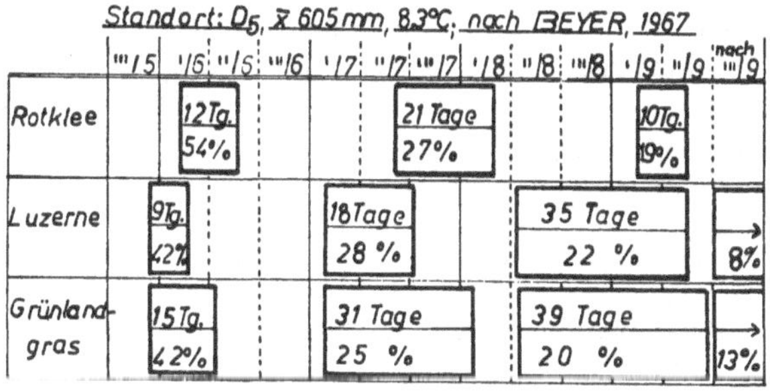

Abb. 1: Optimale Schnittzeitspannen

Kontinuierliche Futterproduktion setzt eine effektive Ausnutzung der Intensitätsfaktoren Nährstoff, Wasser und Sorte voraus.
An erster Stelle ist der Stickstoff zu nennen, der unter den gegenwärtigen Produktionsbedingungen, die wirkungsvollste Intensitätsmaßnahme darstellt. Stickstoff bewirkt vor allem eine bessere Ertragsverteilung auf die einzelnen Aufwüchse bei den nichtlegumen, mehrschnittigen Futterpflanzen (Tab. 4). Dabei muß aber betont werden, daß unser Wissen über die Steuerung des Aufwuchses durch entsprechende N-Verteilung in Abhängigkeit von Wasser und Wärme noch sehr lückenhaft ist. Abgesehen vom Eiweißgehalt beeinflußt der Stickstoff die Futterqualität d. h. insbesondere die Energiekonzentration direkt nur unwesentlich, indirekt aber dadurch, daß in einem früheren Entwicklungsstadium schnittfähigere Bestände erzielt werden.

Tabelle 4
Einfluß der N-Düngung auf die Höhe der einzelnen Schnitterträge bei Rotkleegras, (R/WW) und Welschem Weidelgras (WW)
($\bar{x}$ 1964···66, Jahnsdorf V/5; 868 mm; 7,5 °C; GLUTHMANN — 1968)

Futterpflanzenart	N kg/ha	1.	2.	3.	4.	5.	TM dt/ha insgesamt
Rotkleegras	120	55%	29%	16%	—	—	115,9
(m. Welsch. Weidelgras)	360	40%	32%	16%	12%	—	146,0
Welsches	120	60%	29%	11%	—	—	90,0
Weidelgras	360	41%	28%	13%	10%	8%	155,4
Verteilung	120	80	40	—	—	—	—
der N-Düngung	360	160	120	80	—	—	—

Mittels der Bewässerung wird es künftig möglich, in ursprünglich weniger futterwüchsigen, warmen, trockenen Lagen eine kontinuierliche Futterproduktion zu erreichen. Zur Erhöhung der Wirtschaftlichkeit von Beregnungsanlagen ist eine hohe Konzentration des Futter- und Betarübenanbaues auf der Beregnungsfläche Voraussetzung. Mehrschnittige Arten, wie Welsches und Einjähriges Weidelgras, Kleegras, Knaulgras, in wärmeren Lagen und auf besseren Böden auch Luzernegras, reagieren auf N und Wasser besonders stark. Größere Bewässerungswirksamkeit ist nur bei hohen Tagesmitteltemperaturen zu erreichen, z. B. bei Luzerne über 15 °C, bei Rotklee über 12 °C, bei Gräsern über 10 °C, d. h. die Möglichkeit des Einsatzes von Beregnungsanlagen nimmt in dieser Reihenfolge zu. Durch die Beregnung wird auch eine bessere Schnittertragsverteilung erreicht (Tab. 5).

Tabelle 5
Schnittertragsverteilung bei Gräsern und Leguminosen in Abhängigkeit von der Beregnung
$\bar{x}$ 1964···1966; Berge, Krs. Nauen, D/4; 544 mm; 8,1 °C
(BREUNIG u. KLATT — 1968)

Arten	Behandlg.	1.	2.	3.	4.	dt/ha TM
Gräser ($\bar{x}$ v. 7 Arten)	↑ unberegnet	43%	23%	19%	15%	90,5
(240 kg N/ha)	beregnet	37%	29%	21%	13%	105,5
Leguminosen	↑ unberegnet	33%	34%	23%	10%	73,5
($\bar{x}$ v. 5 Arten)	beregnet	28%	34%	26%	12%	85,9

Von besonderem Interesse ist der Ertragszuwachs beim 2. und 3. Aufwuchs, da durch die Bewässerung hier oft erst die Schnittfähigkeit erreicht wird.
Eine direkte Qualitätsverbesserung ist auch durch die Beregnung nicht zu erwarten; denn weder durch die Beregnung noch durch die N-Düngung wird eine wesentliche Beeinflussung des physiologischen Reifezustandes der Pflanzen erreicht. Beide Intensitätsfaktoren wirken lediglich auf die Ertragshöhe, nicht aber auf das Entwicklungsstadium ein.
Erst durch Sortenwahl werden Verschiebungen in der optimalen Nutzungsspanne ermöglicht, weil Entwicklungsrhythmus und Wachstumsintensität der Pflanzen vorwiegend genetisch bedingt sind. Am Beispiel des Einjährigen Weidelgrases wird gezeigt, daß die einzelnen Sorten eine unterschiedliche Schnittertragsverteilung aufweisen.
Neuere Versuchsergebnisse deuten an (BOSNJAK — 1968; LUSK — 1968), daß eine aktive Beeinflussung der Futterpflanzenqualität durch die Züchtung möglich ist, insbesondere geht es um die Beeinflussung der Energiewertkonzentration. Je nach Standort und Bewirtschaftungsintensität wird die Futterproduktion strukturbestimmender oder ergänzender Produktionszweig; dies wiederum bedingt, ob kontinuierliche oder diskontinuierliche Futterproduktion zu bevorzugen ist (Tab. 6).
Abschließend sei nochmals betont, daß nur bei ausreichendem Wasser- und N-Angebot beträchtliche Vorteile der kontinuierlichen Futterproduktion vom

Acker- und Grünland eintreten. Nur unter futterwüchsigen Bedingungen wird künftig auch eine durchgehende oder periodische Grünfütterung mit voller oder teilweiser Grünfütterung möglich sein. Vor allem und zunächst gilt dies für die auf hohe Leistungssicherheit orientierten Milchviehgroßanlagen. Bei Einhaltung hoher tierischer Leistungsparameter kommt hierbei unter trockenen Bedingungen ohne Bewässerung kontinuierliche Futterproduktion zur Grünfütterung nicht in Betracht, und kontinuierliche Konservatfutterproduktion vom Acker wird nur unter Einbeziehung relativ ertragsschwacher Futterpflanzen möglich, deshalb unwirtschaftlich.

Tabelle 6
Standort- und intensitätsabhängige Futterproduktion

Futterproduktion

strukturbestimmend	nicht strukturbestimmend	
Kontinuierliche Produktion	Erntekampagne Herbst	
> 620 mm – ohne Bewässerung < 560 mm, > 8,0 °C – mit Bewässerung Auf Sandböden Einstaubewässerung $\bar{x} > 240$ kg N/ha Futterfläche	trockene Lagen, grundwasserferne Böden, warme Lagen;	ohne Bewässerung
	$\bar{x} < 150$ kg N/ha zu Futterpflanzen (außer zu Futterkohl)	
Exakter Mengen-, Qualitäts- und Zeitplan mit mehrschnittigen Arten erforderlich, besonders Welsches und Einjähriges Weidelgras, Rotklee- und Wickgrasgemenge sowie Luzerne und Luzernegras	Silomaishaupt- und -zweitfrucht, Futterkohlhaupt- und -zweitfrucht sowie Betarüben zur Futterproduktion	besonders geeignet

Vermerkt sei noch, daß wir unter Kontinuität nicht nur kontinuierliche Ernte verstehen, sondern daß in großen Produktionseinheiten auch die Kontinuität der Bestellung, der Düngung, der Bewässerung bzw. des Gülleeinsatzes für Futterpflanzen einbezogen sind.

Zusammenfassung

Nach Standort- und Bewirtschaftungsbedingungen und nach Grünlandanteil werden vier Gebiete mit unterschiedlicher Form der Konservatfutterproduktion dargestellt; Gebiete mit weniger als 20% Grünland/LN werden nicht behandelt. Kontinuierliche Futterproduktion vom Grün- und Ackerland zur Grün- und Konservatfutterproduktion ist nur unter futterwüchsigen Bedingungen – bei ausreichendem Wasser und N-Angebot – möglich und vorteilhaft. Unter trockenen Bedingungen wird dies nur unter Einbeziehung rel. ertragsschwacher

Futterpflanzen möglich, deshalb a priori unwirtschaftlich. Die Problematik der Futterkontinuität sowie die Parameter der künftigen Futterproduktion werden erklärt.

Резюме

Название работы: Полевое кормопроизводство в лугопастбищных районах
С учетом условий местопроизрастаний и хозяйственного использования, а также удельного веса лугов и пастбищ сообщается о четырех районах с различной формой производства консервируемых кормов. Районы, в которых зеленые угодья составляют менее 20%всей сельскохозяйственной площади, не рассматриваются. Беспрерывное кормопроизводство на лугопастбищных угодьях и на пашне для производства зеленых и консервируемых кормов осуществимо и выгодно лишь в условиях хорошего произрастания кормовых культур, т.е. при достаточном предложении воды и азотного удобрения. В засушливых условиях такое кормопроизводство обеспечивается лишь при включении относительно малоурожайных кормовых растений, вследствие чего оно нерентабельно. Излагаются проблематика беспрерывного кормопроизводства и будущие его параметры.

Summary

Title of the paper: Field forage production in grassland areas
Four areas with different forms of forage production for conservation are presented according to conditions of site and management as well as to the percentage of grassland. Areas with less than 20 per cent grassland in the total agricultural area are not included. Continual production of forage plants on grassland and fields to provide green forage and conserved feeds is possible and profitable only under conditions favourable for growing forage plants (sufficient supply of water and nitrogen). Under dry conditions this is possible only by including relatively low-yielding forage plants and, therefore, inefficient from the beginning. The problems of continual forage supply as well as the parameters of future forage production are discussed.

Literatur

BEYER, M.: Einfluß von Nutzungszeitpunkt und Nutzungsfolge auf den Futterwert und den Ertrag an verdaulichen Nährstoffen bei mehrjährigen Grünfutterpflanzen. DAL-Berlin, Diss. 1967

BOSNJAK, D.: Überprüfung der Leistungseigenschaften von einigen einheimischen Luzernevarietäten in der Region von Ostslovenien. Savremena poljoprivreda, Novi Sad 16 (1968), S. 215–226

BREUNIG, W.; KLATT, F.: Untersuchungen über Beregnungsmengen, -zeitpunkte und Düngung zu Gräsern und Kleearten. Forschungsabschlußbericht 1968 (Plan-Nr. 4501-0157), Inst. f. Acker- und Pflanzenbau der Humboldt-Universität Berlin

LUSK, J. W.: Silage compared in dairy study. Missisippi Farm Res., 31 (1968) S. 2

SCHMIDT, L.: Die Änderungen von Futterwert und Nährstoffertrag des Grüngetreides im Verlauf der Vegetation bei unterschiedlicher Stickstoffdüngung unter besonderer Berücksichtigung von Möglichkeiten zur Einschätzung des Futterwertes aus leicht bestimmbaren Kriterien. DAL-Berlin, Diss. 1968

SIMON, W.; WERNER, W.: Der Einfluß von Futterpflanzen als Haupt- und Zwischenfrüchte auf die Erträge und die Fruchtbarkeit verschiedener Böden. Teil III: Erträge von Fruchtfolgen mit unterschiedlichem Futterpflanzenanteil auf Lehmböden in feuchter Lage. Albr.-Thaer-Archiv 7 (1963), S. 261–288

SIMON, W.; WERNER, W.: Der Einfluß von Futterpflanzen als Haupt- und Zwischenfrüchte auf die Erträge und die Fruchtbarkeit verschiedener Böden. Teil VII: Erträge von Fruchtfolgen mit unterschiedlichem Futterpflanzenanteil auf Gneisverwitterungsböden in sehr feuchter Lage. Albr.-Thaer-Archiv 10 (1966), S. 312–342

SIMON, W.: Wirtschaftliche Ackerweide. VEB Dt.-Landw. Verlag Berlin 1968

SIMON, W.; GLUTHMANN, H.: N-Düngung zu Ackerfuttergräsern in feuchten Lagen. Feldwirtschaft 1969 (im Druck)

SIMON, W.: Arbeitsschema für die Planung der Futtererzeugung. Material des Institutes für Grünland- und Moorforschung Paulinenaue 5. Auflage 1968

N. N.: Bericht über die Haupt- und Kontrollprüfung mit Einjährigem Weidelgras, 1965, der Zentralstelle für Sortenwesen der DDR in Nossen (Für die Erteilung der Publikationsgenehmigung sei auch an dieser Stelle gedankt).

Anschrift der Verfasser:

Prof. Dr. habil. Wilhelm SIMON und Dr. Günter WATZKE
Institut für Grünland- und Moorforschung
1551 Paulinenaue

Z. Landeskultur · Bd. 10 · 1969 · H. 4–6 · S. 409–413 · Berlin

Aus dem Institut für Grünland- und Moorforschung Paulinenaue
der Deutschen Akademie der Landwirtschaftswissenschaften zu Berlin

OTTO KNABE und GERHARD WEISE

Probleme der Futterkonservierung

Eingegangen: 15. 6. 1969

Gegenwärtig bestehen die Grundfutterrationen für Wiederkäuer zu etwa 55% aus Konservaten; dieser Anteil wird sich künftig im Zusammenhang mit der industriemäßigen Produktion in der Milchviehhaltung noch erhöhen. Die Forderungen in der Milchproduktion nach höchster Leistung je Tier und hoher Qualität der Endprodukte bei maximalem Grundfutteraufwand setzen höchste Qualität des Grundfutters, also auch der Konservate voraus. Die Qualität des Grundfutters wird im wesentlichen durch hohe Nährstoffkonzentration und durch gute Schmackhaftigkeit gekennzeichnet, wie mindestens 500 g StW/kg Tr.-M. und einer Futteraufnahme von 12 kg Tr.-M. je RGV/Tag. Aus diesen Forderungen und dem gegenwärtigen Stand leiten sich auch die Probleme und Aufgaben der Forschungsarbeiten auf dem Gebiet der Futterkonservierung ab, die auf das Ziel gerichtet sein müssen, das Futter mit niedrigsten quantitativen und qualitativen Verlusten zu konservieren. Dazu ist erforderlich, bereits angewandte Konservierungsverfahren den industriemäßigen Bedingungen der Futterproduktion entsprechend weiter zu entwickeln und zu vervollkommnen. Ferner sind neue Konservierungsverfahren zu entwickeln, die den neuesten Erkenntnissen benachbarter Wissensgebiete, wie der Lebensmittelchemie, Mikrobiologie, Chemie und Physik Rechnung tragen. Die Futterkonservierung ist als letzte Stufe der Futterproduktion ein wesentlicher Faktor derselben und gewinnt zunehmend an Bedeutung. Im Jahre 1968 wurden deshalb auch in Paulinenaue Forschungsarbeiten zu dieser Thematik aufgenommen.

Die folgenden Ausführungen sollen zu den offenen Problemen der Futterkonservierung aus der Sicht der naturwissenschaftlichen Grundlagenforschung einen Überblick geben.

In den nächsten Jahrzehnten werden die Silierung, die chemische Konservierung und die Trocknung die wichtigsten Konservierungsverfahren sein. Durch die Silierung wird jedoch der überwiegende Anteil des Futters haltbar gemacht.

Ein Hauptproblem der Silierung besteht darin, dieses Konservierungsverfahren für alle angewandten Bedingungen risikolos und verlustarm zu gestalten. Dazu ist die Kenntnis der Konservierungseignung der einzelnen Futterpflanzen erste Voraussetzung. Zu dieser Problematik liegen aus den letzten Jahren eine Vielzahl von Untersuchungen vor, von denen die Arbeiten von WEISSBACH (1960) besonders hervorzuheben sind. Nach diesen Ergebnissen bietet die Ermittlung der Pufferkapazität bzw. des Rohproteingehaltes und des Zuckergehaltes die Möglichkeit, die Silierbarkeit des Ausgangsmaterials zu charakterisieren. Aus dem Verhältnis von Pufferkapazität bzw. Rohprotein zu Zuckergehalt läßt sich ableiten, ob die Futterpflanzen leicht silierbar sind oder ob der Zusatz von Siliermitteln, ein Anwelken oder die chemische Konservierung erforderlich ist. Der optimale Anwelkgrad kann von diesen Werten ebenfalls abgeleitet werden. Allerdings sind die bisher zu dieser Problematik vorliegenden Ergebnisse noch nicht für alle Futterpflanzen und unter allen Bedingungen anwendbar. Besonders gilt es, Neuzüchtungen und den Einfluß der Düngungsintensität zu erfassen. Andererseits ist offen, ob nicht auch andere Kriterien zur Kennzeichnung der Konservierungseignung herangezogen werden können.

Eine Frage der Konservierungseignung ist auch das „Trocknungsverhalten", d. h. das unterschiedliche Wasserabgabevermögen verschiedener Futterpflanzen unter gleichen Bedingungen zum Erreichen des optimalen Anwelkgrades. Untersuchungen von KOHLER (1967) sowie von HÜBNER u. WAGNER (1968) geben dazu erste interessante Hinweise, denen weiter nachgegangen werden sollte und die sicherlich auch in der Züchtung Beachtung finden werden.

Das Ziel der Forschungsarbeiten auf diesem Gebiet ist es, ein umfangreiches Untersuchungsmaterial für die Praxis tabellarisch zu ordnen, aus dem dann jeweils nach der Ermittlung leicht bestimmbarer Kennwerte die Konservierungseignung abgelesen werden kann.

Ein weiteres, sehr wichtiges Problem ist die Quantifizierung der Teilverluste bei den einzelnen Konservierungsverfahren. Gegenwärtig sind die Kenntnisse über die Höhe und Ursachen der Gesamtverluste noch recht unvollständig, da die einzelnen Teilverlustquellen noch nicht ausreichend erfaßt werden. Das betrifft insbesondere die Feldverluste in Abhängigkeit von der Witterung und der angewandten Erntetechnologie und die Silierverluste unter Berücksichtigung von Sickersaft, Gärgas, flüchtigen Inhaltsstoffen sowie der Verluste, die nach der Entnahme aus dem Silierbehälter bis zur Verfütterung durch Nachgärungen entstehen. Witterungsbedingt können besonders beim Anwelken die Feldverluste recht hoch sein. Die in den letzten Jahren von verschiedenen Autoren empfohlene Anwendung von Sikkantien könnte hier Abhilfe schaffen. Allerdings sind die Verluste, insbesondere die qualitativen, die bei dieser Anwelkmethode auftreten, noch nicht bekannt und außerdem sind bisher noch keine chemischen Verbindungen bekannt, die eine erfolgsversprechende sikkative Wirkung bei Gramineen zeigen.

Die Verluste, die bei der Silierung durch die Bildung von Gärgas (CO_2) entstehen und die durch die erforderliche Gärung unabdingbar sind, können unter Beachtung der Konservierungseignung der Futterpflanzen und der Anwendung von Silierhilfen (Anwelken bzw. Silierzusätze) in entsprechenden Silobehältern auf ein Minimum reduziert werden. Diese Verluste sind also verfahrensbedingt und betragen etwa 5–7%. Gelänge es also, die Verluste an Sickersaft, die Oberflächen- und Randverluste sowie die Verluste durch Nachgärungen im wesentlichen zu unterbinden und die Feldverluste erheblich zu reduzieren, so könnten bei der Silierung Nährstoffverluste von etwa 10% als real angesehen werden.

Um diesen Wert zu erreichen, müssen für die Silierung aber verstärkt chemische Mittel eingesetzt bzw. entwickelt werden. Das betrifft insbesondere Silierzusätze,

Zudeckmaterialien und Verbindungen, die eine Nachgärung verhindern. Im Zusammenhang mit den relativ hohen Nährstoffverlusten bei der Silierung gewinnt die Frage an Bedeutung, ob bei einer chemischen Konservierung die Verluste generell geringer sind. Bei den Futterhackfrüchten zeichnet sich diese Tendenz klar ab und in der Kartoffelkonservierung ist die chemische Konservierung der traditionellen Vergärung bezüglich der Nährstofferhaltung weit überlegen.

Für die chemische Konservierung von Grünfutterstoffen sind die besonders in den skandinavischen Ländern eingesetzten Mineralsäuren oder organischen Säuren oder das Ammoniumhydrogensulfat sowie Sulfite nur begrenzt anwendbar, da durch diese Verbindungen in der Regel die Futteraufnahme stark reduziert wird. Die Suche nach geeigneten chemischen Verbindungen für die chemische Konservierung, aber auch nach Silierzusätzen mit einer optimalen selektiv-bakteriostatischen Wirkung ist daher ein wichtiges Arbeitsgebiet.

Zusammenfassend kann zu dem Problem der Quantifizierung der Teil- und Gesamtverluste festgestellt werden, daß die Ergebnisse derartiger Untersuchungen wesentliche Grundlagen für die Wahl einer optimalen Erntetechnologie, den Bau von Konservierungseinrichtungen, den ökonomischen Vergleich verschiedener Konservierungsverfahren sowie für die Entwicklung und Anwendung chemischer Stoffe darstellen.

Mit der weiteren Entwicklung der Energiewirtschaft und der chemischen Industrie ist zu erwarten, daß neue Konservierungsverfahren entwickelt werden und an Bedeutung gewinnen. Als Beispiele hierfür können die Gefrierkonservierung und die Sterilisierung mit energiereichen Strahlen angeführt werden.

Für die industriemäßige leistungsgerechte Fütterung von größeren Rinderbeständen kann die Konservierung kompletter Rationen im Hinblick auf die Fütterungstechnologie große Vorteile bringen. Die Verfahrensgrundlagen für diese drei genannten Verfahren sind jedoch noch nicht geklärt. Ein weiterer wesentlicher Problemkreis umfaßt die Ermittlung des Futterwertes der verschiedensten Konservate im Vergleich zum Ausgangsmaterial. Diese Thematik berücksichtigt sowohl die quantitativen als auch die qualitativen Verluste, die bei der Konservierung auftreten und beinhaltet folgende Kriterien: Einfluß der Konservierung auf Verzehrsleistung, Verdaulichkeit, Verwertung, Qualität des tierischen Endproduktes und den Gesundheitszustand der Tiere.

Die eingangs zitierte Forderung nach einer täglichen Futteraufnahme von 12 kg Tr.-M./RGV wird vielfach bei Silagen nicht erreicht und besonders bei Frischsilagen erheblich unterschritten. Diese geringe Verzehrsleistung ist nicht nur auf eine unbefriedigende Silagequalität oder den Zusatz von Siliermitteln zurückzuführen. Vielmehr kann angenommen werden, daß bei gut gelungenen Silagen eine spezifische Geschmacks- und Geruchsbeeinflussung vorliegt. Die wirklichen Ursachen sind aber noch ungeklärt und Forschungsarbeiten zum Thema „Geschmackstoffe“ gewinnen an Bedeutung, zumal der Einsatz synthetischer Geschmackstoffe durchaus denkbar wäre. Zur Thematik der Futteraufnahme gehören auch Untersuchungen über den Einfluß der physikalischen Struktur der Konservate. Die aus der Literatur bekannten Ergebnisse über die Verdaulichkeit der verschiedensten Konservate sind sehr unvollständig und in den meisten Fällen sind die vorhandenen Werte bei den Silagen noch mit dem Fehler der unterlassenen Korrektur für den Gehalt an flüchtigen Inhaltsstoffen behaftet. Es fehlen gleichfalls beweiskräftige Untersuchungen über die Abhängigkeit der Verdaulichkeit von der Silagequalität. Zur objektiven Einschätzung des Futterwertes der Konservate und auch zur ökonomischen Beurteilung der Konservierungsverfahren sind diese Lücken zu schließen. Die Bedeutung der Untersuchungen auf Verdaulichkeit zur Beurteilung der Qualität der Konservate zeigen besonders die Untersuchungsergebnisse von HENK und LAUBE (1968) an Trockengrünfutter. Bis zum Bekanntwerden dieser Untersuchungen bestand allgemein die Auffassung, daß bei der technischen Trocknung nur niedrigste Verluste auftreten und daß der Futterwert des Ausgangsmaterials nahezu erhalten bleibt.

Es zeigte sich jedoch, daß bei unsachgemäßer Trocknerführung die absoluten Verluste an verdaulichem Rohprotein infolge starker Depression der Verdaulichkeit 28% betrugen.

Zur Problematik, Beeinflussung des tierischen Endproduktes durch die Konservatfütterung, liegen bereits einige Erfahrungen vor. Besonders der negative Einfluß der Buttersäurebildner auf die Käsequalität führte bereits vor Jahrzehnten zu strengen Maßnahmen in den für die Käseproduktion zuständigen Milcheinzugsgebieten. Auch der unterschiedliche Einfluß von Verbindungen und Abbauprodukten in Silagen sowie verschiedener Konservatformen auf den intermediären Stoffwechsel und auf die Futteraufnahme konnte in verschiedenen Arbeiten nachgewiesen werden. Es kommt in den weiteren Untersuchungen darauf an, aufbauend auf dem bekannten Wissen noch exakter den spezifischen Einfluß der Konservate auf die tierische Produktion zu erkunden, um einen zielgerichteten Einsatz sowie eine spezifische Aufarbeitung der Konservate je nach dem zu produzierenden Endprodukt vorzunehmen. Faktoren, wie Zerkleinerungsgrad, Konservierungsverfahren und chemische Zusätze sollten dabei im Mittelpunkt stehen. Eine negative Wirkung der Buttersäurebakterien und die ungünstige Geschmacksbeeinflussung von Trinkmilch durch fehlgegorene Silage wird automatisch ausgeschaltet, wenn durch Beachtung der Kenndaten für die Konservierungseignung durch entsprechende Maßnahmen ein einwandfreies Konservat gewonnen wird.

Zusammenfassung

Die Verfahren der Futterkonservierung können und müssen durch eine intensive, zielgerichtete Grundlagenforschung entscheidend verbessert werden, um eine kontinuierliche Versorgung der Rinderbestände mit einem qualitativ hochwertigen und billigen Grundfutter zu sichern. In einem Überblick werden dazu, z. T. aus prognostischer Sicht, die erforderlichen Forschungsarbeiten zu Problemen der Konservierungseignung der Futterpflanzen, der Ermittlung von Teil- und Gesamtverlusten bei der Konservierung und der Futterqualität von Konservaten skizziert.

Резюме

Название работы: Проблемы консервирования кормов

Для обеспечения бесперебойного снабжежения крупного рогатого скота высококачественным и дешевым основным кормом требуется существенное улучшение методов консервирования кормов на основе интенсивных целенаправленных теоретических исследований. В обзоре отмечены, отчасти в виде прогноза, требуемые научные исследования по проблемам пригодности кормовых растений к консервированию, определения частичных и общих потерь при консервировании и качества консервированного корма.

Summary

Title of the paper: Problems of fodder conservation

The methods of foddeı conservation can and must be decisively improved by means of intensive and systematic basic research efforts in order to guarantee a continuous supply of cattle populations with a high-quality and low-cost basic feed. A survey is given – in part of prognostic character – of the necessary research work on the problems of conservation suitability of forage plants, determination of partial and total losses in conservation and quality of the forage conserves.

Literatur

HENK, G.; LAUBE, W.: Untersuchungen zur Heißlufttrocknung von Grünfutter 2. Mitt. Verluste an verdaulichen Nährstoffen. Archiv für Tierernährung 18 (1968) H. 5, S. 437–445

HUEBNER, R.; WAGNER, F.: Beitrag zum Anwelk- bzw. Abtrocknungsverlauf einiger Futterpflanzen. (Vorläufige Mitteilung 14 (1968), Wirtschaftseigene Futter, S. 218–230

KOHLER, W.: Das Trocknungsverhalten von Futterpflanzen. Wirtschaftseigene Futter 13 (1967) S. 68–81

WEISSBACH, F.: Beziehungen zwischen Ausgangsmaterial und Gärungsverlauf bei der Grünfuttersilierung. Habilschrift, Rostock 1969

Anschrift der Verfasser:

Dr. habil. Otto KNABE und Dr. Gerhard WEISE
Institut für Grünland- und Moorforschung
1551 Paulinenaue

Z. Landeskultur · Bd. 10 · 1969 · H. 4–6 · S. 415–431 · Berlin

Aus dem Institut für Grünland- und Moorforschung Paulinenaue
der Deutschen Akademie der Landwirtschaftswissenschaften zu Berlin

JOACHIM NISCHWITZ

Technologie der Mähgrasernte in LPG und VEG mit spezialisierter Produktion

Eingegangen: 18. 6. 1969

Rückblickend auf die Entwicklung, die die Technologie der Futterernte in den vergangenen Jahren seit 1949 genommen hat, läßt sich feststellen, daß auch auf diesem Gebiet beachtliche Fortschritte erzielt worden sind. Dennoch kann man mit dem Erreichten keineswegs zufrieden sein; in vieler Hinsicht stehen wir – allerdings auf qualitativ höherer Stufe – wieder am Anfang. Das ist erklärlich, stellt doch die Futterproduktion im Vergleich zu anderen Produktionszweigen sehr vielgestaltige und unterschiedliche Ansprüche an die Produktionsverfahren. Denken wir nur an in ihren Mechanisierungsbedingungen so unterschiedliche Kulturen wie Mähgras und Mais oder an die Konservatformen Heu, Silage und Trockengrün und schließlich an die Unterschiede zwischen dezentralisierter Produktion in einzelnen LPG und VEG und konzentrierter Produktion in den KOG.

Zunächst ging es darum, die Mechanisierung auf diesem im Bereich der landtechnischen Forschung bei weitem nicht so traditionsreichen und intensiv bearbeiteten Gebiet, wie es beispielsweise der Getreidebau darstellt, in Gang zu bringen und die bestehenden Lücken zu schließen, d. h. die arbeitsaufwendigsten Arbeitsgänge zu mechanisieren. So wurde mit der im Jahre 1957 erfolgten Umwandlung des Paulinenauer Institutes in ein Institut für Grünland- und Moorforschung durch Petersen in klarer Erkenntnis der Dringlichkeit der auf diesem Gebiet zu lösenden Aufgaben eine Abteilung Mechanisation ins Leben gerufen. Diese hat mit der Durchführung zweier Vergleichsprüfungen von Heuwerbungs- und Heubergungsmaschinen in den Jahren 1960 und 1961 gemeinsam mit dem Institut für Mechanisierung Potsdam–Bornim und der Landmaschinenindustrie, in deren Ergebnis der Rüttelzetter E 251, der Radrechwender E 247 und die Hochdrucksammelpresse K 441 entstanden, ganz wesentlich zum technisch-technologischen Fortschritt beigetragen.

Folgerichtig wurde in den nächsten Jahren an der Belüftungstrocknung von Hochdruckpreßballen und an Verfahren zur Trocknungsbeschleunigung auf dem Felde für die Halbheugewinnung bzw. die Welkgutsilierung gearbeitet. In diesem Zusammenhang muß gesagt werden, daß der in die letzten 5 Jahre fallende, epochale Fortschritt, den die Welksilierung auf konservierungstechnischem Gebiet darstellt, zu einem völligen Umdenken hinsichtlich der künftigen Konservatstruktur mit weitgehenden Konsequenzen wiederum für die Mechanisierungs- und technologische Forschung zwang.

Waren es zunächst berechtigterweise Mechanisierungsprobleme, die die Tätigkeit einer speziellen Arbeitsgruppe in Paulinenaue bestimmten, so schoben sich in den letzten Jahren immer stärker technologische Fragen — die zweckmäßige Abstimmung ganzer Verfahrensketten mit dem Ziel niedrigsten Aufwandes an lebendiger und vergegenständlichter Arbeit — in den Vordergrund der Arbeit der 1967 umbenannten Abteilung Technologie.
Mit der zunehmenden Spezialisierung der genossenschaftlichen und volkseigenen Landwirtschaftsbetriebe auf bestimmte Haupterzeugnisse und mit der damit einhergehenden Konzentration der Produktion, wie sie durch die kooperative Zusammenarbeit der Betriebe ermöglicht und gefördert wird, ergeben sich neue, höhere Anforderungen an die jeweiligen Produktionsverfahren. Es muß vor allem in ganz anderen Dimensionen gedacht und projektiert werden als bisher.
Die Spezialisierung auf die Produktion von Weide- bzw. Mähgras zur Erzeugung von Milch und Fleisch hat in den ausgesprochenen Grünlandgebieten mit mehr als 40% natürlichem Grünland sowie in Ackerfutterbaugebieten mit hohen Niederschlägen, aber auch bei Beregnung oder Einstaubewässerung, große Bedeutung. Ziel der Spezialisierung ist die Erzeugung qualitativ hochwertigen Futters mit hoher Nettoenergiekonzentration bei niedrigen Nährstoffverlusten, eine rationelle Bodennutzung und die optimale Nutzung aller vom Anbau bis zur Konservierung des Futters eingesetzten Betriebsmittel und Arbeitskräfte.
Daraus lassen sich einige kennzeichnende Merkmale für einen auf die Grünfutterproduktion — insonderheit die Mähgrasproduktion — spezialisierten Betrieb ableiten:

1. Anbau von gestaffelt nutzungsreif werdenden Grasarten und Anwendung von Ansaatmethoden, die der Ausdehnung der Erntezeitspanne und der Futterkontinuität dienlich sind.
2. Einhaltung der optimalen Erntezeitspannen.
3. Einhaltung der optimalen Silobefüllzeiten mit dem Ziel, vermeidbare Gärverluste auszuschließen.
4. Anwendung eines rationellen, den standörtlichen Verhältnissen und der Fütterungstechnik Rechnung tragenden Fütterungsregimes, das auf möglichst wenig Futterarten (z. B. Frischfutter — Welksilage — Trockengrüngut) basiert.
5. Anwendung hochmechanisierter Produktionsverfahren, industriemäßige Arbeitsorganisation, komplexer Maschineneinsatz.
6. Große Schläge, die den Einsatz moderner Maschinenketten im Komplex gestatten, sowie ein gut ausgebautes Wegenetz, das kurze Transportwege und eine rationelle Durchführung der Transporte gewährleistet.

Die Anwendung hoher Mechanisierungsstufen übersteigt die Kraft eines einzelnen Betriebes. Spezialisierung und Kooperation gehören daher zusammen. Erst in der Kooperation werden eine hohe Mechanisierungsstufe, der komplexe Einsatz der Maschinen und die Anwendung industriemäßiger Produktionsverfahren möglich.

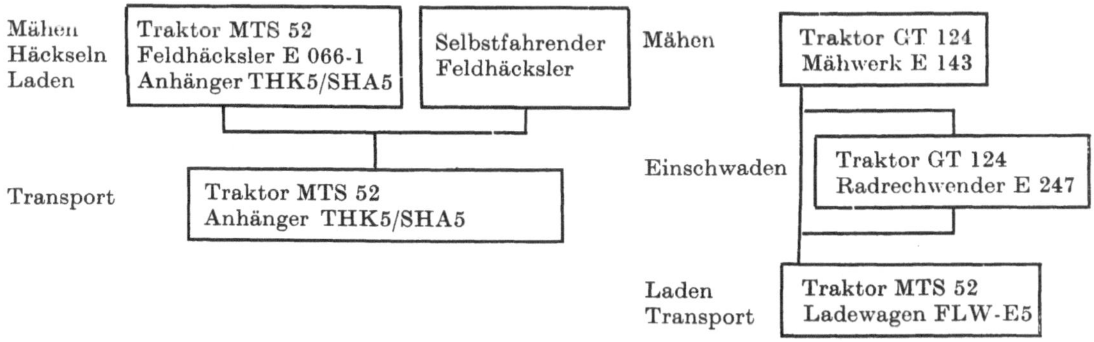

Abb. 1: Maschinenketten für die Grünfutterernte zur Frischverfütterung

Grünfutterernte zur Frischverfütterung

Die Frischverfütterung von Grünfutter schließt die bei der Konservierung auftretenden Verluste aus. Frischfutter wird mit den niedrigsten Kosten je Nährstoffeinheit gewonnen. Es hat auch in Zukunft für die Sommerfütterung große Bedeutung.

Die Maschinenketten für die Frischfutterernte gehen aus Abbildung 1 hervor. Es kommen zwei Verfahrenslinien in Betracht — die Häckselgut- und die Langgutlinie. Von beiden kommt im Hinblick auf die leichtere Mechanisierung der Fütterung von Häcksel, auf die Voraussetzung des Häckslers für die technische Trocknung und auf die ohnehin mit der Welkgutsilierung zunehmende Verbreitung der Feldhäcksler der Häckselgutlinie die größere Bedeutung zu. In der Perspektive werden auch selbstfahrende Häcksler zum Einsatz kommen, die es gestatten, mit einer Maschine in einer 10-Stunden-Schicht den Gesamtfrischfutterbedarf einer mittleren KOG mit 4000 RGV zu ernten.

Die Langgutlinie mit dem Ladewagen wird auf bestimmte Einsatz- und Produktionsbedingungen (z. B. Hanglagen wegen der guten Hangtauglichkeit) bzw. auf Verhältnisse mit kurzen Transportwegen beschränkt bleiben. Die große Abhängigkeit der Verfahrensleistung des Ladewagens von der Transportentfernung geht aus Abbildung 2 hervor. Befriedigende Leistungen lassen sich beim derzeitigen Ladevolumen des Ladewagens FLW-E 5 demnach bis zu etwa 4 km Transportentfernung erreichen.

Je nach dem Stand der Produktionsbedingungen und dem Grad der Konzentration der Produktion wird die Frischfutterernte unterschiedlich organisiert werden. Mit wachsenden Anforderungen an die qualitäts- und termingerechte Anlieferung des Frischfutters nimmt die Notwendigkeit zu, die Frischfutterernte einer zentralen Arbeitsgruppe innerhalb der KOG zu übertragen.

Die folgenden Tabellen 1 und 2 zeigen die zweckmäßige Ausrüstung und Zusammensetzung einer Frischfutterterntegruppe bei Einsatz des Feldhäckslers E 066-1 bzw. des Ladewagens FLW-E 5. Dem aufgeführten AK-Bedarf liegt die Durchführung der gleitenden 5-Tage-Arbeitswoche zugrunde, einer für die kontinuierliche Frischfutterversorgung sehr wesentlichen Voraussetzung.

Die Überlegenheit der kooperativ durchgeführten Frischfutterernte gegenüber der Durchführung in den Einzelbetrieben einer KOG geht aus Tabelle 3 hervor. Neben der Reduzierung der unproduktiven Zeiten, die durch die notwendige Arbeitsumstellung innerhalb eines Tages bedingt sind, wird eine bedeutend bessere Ausnutzung der Maschinen und damit eine höhere Effektivität des Grundfonds erreicht. Gleichzeitig ist eine kontinuierliche Futteranlieferung garantiert.

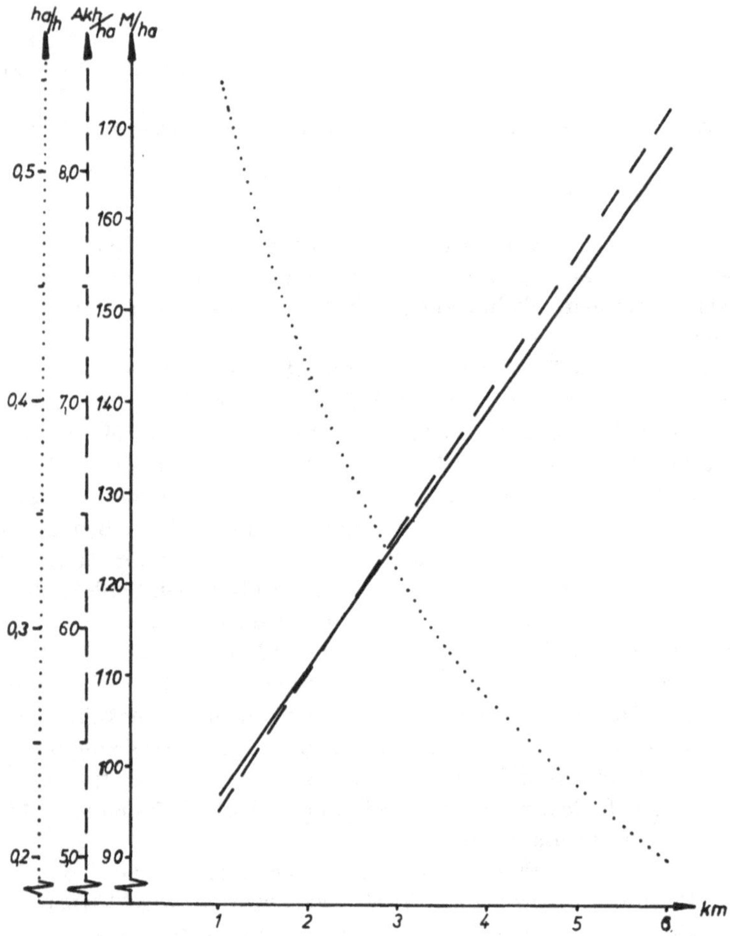

Abb. 2: Leistung, Arbeitsaufwand und Verfahrenskosten der Frischfutterernte mit dem Ladewagen

Grünfutterernte zur Welkgutsilierung

Die Welkgutsilierung hat in spezialisierten Betrieben, in denen Gras das wichtigste wirtschaftseigene Grundfutter darstellt, für die Winterfütterung die Hauptbedeutung. Im Vergleich zur Heubereitung ist das Witterungsrisiko

Tabelle 1
Stärke und Ausrüstung einer Arbeitsgruppe sowie der Bedarf an AKh, Trh und Verfahrenskosten für die Grünfutterernte zur Frischverfütterung mit dem Feldhäcksler E 066-1

Maschine	Typ	Anzahl	AK-Anzahl
Traktoren	MTS 52	2	2
Feldhäcksler	E 066-1	2	2
Traktoren	MTS 52	3	3
Anhänger	THK5/SHA5	5	–

AK-Bedarf bei gleitender 5-Tage-Arbeitswoche	Anzahl	12
mittlere Transportentfernung	km	4
zu versorgende Tiere (2 Mahlzeiten)	RGV	2000
pro Schicht geerntete Futtermenge	t	140
bzw. Futterfläche	ha	7

Bedarf an:	AKh/ha	8,8
	Trh/ha	6,3
	M/ha	150,0

Tabelle 2
Stärke und Ausrüstung einer Arbeitsgruppe sowie der Bedarf an AKh, Trh und Verfahrenskosten für die Grünfutterernte zur Frischverfütterung mit dem Ladewagen (in Hanglagen)

Maschine	Typ	Anzahl	AK-Anzahl
Traktor	GT 124	1	1
mit Mähbalken	E 143	1	
Radrechwender	E 247*	1	
Traktor	MTS 52	1	1
Ladewagen	FLW – E 5	1	

mittlere Transportentfernung	km	3···4
AK-Bedarf bei gleitender 5-Tage-Arbeitswoche	Anzahl	3
zu versorgende Tiere (2 Mahlzeiten)	RGV	600
pro Schicht geerntete Menge Frischgut	t	42
bzw. Futterfläche	ha	2,5

Bedarf an:	AKh/ha	7,0
	Trh/ha	7,0
	M/ha	139,0

* Gleicher Traktor wie beim Mähen

wesentlich geringer, und es treten unter den derzeitigen technischen Voraussetzungen bedeutend niedrigere Konservierungsverluste auf. Dabei zeichnet sich Welksilage durch hohe Nährstoffkonzentration und gute Schmackhaftigkeit aus und läßt als alleiniges Grundfutter in Verbindung mit der leistungsabhängigen Kraftfutternorm hohe Leistungen in der Tierproduktion zu. Im Interesse einer hohen Effektivität der Grundmittel wird man unter den oben genannten Bedingungen bei entsprechend hohem Spezialisierungsgrad auf die Heugewin-

Tabelle 3
Vergleich der Aufwendungen und Kosten für die Frischfutterernte bei kooperativem und dezentralisiertem AK- und Maschineneinsatz

		Dezentralisierter Einsatz		Komplexeinsatz	
Zu erntende Frischfuttermenge	dt	1500		1500	
Transportentfernung	km	2,5		4,0	
Eingesetzte AK und Maschinen					
Eingesetzte AK		28		12	
Feldhäcksler E 066-1		8		2	
Transportanhänger THK 5		16		5	
Traktoren MTS 52		16		5	
Aufwendungen		je ha	insgesamt	je ha	insgesamt
AKh		10,7	85,6	8,8	70,4
Trh		7,4	59,2	6,3	50,4
M/ha		167,0	1336,0	145,0	1160,0
		Täglich nur stundenweiser Einsatz. Keine gleitende 5-Tage-Woche		Bei gleitender 5-Tage-Woche ganztägiger Einsatz der Arbeitsgruppe	

Tabelle 4

Silotyp	Fassungsvermögen t Welkgut 35% TrS	Befüllzeit Tage	Tagesfüllmenge t Wg
Horizontalsilo, flach (1000···1350 m³)	500··· 675	4	125···170
Horizontalsilo, hoch (2000···3000 m³)	1200···1800	6	200···300
Hochsilo (1000 m³)	650	6	110

nung verzichten und die notwendige Trockenmasse- und Nährstoffkonzentration in der Tagesration mit Trockengrüngut zu erreichen versuchen.
Die Welkgutsilierung kann in Horizontalsilos, die am meisten verbreitet sind, aber auch in Hochsilos erfolgen, wie sie bei uns in Form des Formsteinsilos HSO9 existieren. Wichtig ist, daß die Befüllung zügig erfolgt und daß der Gasaustausch durch sachgemäßes Zudecken und Abdichten der Silos sowie Verminderung des Porenvolumens im Futterstapel weitgehend eingeschränkt wird.
Im Mittel sollten für Horizontalsilos mit 2 m Wandhöhe Befüllzeiten von 4 Tagen, für Horizontalsilos mit 3,0 bis 3,6 m Wandhöhe und für Hochsilos des Typs HSO9 Befüllzeiten von 6 Tagen eingehalten werden. Daraus lassen sich die in Tabelle 4 aufgeführten täglichen Füllmengen ableiten:
In Abbildung 3 sind die für die Ernte von Grünfutter zur Welkgutsilierung bedeutsamen Verfahren dargestellt.
Dem derzeitigen Stand der Technik entsprechend wird mit dem Mähwerk E 143 zum Geräteträger GT 124 bzw. dem Mähwerk E 100 zum Radtraktor RT 325 gemäht; dabei werden Leistungen von im Mittel 0,45 bzw. 0,60 ha/h in der Norm-

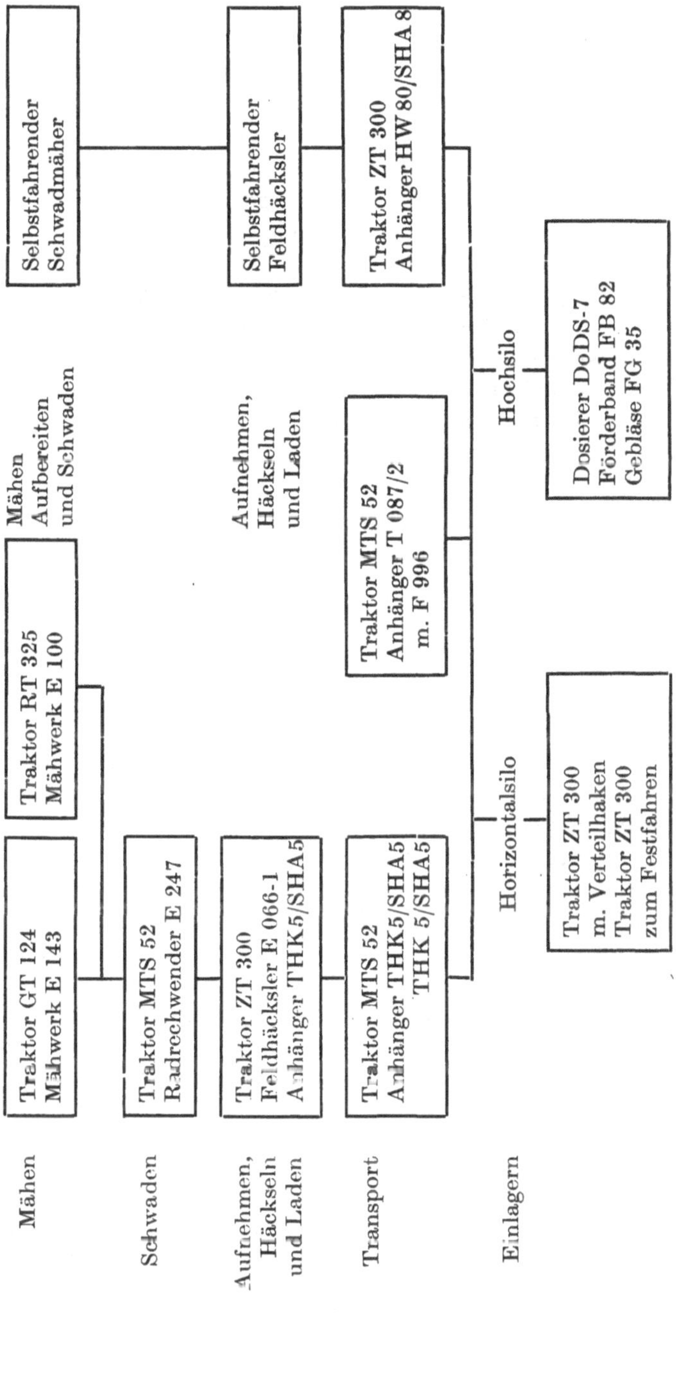

Abb. 3: Maschinenketten für die Welkgutsilierung

zeit T_{06} erreicht. Zum Vorwelken auf 35% TS-Gehalt bleiben die Mähschwaden ohne Bearbeitung liegen. Im Mittel muß man mit 48 h Vorwelkdauer rechnen. Unter ungünstigen Witterungsbedingungen wird diese Zeit noch überschritten. Bei regnerischem Wetter und zu Beginn der Grasernte im Mai ebenso wie zu Ende der Grasernte im September/Oktober bei der Mahd des 3. Schnittes wird ein ausreichendes Vorwelken nur noch an 50% bis 60% der zur Verfügung stehenden Erntetage erreicht. Unter diesen Bedingungen ist der Zusatz von Sicherungsmitteln nicht zu umgehen. Es muß erreicht werden, daß das Mähgut so aufbereitet wird, daß es unter guten Witterungsbedingungen in 24 Stunden auf 35% TS vorgewelkt ist und daß auch bei schlechtem Wetter noch ein Vorwelkeffekt erzielbar ist. Das vorgewelkte Gut wird mit dem Radrechwender E 247 bzw. E 247/249 eingeschwadet. Die im Mittel in der Normzeit T_{06} erreichte Leistung beträgt 1,0 bzw. 1,8 ha/h. Um eine gute Funktion und befriedigende Häckselqualität beim nachfolgenden Häckseln zu gewährleisten, sind bei den mit dem E 066 möglichen Arbeitsgeschwindigkeiten Schwadmassen zwischen 2,5 und 3,0 kg Welkgut/lfd. m Schwad anzustreben.

Tabelle 5

Grünmasseertrag dt/ha	Welkgut dt/ha	Arbeitsbreite m	Schwadmasse kg/lfd. m
250	140	2,3	3,2
200	115	2,3	2,6
150	85	4,6	3,9
100	55	4,6	2,5
80	45	6,9	3,1

In Tabelle 5 sind die dieser Forderung entsprechenden Arbeitsbreiten, die durch das dem Häckseln voraufgehende Zusammenschwaden mit dem Radrechwender bestimmt werden, aufgeführt.

Bei Einsatz des Radrechwenders E 247 zum Einschwaden muß leider mit erheblichen Störungen beim Häckseln gerechnet werden, da Haufenbildungen nicht völlig zu vermeiden sind und zum anderen Havarieschäden durch Fremdkörper auftreten, die durch den Radrechwender beim Einschwaden in den Schwad gelangen.

Die Befüllung von Hochsilos stellt zur Gewährleistung der Funktion der Siloentnahmefräsen an die zum Aufnehmen, Häckseln und Laden eingesetzten Feldhäcksler hinsichtlich der Häckselqualität besonders hohe Anforderungen. Die agrotechnische Forderung verlangt ein Häckselgemisch, das zu mindestens 50% aus Häcksel < 30 mm besteht und nicht mehr als 15% Häcksel > 40 mm aufweist. Der Feldhäcksler E 066-1 erfüllt diese Forderungen nur annähernd mit dem als Zusatzausrüstung lieferbaren Kurzhäckselgetriebe, das eine theoretische Häcksellänge von 9 mm zuläßt. Bei Befüllung von Horizontalsilos sind die Anforderungen geringer. Die Funktion der Siloentnahmefräse VSZ 140 ist noch bei einer Häcksellängeneinstellung von 30 mm mit dem Normalhäckselgetriebe gewährleistet.

Das Häckseln von Welkgut ist sehr energieaufwendig. Deshalb sind Antriebstraktoren mit mindestens 65 PS-Motorleistung erforderlich. Bei Einsatz der Traktoren ZT 300 und D4KB ist eine in diesem Jahr erstmalig zur Auslieferung kommende Überlastsicherung notwendig. Die Erzeugung von Kurzhäcksel mit 9 mm Häcksellängeneinstellung verlangt einen höheren Energiebedarf als die Arbeit bei 30 mm-Einstellung. Daher werden bei beiden Häcksellängeneinstellungen mit dem Traktor ZT 300 in Abhängigkeit vom Ertrag auch verschiedene Leistungen erzielt.

Leistungen des E 066-1	ha/h_{T06}	t Wg/h_{T06}
bei 9 mm Häcksellänge	0,30···0,60	0,35···0,70
bei 30 mm Häcksellänge	3,5 ···4,0	4,0 ···5,0

Mit dem E 066-1 kann Welkgut nur im Anhängeverfahren geerntet werden. Beim Hängerwechsel, der ca. 3,0min dauert, wird der Arbeitsfluß jedesmal unterbrochen. Für die industriemäßige Welksilageproduktion muß das Parallelverfahren gefordert werden, das folgende Vorteile gegenüber dem Anhängeverfahren bietet:

- Niedrige Anhängerwechselzeiten
- Geringere Störzeiten
- Höhere Verfahrensleistungen
- Einmannbedienung
- Geringe Übergabeverluste
- Möglichkeit des Einsatzes großvolumiger Anhänger
- Möglichkeit des LKW-Einsatzes

Mit etwa 50% des Arbeitsaufwandes und 25% der Verfahrenskosten ist der Transport in ganz wesentlichem Umfang an den Aufwendungen und Kosten der Welkguternte beteiligt. Möglichkeiten zur Transportrationalisierung haben daher besondere Bedeutung. Mit den gegenwärtig in der Praxis vorhandenen Kippanhängern THK 5 mit Schwergutaufbauten werden Lademassen von im Mittel 2,2 t/Anhänger erreicht. Bei gekoppeltem Transport von 2 Anhängern mit einem Traktor erhöht sich die Transportleistung bei einer Transportentfernung von 4 km und guten Straßenverhältnissen gegenüber dem Transport eines Einzelanhängers von 13,2 t km/h auf 17,2 t km/h.
Eine weitere Erhöhung der Transportleistung ist möglich bei Einsatz des LKW mit Anhänger, was allerdings Parallelbetrieb voraussetzt. Mit dem E 066-1 ist dieser bei der Ernte von Welkgut nicht durchführbar. Bei Transportentfernungen über 6 km bringt der Einsatz des LKW auch im Anhängeverfahren Vorteile, wenn die gefüllten Anhänger von Traktoren bis zum Feldrand transportiert und dort gekoppelt vom LKW übernommen werden.
Schließlich stellt auch die Reduzierung der Transportentfernungen durch die Einrichtung zentraler Siloplätze im Zentrum der Ernteflächen, von denen das Konservatfutter im Winter auf einem gut ausgebauten Wegenetz zum Verbrauchsort transportiert wird, eine Möglichkeit zur besseren Ausnutzung der

Transportkapazität dar, wenn auch keine wesentliche Senkung des Arbeitsaufwandes für den Transport davon zu erwarten ist.
Die Einlagerung von Welkgut in Horizontalsilos erfolgt dem derzeitigen Stand der Technik entsprechend, indem der Futterstapel von den Transportfahrzeugen mit Vorspanntraktor überfahren wird und die Anhänger motorhydraulisch vom Fahrersitz aus abgekippt werden. Das abgekippte Welkgut wird mit einem Traktor mit angebautem Verteilhaken verteilt und von einem weiteren Traktor möglichst mit Zwillingsbereifung, Zusatzgewichten und angehangener, wassergefüllter Wiesenwalze festgefahren. Von drei Traktoristen und einer weiteren AK zum Einweisen der Transportfahrzeuge können 35 t Welkgut/h_{T06} im Silo angenommen, verteilt und festgefahren werden. Wesentlich höhere Leistungen sind bei den derzeitigen Horizontalsiloabmessungen nicht möglich, da sich die verschiedenen, auf dem Silo befindlichen Traktoren und Fahrzeuge dann gegenseitig behindern.
Bei der Einlagerung von Welkgut in Hochsilos vom Typ HS09 mit dem Vorratsdosierer DoDS7, von dem das Welkgut grob dosiert über das Förderband FB 82 dem Fördergebläse FG 35/2 mit angebauter Verteileinrichtung zugeführt wird, sind Einlagerungsleistungen von 10 t/h_{T06} gemessen worden. Eine Erhöhung der Leistung um 30—40% erscheint bei technischer Vervollkommnung der Dosier- und Beschickungseinrichtung noch möglich.

Tabelle 6
Vergleich des Bedarfes an AKh, Trh und Verfahrenskosten für die Grünfutterernte zur Welkgutsilierung beim Komplexeinsatz und beim dezentralisierten AK- und Maschineneinsatz

	Dezentralisierter Einsatz		Komplexeinsatz	
Ertrag dt/ha Welkgut	100		100	
Eingesetzte AK	9		22	
Eingesetzte Maschinen				
Mähwerk E 100	1		4	
Radrechwender E 247	1		2	
Feldhäcksler E 066-1	1		4	
Anhänger THK5/SHA5	4		12	
Traktoren	6		18	
Einlagerung	Horizontalsilo	Hochsilo	Horizontalsilo	Hochsilo
Traktor zum Verteilen und Festfahren ZT 300	1	—	2	—
DoDS-7	—	1	—	2
FB 82	—	1	—	2
FG 35	—	1	—	2
Leistung/Schicht ha	5,0	5,0	20,0	20,0
AKh/ha	15,5	13,5	11,3	10,7
Trh/ha	11,6	9,8	8,9	7,9
M/ha	242,0	242,0	197,0	198,0

Sowohl Horizontal- als auch Hochsilos müssen nach Beendigung der Befüllung mit Folie möglichst luftdicht zugedeckt und ganzflächig mit Erde bzw. wertlosem Pflanzenmaterial beschwert werden.
Die zur Einhaltung der optimalen Silobefüllzeiten geforderten Tagesleistungen von 200 bzw. 300 t Welkgut bei der Beschickung von Horizontalsilos und von 90···100 t Welkgut bei der Beschickung von Hochsilos HSO9 verlangen den Komplexeinsatz mehrerer Feldhäcksler E 066-1.
In der Tabelle 6 ist die Zusammensetzung eines Arbeitskomplexes für die Welkgutsilierung, mit dem in einer 10 Stunden-Schicht 200 t Welkgut geerntet werden können, dargestellt und dem Einzeleinsatz eines Feldhäckslers gegenübergestellt. Das von dem aufgeführten Komplex angelieferte Welkgut kann an ein Horizontalsilo angeliefert werden, dabei wird die Einlagerungskapazität noch nicht ausgeschöpft. Theoretisch müßten 6 Feldhäcksler E 066-1 in einem Komplex arbeiten, um die Einlagerungskapazität auszunutzen. Praktische Erfahrungen beim Einsatz von 4 Feldhäckslern E 066–1 zeigten jedoch, daß man den Einsatz von 6 Feldhäckslern im Komplex organisatorisch kaum noch in der Hand hat. Die oben angeführte Einlagerungsleistung von 35 tWg/h_{T06} wurde beim Einsatz selbstfahrender Häcksler gemessen. Bei Befüllung von Hochsilos wird die Einlagerungskapazität am Silo von 2 Feldhäckslern E 066–1 abgedeckt. Für den hier dargestellten Komplex wären also 2 Abladestellen notwendig, was bei entsprechender Konzentration der Tierproduktion durchaus gegeben ist.
Die deutliche Überlegenheit des Komplexeinsatzes gegenüber dem Einzeleinsatz kommt in erster Linie durch die wesentlich bessere Ausnutzung der Transport- und Einlagerungskapazität am Silo zustande.
Kritisch betrachtet können die schon jetzt bestehenden technologischen Anforderungen für die industriemäßige Durchführung der Welkguternte mit herkömmlichen Maschinen, wie sie in der Praxis vorhanden sind, nicht befriedigend erfüllt werden. Der Einsatz wenig leistungsfähiger, nicht genügend funktionssicherer Mähmaschinen, das ungenügende Vorwelken, die Nachteile, die mit dem notwendigen Zusammenschwaden der Mähschwade für das nachfolgende Häckseln verbunden sind, die niedrige Leistung des Mähhäckslers und seine Nicht-Eignung für das Parallelverfahren, die Verwendung von Transportfahrzeugen niedriger Nutzlast und schließlich technische Mängel bei der Silobefüllung erschweren die Welkgutsilierung und bedingen noch zu hohe Arbeitsaufwendungen und Verfahrenskosten.
Mit der fortschreitenden Spezialisierung und Konzentration der Produktion wird der Einsatz leistungsfähigerer, schlagkräftigerer Erntemaschinen zur Voraussetzung für den ordnungsgemäßen Ablauf der Ernte. Dem technisch-wissenschaftlichen Höchststand entsprechend werden selbstfahrende Schwadmäher und Häcksler, letztere im Parallelbetrieb arbeitend, sowie Transportmittel hoher Nutzlast und Transportgeschwindigkeit (LKW) zum Einsatz kommen. Das Fassungsvermögen der Silos wird sich ebenfalls mit wachsender Konzentration der Tierhaltung auf das Zwei- bis Dreifache gegenüber heute erhöhen. Um unter diesen Bedingungen noch optimale Silobefüllzeiten zu gewährleisten,

müssen stündlich von einem Maschinenkomplex 40 bis 50 t Welkgut geerntet und sowohl in Horizontal- als auch in Hochsilos eingelagert werden.
Nach bisherigen Untersuchungen kann mit Leistungen von 1,5···2,0 ha/h_{T06} beim Mähen und 10···13 t Wg/h_{T06} beim Häckseln gerechnet werden. Beim Einsatz eines Komplexes von 2···3 selbstfahrenden Schwadmähern und 3···4 selbstfahrenden Häckslern könnte demnach die geforderte Welkgutmenge von 40 bis 50 t stündlich geerntet werden. Für den Transport werden Kippanhänger mit höherer Nutzlast als sie die gegenwärtigen Anhängertypen aufweisen, z. B. der HW 80 und vor allem auch der LKW mit Anhänger, der bei guten Straßenverhältnissen schon ab 2,5 km höhere Transportleistungen als der Traktor erlaubt und geringere Kosten verursacht, eingesetzt werden. Schließlich müssen sowohl der Horizontal-, in besonderem Maße aber der Hochsilo, einschließlich der Beschickungs- und Entnahmeeinrichtungen weiterentwickelt werden, damit sie den Anforderungen einer hochspezialisierten und -konzentrierten Futterproduktion gerecht werden können.

Tabelle 7
Stärke und Ausrüstung einer Arbeitsgruppe sowie Bedarf an AKh und Trh für die Grünfutterernte zur Welkgutsilierung mit selbstfahrenden Erntemaschinen in der Perspektive

	Komplexeinsatz	
	Hoher Horizontalsilo	Verbesserter Hochsilo
Ertrag dt/ha Welkgut	100	100
Eingesetzte AK	23	20
Eingesetzte Maschinen		
Schwadmäher	3	3
Feldhäcksler	4	4
Anhänger HW 80	13	13
Traktoren insgesamt	15	12
Dosierer	—	1
Förderband	—	1
Beschickungseinrichtung	—	1
Schichtleistung ha	40	40
Transportentfernung km	5	5
Bedarf		
AKh/ha	5,8	5,0
Trh/ha	3,6	3,2

In Tabelle 7 ist die Zusammensetzung eines Komplexes für die Grünfutterernte zur Welkgutsilierung auf der Grundlage selbstfahrender Erntemaschinen kalkuliert worden. Mit weniger Arbeitskräften kann die doppelte Leistung/Schicht im Vergleich zum E 066-1 erreicht werden. Dabei sinkt der Aufwand an AKh für die Welkgutsilierung im Horizontalsilo von 11,3 auf 5,8 AKh/ha, an Trh von 8,9 auf 3,6 Trh/ha und im Hochsilo von 10,7 AKh/ha auf 5,0 AKh/ha bzw. von 7,9 Trh auf 3,2 Trh/ha. Gleichzeitig ist mit einer Senkung der Verfahrenskosten um etwa 10% zu rechnen.

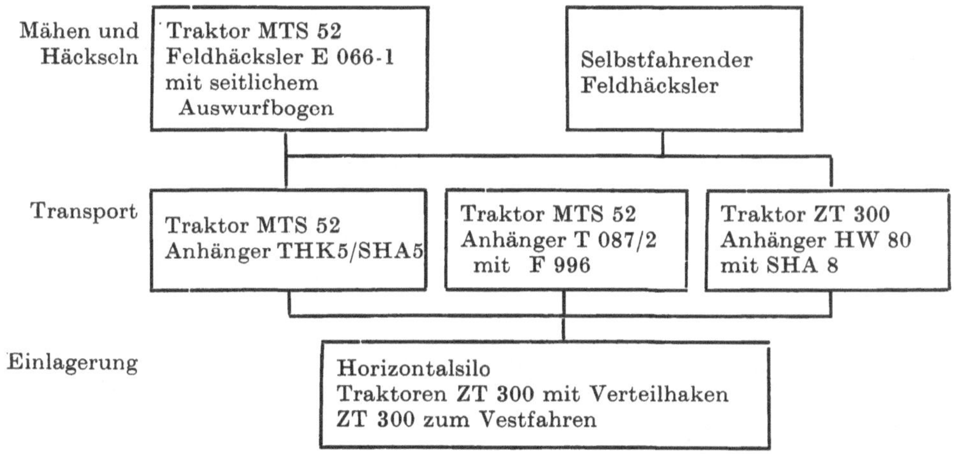

Abb. 4: Maschinenketten für die Grünfutterernte zur Naßgutsilierung

Mähgrasernte zur Naßgutsilierung

Die Naßgutsilierung von Mähgras mit Sicherungszusätzen ausschließlich im Horizontalsilo wird sich, obwohl sie konservierungstechnisch und ebenso fütterungstechnisch eine Reihe von Mängeln aufweist, bei der Silierung frühen Mähgrases im 1. Schnitt und späten Mähgrases im 3. Schnitt nicht umgehen lassen, ja sie wird in Zukunft mit der Ausdehnung der 3-Schnitt-Nutzung sogar zunehmen. Allerdings müssen in diesem Falle wirkungsvolle Sicherungszusätze gleichmäßig beigemengt werden.

Bei Einsatz des Feldhäckslers E 066-1 kann das nur in Handarbeit auf dem Silo erfolgen, wobei die erforderliche gleichmäßige Durchmischung nicht zu erreichen ist. Bei der weiteren Entwicklung von Feldhäckslern muß die agrotechnische Forderung nach einer Dosiereinrichtung zur gleichmäßigen Beimengung von Sicherungszusätzen oder anderen qualitätsverbessernden Mitteln (z. B. NPN-Verbindungen bei der Maissilierung) während des Häckselns unbedingt realisiert werden.

In Abb. 4 sind die Maschinenketten für die Naßgutsilierung von Mähgras und Ackerhalmfutter unter Berücksichtigung des Silomais- und Futterroggenanbaues, die auch bei spezialisierter Mähgrasproduktion in der Regel in gewissem Umfang betrieben werden, aufgeführt. Die Arbeitsgänge des Schwadmähens bzw. des Mähens und Einschwadens zum Vorwelken des Futters entfallen. Im übrigen kommen die gleichen Maschinen und Transportmittel wie bei der Welkgutsilierung zum Einsatz. Die Leistungen beim Mähhäckseln sind niedriger als bei der Schwadaufnahme, sie betragen:

		Gras und Ackerfutter	Mais
Häcksler E 066-1 30 mm	ha/h	0,35	0,23
Selbstfahrender Häcksler	ha/h	0,80	0,55

Die Lademassen beim Transport betragen etwa das Doppelte wie bei der Welkguternte – mit dem THK5 3···5 t/Anhänger. Die Annahmeleistung auf dem Horizontalsilo beträgt 50···60 t pro Stunde.

Tabelle 8
Vergleich des Bedarfes an AKh, Trh und Verfahrenskosten für die Grünfutterernte zur Naßgut-Silierung mit dem Feldhäcksler E 066-1 beim Komplexeinsatz einer spezialisierten Arbeitsgruppe einer Kooperationsgemeinschaft und beim dezentralisierten AK- und Maschineneinsatz

	Dezentralisierter Einsatz		Komplexeinsatz	
Ertrag dt/ha	200	450*	200	450*
Eingesetzte AK	6	6	17	19
Feldhäcksler E 066-1	1	1	4	4
Anhänger THK 5 + SHA 5	3	3	10	12
Traktoren ZT 300	2	2	6	6
MTS 52	2	3	6	12
Leistung pro Schicht in ha	3,00	2,25	12,00	9,00
Bedarf				
AKh/ha	18,20	24,70	13,30	19,70
Trh/ha	12,10	20,20	9,30	18,20
M/ha	289,00	447,00	238,00	393,00

* Parallelverfahren

Tabelle 9
Stärke und Ausrüstung einer Arbeitsgruppe sowie Bedarf an AKh und Trh für die Grünfutterernte zur Naßgutsilierung in Horizontalsilos beim Einsatz selbstfahrender Häcksler in der Perspektive

	Komplexeinsatz	
Ertrag dt/ha	200	450
Eingesetzte AK	19	26
Eingesetzte Maschinen		
selbstf. Häcksler (PV)	4	4
Anhänger HW 80	12	16
Traktoren ZT 300	14	20
Leistung pro Schicht in ha	30	22
Bedarf		
AKh/ha	6,1	11,5
Trh/ha	4,3	8,6

(PV = Parallelverfahren)

In Tabelle 8 ist die Zusammensetzung einer Arbeitsgruppe und der Bedarf an AKh, Trh und M/ha für die Naßgutsilierung mit dem E 066-1 bei Komplexeinsatz der Maschinen und bei dezentralisiertem Einsatz verglichen. Es zeigt sich, daß infolge des rationelleren Einsatzes der Arbeitskräfte und Maschinen

Kosteneinsparungen von 10···15% und eine Verminderung des Arbeitsaufwandes um 20···25% bei Komplexeinsatz im Vergleich zum Einzeleinsatz zu erreichen sind.
Die Zusammensetzung einer Arbeitsgruppe sowie der Arbeitsaufwand und die Kosten für die Naßgutsilierung bei Einsatz selbstfahrender Häcksler sind in Tabelle 9 kalkuliert worden. Der Arbeitsaufwand für die Mähgras- und Silomaisernte sinkt von 13,3 bzw. 19,7 AKh/ha auf 6,1 bzw. 11,5 AKh/ha, während die Schichtleistung mit 30 bzw. 22 ha auf das 2,5fache ansteigt.

Zusammensetzung einer zeitweiligen Brigade für die Mähgrasernte

In Kooperationsgemeinschaften, die auf die Produktion von Mähgras spezialisiert sind, muß unter Berücksichtigung der Futterroggen- und Silomaisernte sowie der Ernte des 3. Schnittes mit Sicherheit an 90···100 Tagen Futter geerntet werden. Unter diesen Bedingungen ist es zweckmäßig, die Grünfutterernte zur Frischverfütterung und Silierung einer ständigen Brigade, die dem Kooperationsrat direkt unterstellt ist, und die Futterernte auf der Grundlage vertraglicher Beziehungen für die gesamte KOG durchführt, zu übertragen. Diese Brigade wird sich zweckmäßigerweise in die Arbeitsgruppen Frischfutter und Silofutter untergliedern.
Die Leitung und Organisation des Komplexeinsatzes und die exakte Abrechnung der Brigade erfordern einen qualifizierten Spezialisten als Brigadier und einen Brigadeabrechner. Die Mitglieder der Brigade qualifizieren sich zu Spezialisten für die Bedienung der Erntemaschinen.
In Auswertung der bisher mitgeteilten technologischen Parameter für die Frischfutter- und Silofuttergewinnung ist zur Versorgung von 4000 RGV bei Einsatz herkömmlicher Maschinen und Durchführung der 5-Tage-Arbeitswoche eine Futtererntebrigade erforderlich, die sich aus 73 AK einschließlich Leitung und Werkstattpersonal zusammensetzt — das sind 3,7 AK/100 ha Mähfutterfläche —, und mit 6 Mähwerken, 3 Radrechwendern, 10 Feldhäckslern E 066-1, 33 Anhängern THK5 sowie 30 Traktoren über Grundmittel im Werte von 1,23 Mio Mark verfügt.
Bei Einsatz selbstfahrender Maschinen würden 48 AK bzw. 2,5 AK/100 ha Mähfutterfläche erforderlich sein, die unter den gleichen Bedingungen wie bereits genannt mit 2 selbstfahrenden Schwadmähern, 5 selbstfahrenden Feldhäckslern, 33 Anhängern THK5 und 20 Traktoren Grundmittel im Werte von 1,2 Mio Mark zur Verfügung hätten.

Zusammenfassung

Als kennzeichnend für einen auf die Produktion von Mähgras spezialisierten Betrieb zur Erzeugung qualitativ hochwertigen Futters werden folgende Merkmale herausgestellt:

1. Anbau gestaffelt nutzungsreif werdender Grasarten
2. Einhaltung der optimalen Erntezeitspannen und Silobefüllzeiten

3. Anwendung hochmechanisierter Ernteverfahren
4. Große Schläge in Verbindung mit einem gut ausgebauten Wegenetz
5. Ein auf wenige Futterarten beschränktes Fütterungsregime.

Im folgenden werden die Futtererntevefahren für ein solches typisches Fütterungsregime, das auf wenigen Grundfutterarten — nämlich Frischfutter, Welkgut und Naßsilage — basiert, besprochen. Dabei wird auf die Vorteile des Komplexeinsatzes, auf die zweckmäßige Größe und Ausrüstung der Komplexe für die Grünguternte zur Frischverfütterung, für die Welkgutsilierung in Hochsilos sowie für die Welk- und Naßgutsilierung in Horizontalsilos und auf den zukünftigen Einsatz selbstfahrender, leistungsfähiger Erntemaschinen ausführlich eingegangen.

Резюме

Название работы: Технология уборки травы в специализированных на ее производстве СХПК и НИ

Характерными для специализированного на производстве травы хозяйства, производящего высококачественный корм, автор считает следующие показатели:

1. Возделывание видов травы, последовательно созревающих к использованию.
2. Соблюдение оптимальной длительности уборки и силосования.
3. Применение методов высокомеханизированной уборки.
4. Большие участки и хорошо устроенная дорожная сеть.
5. Режим кормления, ограничивающийся небольшим числом видов кормов.

Затем рассматриваются способы уборки с учетом типического режима кормления, базирующего лишь на небольшом числе видов основного корма, т.е. на свежем корме, подвяленной массе и силоса из неподвяленного корма. При этом подробно обсуждаются преимущества комплексного использования, целесообразный размер и целесообразное оснащение комплексов для уборки скармливаемой в свежем виде зеленой массы и для силосования подвяленного корма в силосных башнях, а также силосования подвяленного и неподвяленного корма в горизонтальных силосных сооружениях и использование в будущем самоходных, производительных уборочных машин.

Summary

Title of the paper: Technology of harvesting mown grass in LPG and VEG with specialized production

The following typical items of a farm being specialized on the production of mown grass in order to produce fodder of high quality, are emphasized:

1st: cultivation of grasses and their species which guarantee a continuous provision of fodder of high quality
2nd: Observance of the optimal spaces for harvesting and filling-in the silos
3rd: Application of highly-mechanized harvesting methods
4th: Large acreages in connection with a well-constructed net of roads
5th: A feeding system restricted only to a few kinds of fodder

In the following statements the harvesting methods of such a characteristic feeding system which is only based on a few kinds of fodder such as fresh fodder, wilted and wet grass silage, are commented. The advantages of working with a complex of machines and workers, the suitable bulk and equipment of these complexes for harvesting green grass for fresh feeding, for silage-making of wilted grass in tower silos as well as for silage-making of wilted and wet grass in horizontal wallsilos and the employment of self-propelled harvesters in future times are discussed in detail.

Anschrift des Verfassers:

Dipl.-Landw. Joachim NISCHWITZ
Institut für Grünland- und Moorforschung
1551 Paulinenaue

Z. Landeskultur · Bd. 10 · 1969 · H. 4–6 · S. 433–443 · Berlin

Aus dem Volkseigenen Gut Zingst-Darß-Fischland

HERBERT MALZAHN

Industriemäßige Produktion von Trockengras im Großtrockenwerk

Eingegangen: 11. 6. 1969

Im Norden der Deutschen Demokratischen Republik befinden sich große Landwirtschaftsgebiete, deren spezifische Ertragsfähigkeit optimal durch Grasland genutzt werden kann. Besonders typisch in dieser Hinsicht sind die Halbinseln Zingst, Darß und Fischland sowie das Territorium südlich der Boddenkette. Noch vor fünf Jahren gab es hier fast nur Sumpf- und Ödland und nur einige wenige Prozente des Gebietes wurden extensiv als Grünland genutzt. Deswegen beschlossen die leitenden Organe der Landwirtschaft des Bezirks Rostock im Sinne des VII. Parteitages der SED und des X. Deutschen Bauernkongresses, sich besonders auf die Erschließung, komplexe Melioration, Kultivierung und Intensivierung dieser Flächen zu konzentrieren. Obwohl es anfänglich fast ausschließlich skeptische Stimmen zu der Leistungsfähigkeit des dortigen grundwassernahen Feinsandstandortes maritimer Herkunft gab, wurden unter besonderer Berücksichtigung neuer gesellschaftswissenschaftlicher, naturwissenschaftlicher und agrarwissenschaftlicher Erkenntnisse verhältnismäßig hohe Produktionsziele gestellt, was aber, wie inzwischen bewiesen werden konnte, absolut real war.

Dem am 1. 1. 1964 gegründeten Spezialbetrieb der industriemäßigen Futterproduktion VEG Zingst wurde anfänglich die Aufgabe gestellt, in diesem Gebiet auf zunächst 6000 ha landwirtschaftlich nutzbar zu erschließenden Bodens, der später auf 10000 ha erweitert werden sollte, eine Staatsreserve an Silofutter zu erzeugen. Später, als die Gesamtproduktion sehr schnell anstieg, entwickelte sich der Betrieb durch feste Kooperationsbeziehungen zum Hauptfutterlieferanten für große LPG auf dem Festland. Als auch diese Form nicht mehr ausreichte, um die riesigen Massen an Futter zu verwerten, wurde Ende 1968 beschlossen, nach den inzwischen gesammelten guten Erfahrungen, die Jungrinderaufzucht zur Hauptproduktionsrichtung und das VEG Zingst zum Reproduktionszentrum der Rinderwirtschaft des Versorgungsgebietes Rostock mit in Zukunft etwa 30000 Jungrindern zu machen (gegenwärtig rd. 8000 St.).

Die von Partei und Regierung dem VEG Zingst gestellten Ziele sind mittlerweile zu einem großen Teil erreicht worden. Der konzentrierte Einsatz von Produktionsmitteln, insbesondere moderner Technik und Dünger, führte zu einer solchen Intensität, das großflächig Durchschnittserträge von rd. 700 dt Grünmasse je Hektar (das sind 130 dt Tr.-M.) geerntet werden können. Diese hohen Hektar-Erträge, die in vier bis fünf Aufwüchsen erreicht werden, sowie die 1968 erzielte Grünmasseernte von 2,1 Mio. dt und die Perspektivplanung mit einer

Jahresernte von mindestens 3,5 Mio. dt, waren zusammen mit ökonomischen Belangen Anlaß dazu, über die Formen der industriemäßigen Produktion von Futter und seiner Konservierung im VEB Zingst in neuen Dimensionen nachzudenken und zu berechnen, wie ein Optimum in den notwendigen Aufwendungen und zur Erreichung hoher Qualitätskonservate gesichert werden könnte.
Dem Kollektiv des VEG Zingst war dabei immer völlig klar, daß die Ernte und Verwertung dieser Grünmassen in mehreren Technologien erfolgen müsse.
Etwa 11,5% des Grases werden gegenwärtig abgeweidet und dieser Anteil wird mit steigendem Viehbestand größer werden, der Rest wird konserviert.
Die Hauptkonservierungsform für die Sicherung der Winterfutterversorgung der Rinder ist auch im VEG Zingst die Anwelksilierung, für die außerordentlich leistungsfähige Besttechnologien entwickelt werden konnten und die auch sicherlich auf weite Sicht noch die wichtigste Form der Winterfutterversorgung der Rinder bleiben wird. Aber besonders die Ansprüche der intensiven Jungrinderaufzucht und die Forderungen der mit dem VEG Zingst kooperierenden hochleistungsfähigen Milchviehbetriebe machten es notwendig, noch bessere Konservierungsformen, bei denen vor allen Dingen die hochwertigen Nährstoffe des jungen Grases weitgehend erhalten bleiben, einzuführen. Diese Forderung erfüllt die technische Trocknung.

Volkswirtschaftlich bzw. betriebsökonomisch sind für die Einführung der technischen Trocknung folgende Gründe maßgebend:

1. Die technische Trocknung ist das Konservierungsverfahren, das mit ca. durchschnittlich 5–7% die geringsten Nährstoffverluste aufweist, die bei anderen Konservierungsverfahren wesentlich höher liegen.
2. Geringere Verluste bedeuten gleichzeitig eine absolute Steigerung der Nährstofferträge je ha LN von ca. 20···25%, was nach wie vor in unserer Republik von großer Bedeutung ist.
3. Die Mechanisierbarkeit der Erntetechnologien und auch des Konservierungsprozesses selber, ist bei der technischen Trocknung praktisch 100%ig möglich und alle technologischen Prozesse können fast unabhängig von jeder Witterung durchgeführt werden.
4. Die technische Trocknung von Grünfutter kann während der gesamten Vegetationsperiode, also mindestens von Mai bis Dezember, aus Frischgut erfolgen.
5. Trockengut ist ein in unserer Republik dringend benötigtes Qualitätsfutter, das Hochleistungsrindern als Hauptnährstoffquelle, Durchschnittsrindern als Kraftfutterbasis sowie Omnivoren und Geflügel als Eiweiß- und Vitaminfutter dienen kann.

Wenn auch gegenwärtig noch die Nährstoffeinheit aus Trockengut etwa 20% teurer ist als der Durchschnittshandelspreis von Getreide, so ist unter dem Aspekt des auch in Zukunft noch lange ungedeckten Marktbedarfs an Futter, insbesondere Eiweiß, und der Hochwertigkeit des Produktes, sein Einsatz in der Tierproduktion perspektivisch notwendig.

In der Deutschen Demokratischen Republik und in vielen anderen Ländern, z.B. auch besonders in der Volksrepublik Polen, wird Grünfutter und auch andere Produkte, in von Jahr zu Jahr steigendem Umfang technisch getrocknet.
Dabei gelangen fast ausschließlich Trockenwerke zum Einsatz, deren Leistungsfähigkeit drei bis fünf Tonnen Grünmasse pro Stunde beträgt.
Größere Trockenwerke gibt es nur sehr wenige, im näheren Bereich unserer Republik gar nicht. Diese Tatsache steht jedoch im völligen Widerspruch zu dem gegenwärtigen Stand der Ernte- und Trocknungstechnologie und zur gebieterischen Forderung nach einem maximalen ökonomischen Nutzeffekt. Kleine Trockenwerke können weder eine Futtererntebrigade noch deren Transportmittel kontinuierlich auslasten, noch sind sie in der Lage, je eingesetzte Arbeitskraft eine dem Durchschnitt unserer Volkswirtschaft entsprechende Arbeitsproduktivität zu gewährleisten.
Deswegen wurde in einer gründlichen ökonomischen Vorarbeit für die Errichtung des Trockenwerkes auf dem Zingst eine Reihe von Zielen und Parametern gesetzt, denen völlig neue Dimensionen der industriemäßigen Produktion zu Grunde liegen und die Einführung eines Maximums des gegenwärtig erkennbaren Standes der wissenschaftlich-technischen Revolution als Globalziel anstreben.

1. Es wurde mit der elektronischen Datenverarbeitung optimiert, daß es ökonomisch vertretbar ist, mit leistungsfähigen Transportmaschinen Gras aus Entfernungen von durchschnittlich 6,5 km, zum Trockenwerk zu transportieren. Daraus resultiert bei den Zingster Erträgen ein Einzugsgebiet von ca. 1700 ha, wenn man berücksichtigt, daß in der Vegetationsspitze Juni eine bestimmte Menge siliert und es aus grünlandwirtschaftlichen Gründen empfehlenswert ist, einen gewissen Prozentsatz abzuweiden.

2. Die zu erwartenden Erntemengen auf dem Zingst erfordern ein Trockenwerk von etwa 16 t stündlicher Wasserverdampfungsfähigkeit.
Die Berechnung der technischen Parameter eines Trockenwerkes nach der Wasserverdampfungsfähigkeit ist die einzig richtige Methode zur Kapazitätsermittlung dieser Werke, weil die inzwischen entwickelte Technologie des Trocknens von Anwelkgut gezeigt hat, daß die bisher üblichen Berechnungsmethoden (entweder nach Frischgutdurchsatz oder nach Trockengutausstoß) von so vielen unklaren Faktoren abhängig sind, daß man auf sie in Zukunft verzichten sollte. Nach diesen Parametern kann, um das in ökonomischen Formen auszudrücken, das Zingster Trockenwerk jährlich 14000…16000 t Trockengut erzeugen. Das sind etwa 5% der in der DDR 1968 vorhandenen Kapazität.

3. Wie es immer in den letztlichen Entscheidungen der Betriebe über die Entwicklung neuer Produktionskapazitäten in der sozialistischen Wirtschaft üblich sein sollte, waren zwei betriebsökonomische Hauptgesichtspunkte Maßgabe für die Konstruktion des Großtrockenwerkes:

3.1. Die Investitionsökonomie

Jedes Trockenwerk benötigt einen verhältnismäßig großen umbauten Raum und macht eine Reihe von Erschließungsarbeiten, der Energie- und Wasserzuführung, des Verkehrswesens sowie die Absicherung sozialer Belange erforderlich. Das gleiche gilt für die zur Trocknung unter modernen Gesichtspunkten erforderliche Errichtung von Bevorratungsflächen für Grüngut, konzentrierten Grüngutannahmen und ganz besonders für die Aufbereitung des Trockengutes durch Pelletierung und zur Lagerung derselben.
Dieser Investitionsaufwand ist für ein Trockenwerk mit einer 5-to-Trommel in der DDR fixiert auf etwa 1,3 Mio. M Bauanteil. Es wurde errechnet, daß sich dieser mit der Zuordnung mehrerer Trockentrommeln nicht mathematisch addiert, sondern relativ stark abnimmt. Das Großtrockenwerk im VEG Zingst machte einen Bauaufwand von 2,5 Mio. M erforderlich, d. h. also, daß je trocknende Einheit nur ca. 45% des üblichen Bauinvestitionsbedarfes benötigt wurden.

3.2. Die Arbeitsproduktivität

Das Studium der Arbeitsgänge in einem Trockenwerk und die gesetzlichen Bestimmungen zum Betreiben desselben zeigen, daß mindestens drei Arbeitskräfte bestimmte Arbeitsgänge gleichzeitig zu verrichten haben, wobei sie, das ist besonders negativ, im allgemeinen in ihrer Leistungseffektivität bei weitem nicht voll ausgelastet sind. Deswegen wurde für das Großtrockenwerk projektiert und inzwischen realisiert, daß durch maximale Mechanisierung bis zur Automation der wichtigsten Arbeitsgänge des Trocknungsprozesses auch für vier Trommeln nur vier Arbeitskräfte je Schicht benötigt werden. Eine AK ist während des Betriebes für 1,6 Mio. M verantwortlich.
Diese starke ökonomische Fundamentierung der technischen Trocknung im VEG Zingst führte dazu, daß 1968 die dt Trockengut, bei einem innerbetrieblichen Bewertungspreis des Grases von 4,60 M je dt, 39,— M kostete und damit rentabel war.
Diese Kosten wären weiter zu senken, wenn die Preise von Öl und Elektro-Energie gesenkt würden. Dann wäre Trockengut evtl. in den Selbstkosten dem Getreide gleichgestellt und sehr plötzlich von primärer Bedeutung für die Fütterung.

4. Das Großtrockenwerk führt dazu, die Leitung und Organisation der industriemäßigen Futterproduktion weitaus effektiver, störungsfreier und reibungsloser ablaufen zu lassen als vergleichbar mehrere kleine Trockenwerke es gestatten. Ein Ingenieur als Leiter ist ausgelastet und erreicht eine hohe Arbeitsproduktivität. — Die Betriebsleitung kann mit einer großen Sicherheit den Produktionsprozeß aller Teilbereiche planen, die Disposition der Produktionsmittel und der Produkte koordinieren und den Produktionsprozeß aller Teilverfahren gut kontrollieren und abrechnen. Zum letzteren ist besonders hervorzuheben, daß ein betriebseigenes Laboratorium, das im Schichtsystem arbeitet,

sowohl den Kollegen im Futterbau Hinweise zur Qualität des Grüngutes gibt, als auch dem Trockenwerk die Gehaltsangaben des Trockengutes mitteilt, um die Trocknerführung durch die Automaten und die sie kontrollierenden Spezialisten noch besser zu gewährleisten.
Die Herausbildung eines sozialistischen Kollektivs ist in einem Großtrockenwerk auch wesentlich besser möglich, sowie die ständige Weiterbildung und die Organisation des sozialistischen Arbeitens, Lebens und Lernens, als das in kleineren Werken möglich wäre.

5. Das Großtrockenwerk kann in Übereinstimmung mit der Leistungsfähigkeit moderner Futterernteaggregate gebracht werden.
Das Hauptkettenglied fast jeder modernen Grünfuttererntetechnologie ist der Schwadmäher geworden, der außerordentlich produktiv Gras zu hoher Konservierungsqualität vorbereitet. Drei Schwadmäher arbeiten einschichtig für das Werk. Zwei selbstfahrende Exakthäcksler arbeiten im mehrschichtigen System und versorgen das Trockenwerk mit der Frischgutmenge, die, in Abhängigkeit vom Wassergehalt in der Menge stark variierend, vom pausenlos arbeitenden Trockenwerk benötigt werden. — Obwohl die Zingster Erfahrungen zeigen, daß diese Ernteaggregate bereits ein Mindestmaß an Umfang der industriemäßigen Arbeit in der Grünfutterernte ermöglichen, muß gesagt werden, daß eine noch wesentlich größere Dimensionierung eines Trockenwerkes als es in Zingst vorhanden ist, dazu führen könnte, daß noch größere Erntebrigaden einsetzbar wären, was für die Kontinuität der Arbeit und insbesondere die ausgleichende Überwindung der Ausfallzeiten oder Störungen wertvoll wäre.
Der Frischguttransport zum Trockenwerk wurde nach den gegenwärtigen Möglichkeiten, welche in der DDR gegeben sind, auf drei Meter verbreiterten, hydraulisch abkippbaren Anhängern, die in einem gekoppelten Zug von je zwei Stück gefahren werden, organisiert. Der Transport von drei bis vier t Anwelkgut oder sechs bis sieben t Frischgut auf einem Anhänger und die vollmechanisierte Entladung ist ein Fortschritt, aber durch die Langsamkeit des Traktorenzuges insgesamt noch nicht befriedigend.
Während bei der Erntetechnologie im VEG Zingst der wissenschaftliche Vorlauf, d. h. das Optimum des gegenwärtig technisch Möglichen für die nächsten Jahre als erreicht gelten kann, gilt es für den Transport noch bessere Wege zu finden. Der jetzige Einsatz der Großraumanhänger, die auf dem Feld neben dem selbstfahrenden Häcksler mit Allradschleppern gezogen werden und dann an der Straße umgekoppelt und von Radtraktoren weitertransportiert und hydraulisch entladen werden, ist noch zu langsam und führt zu unproduktiven Zwischenarbeiten bzw. Wechselzeiten. Deswegen wird gegenwärtig daran gearbeitet, den Transport auf geländegängige Groß-LKW umzustellen. Als Versuchsobjekt wurde ein sowjetischer 9-t-LKW ausgewählt, der mit dreiachsigem Antrieb und großvolumigen Reifen, die bedarfsweise während der Fahrt ihren Luftdruck verändern können, um im weichen Gelände einen minimalen Bodendruck je cm^2 herzustellen, ausgestattet ist. Dieser LKW soll auf vergrößerter Ladefläche 6···9 to Gras aufnehmen und zusätzlich noch einen großvolumigen Anhänger mit

Niederdruckreifen, die evtl. ebenso im Luftdruck verstellt werden können, gekoppelt sein. Es werden dann voraussichtlich, je nach Entfernung, zwei bis drei LKW den gesamten Frischguttransport für das Trockenwerk bewältigen können. Mit diesem Ziel wäre auch der Welthöchststand in der Mechanisierung des Grünguttransportes erreicht.

6. Das Bestreben, das Großtrockenwerk voll zu mechanisieren und zu automatisieren, stieß zunächst auf sehr große Schwierigkeiten, die auch heute noch nicht alle restlos beseitigt sind. Aus den wesentlichsten Erfahrungen auf diesem Gebiet ist, ohne in technische Details zu verfallen, folgendes zu berichten:

Alle bisher im In- und Ausland konstruierten Trockenwerke sind in ihren Grüngutzuführungs- und Trockengutabführungseinrichtungen so gestaltet, daß sie etwa der Wasserverdampfungsfähigkeit des Trockners entsprechen. Inzwischen ist aber, zumindest für den Bereich der DDR, durch das VEG Zingst entdeckt und technisch fixiert worden, daß das Anwelken des Frischgutes nach Mahd mit Schwadmäher und vor Aufnahme mit dem selbstfahrenden Häcksler, über eine Frist von 24···36 Std., den Trockensubstanzgehalt des zu trocknenden Gutes bis zur doppelten Höhe gegenüber dem Frischezustand steigern kann. — Diese Erkenntnis und der Beweis, daß die Anwendung ohne wesentlichen Nährstoff- und Vitaminverlust möglich ist, stellt eine Revolution für die Verfahrenstechnik der technischen Trocknung dar. Es ist möglich, mit dieser Methode die Leistung aller Trockenwerke zeitweise zu verdoppeln und, weil während der Jahreszeiten mit hoher Luftfeuchtigkeit der Anwelkeffekt nur geringfügig eintritt, im Schnitt die Leistung der Trockenwerke um 50···60% zu erhöhen.

Die Ökonomie der technischen Trocknung kann also weiterhin durch diese neue Methode des Anwelktrocknens wesentlich verbessert werden.

Der Trocknung von Anwelkgut stehen gegenwärtig jedoch meistens eine begrenzte Leistungsfähigkeit der Zu- und Abführungsmechanismen entgegen. Um diesen Engpaß zu überwinden, aber auch um die bekannte Störanfälligkeit von Kratzerketten und Förderschnecken ausschalten zu können, wurde die gesamte Grüngutstrecke und die Trockengutstrecke des Großtrockenwerkes Zingst auf Förderbänder umgebaut.

Das führte außerdem zur Verkürzung der Gesamttransportwege, zur Reduzierung der elektroenergetischen Antriebstellen von fünf auf drei Stück und zur Senkung des Energieverbrauches.

Durch diese außerordentlich wichtigen Umkonstruktionen der Transportanlagen kann jetzt die volle Trocknerleistungsfähigkeit ausgeschöpft werden und die Trocknertrommeln, die, wie sich zeigte durchaus noch Leistungsreserven hatten, zu einer Durchsatzleistung bis zur doppelten Menge gegenüber dem vorherigen Zustand gesteigert werden. Erst diese Rekonstruktionen gestatten es, den wissenschaftlich-technischen Fortschritt der Anwelktrocknung voll zur Wirkung gelangen zu lassen.

Die wissenschaftlich-technisch und organisatorisch schwierigste Aufgabe bestand in der Beschaffung bzw. Herstellung von Automaten für das Trockenwerk bzw.

seiner wichtigsten Kontroll- und Steuerungsstellen, die die Trocknerführung mit größter Sicherheit entsprechend der Aufgabenstellung gewährleisten und die lebendige Arbeit ersetzen können.
Die Automation der wichtigsten Trocknungsvorgänge sind jetzt:

- Konzentration aller wichtigen Kontroll- und Steuerarmaturen auf einem Schaltpult, das in einer Schutzkabine über den Aggregaten angeordnet ist.
- Die elektronische Verriegelung voneinander abhängiger automatischer Aggregatarbeitsgänge.
- Die Fernsteuerung der Grüngutzufuhr durch Temperaturtaster am Trommelausgang.
- Durch fotoelektrische Sollwertabtastung vollautomatische Flammenmodulation in Abhängigkeit von der Abgastemperatur.
- Die ständige selbstschreibende Kontrolle der Abgastemperatur durch einen 6-Punktmotorkompensatorschreiber (Schichtnachweisführung).
- Eine in der gesamten Anlage vernehmbare akustische und optische Signalanlage.
- Das Industriefernsehen vom zentralen Steuerpult zu den wichtigsten Außenanlagen.

Durch diese Automation wurde eine Steigerung der Arbeitsproduktivität von 300% gegenüber üblichen Trockenwerken erreicht.
Die dort tätigen hochqualifizierten Spezialisten mit dem Qualifikationsgrad eines Meisters der technischen Trocknung oder eines Facharbeiters der BSMR-Technik verrichten überwiegend Kontrollfunktionen bzw. geringfügig die Beseitigung von technischen Störungen.
Es wurde also eines der wichtigsten Ziele der wissenschaftlich-technischen Revolution, nämlich den Menschen zum Beherrscher automatisierter technischer Prozesse zu machen und ihn dabei nur noch geringfügig physisch zu belasten, erstmalig bei der Futterkonservierung durch den Bau und die technisch detaillierte Durchkonstruierung des Großtrockenwerkes erreicht.
Die Trockengutqualität ist einmal abhängig von der Trocknerführung.
Zu hohe Temperaturen und Übertrocknung können zur Zerstörung bzw. Unverdaubarkeit der Eiweiße und Vitamine, und Untertrocknung zum kurzfristigen Verschimmeln, also Verderb des Produktes, führen. Weil solche Fehler meistens durch menschliches Versagen verursacht wurden, wird dem die Automation des Trockenprozesses entgegenwirken.
Von besonderer Bedeutung für die Trockengutqualität ist der Ausgangsrohstoff. Grünpflanzen mit einem zu geringen Eiweiß- oder zu hohen Rohfasergehalt sind nicht geeignet für ein gutes Endprodukt. Bei der Grastrocknung gibt es vor allem in den Monaten Juni bis August nicht selten Schwierigkeiten dadurch, daß unsere gegenwärtig in der inländischen züchterischen Bearbeitung befindlichen Gräsersorten durchweg eine starke Schosserneigung haben und dadurch sehr schnell überständig werden.
Es besteht die dringende Forderung, Gräser zu züchten — oder zu importieren — die einen längeren optimalen Schnittzeitpunkt haben, um ein gleichbleibend

gutes Produkt zu erzeugen. Erwähnt werden soll auch noch, daß der N-Einsatz die Qualität stark beeinflussen kann. Die in Zingst verabfolgten Gaben von bis zu 450 kg N/ha scheinen auf Grund der starken Bewässerung der Futterflächen weder das ökonomische noch das pflanzenphysiologische Optimum überschritten zu haben.

Weitere Versuche, gemeinsam mit dem DAL-Institut Paulinenaue, sollen in diesem Gesamtkomplex Klarheit schaffen und die Maximalgrenzen in den verschiedenen Fragen ermitteln.

Es besteht kein Zweifel daran, daß ordnungsgemäß erzeugtes Trockengut ein außerordentlich wertvolles Futtermittel für alle Tierarten, insbesondere für Rinder, ist.

Die Verfütterung des Trockengutes und auch vor allem die Mechanisierbarkeit seiner Fütterungstechnologien sind jedoch nicht unkompliziert und eskommen bei Rindern noch verdauungsphysiologische Forderungen hinzu, die beachtet werden müssen. Klar erkannt ist, daß kein Tier Grünmehl in größeren Mengen aufnehmen mag. In Futtergemischen überschreitet 10% Grünmehlanteil beinahe schon die erträgliche Grenze und rein werden höchstens einige 100 g ungern aufgenommen.

Trockenhäcksel wird zwar verhältnismäßig gut gefressen, ist aber schwer mechanisierbar und benötigt ein sehr großes Lagerungsvolumen, das herzustellen sehr investitionsaufwendig ist. Die Pelletierung löst fast alle vorgenannten Probleme nahezu ideal, wenn sie richtig durchgeführt wird. Von der Transport- und Umschlagtechnologie her ist der fest gepreßte Mehlpellet mit einem Durchmesser von 10···14 mm die günstigste Form. Er kann auch für die Mischfutterindustrie bestens eingesetzt werden, wird jedoch in der direkten Verfütterung von den Rindern nur begrenzt aufgenommen. Alle Fütterungsversuche bei Rindern führten zu der Erkenntnis, daß die beste Aufnahme, verbunden mit der besten physiologischen Wirkung, der Häckselpellet hat. Pellets aus Kurzhäcksel gepreßt in einem Durchmesser von 14···35 mm (letztere werden dann schon Futterbriketts genannt) wurden von den Tieren gut und in großen Mengen aufgenommen. Negativ an ihnen ist, daß sich mit steigender Größe die Bröckelverluste erhöhen und die Mechanisierbarkeit des Transportes und des Umschlages schwieriger werden.

Trotzdem wird angestrebt, in Zukunft nur große Pellets oder Briketts aus Häcksel für die Verfütterung an Rinder zu erzeugen.

Der Zusatz von Melasse oder Amiden zu diesen Pellets erscheint vorteilhaft und soll in Zukunft noch eingeführt werden.

Das Großtrockenwerk Zingst ist in den letzten Tagen zu seiner zweiten Kampagne angelaufen. Es zeigte sich, daß die umfangreichen Umbauten und Rekonstruktionen während der winterlichen Ruhezeit sich gut bewähren und die gestellten Ziele der täglichen Produktion von 80···100 to Trockengut erreicht werden. Man kann diese Ergebnisse als einen großen Fortschritt verzeichnen. Aber insgesamt befriedigt dies noch nicht.

Trockentrommeln mit 4···4,5 to Wasserverdampfungsfähigkeit sind zu klein und trotz der Zingster Konzentration immer noch in den Investitionen zu verbilligen, wie auch in der Arbeitsproduktivität des Betriebes weiter zu steigern. Zu fordern sind für die Zukunft Trockentrommeln mit einer Wasserverdampfungsfähigkeit von mindestens 9 t, ja möglichst 15···18 t pro Stunde.

Die Größe von Großtrockenwerken scheint mit der in Zingst erreichten 16···18 to Wasserverdampfungsfähigkeit auch noch nicht optimal zu sein. Die Formen des Zingster Grünfutterproduktionsbereiches als langgezogenes, schmales Landwirtschaftsgebiet (Handtuchform) sind nicht optimal für ein Transporteinzugsgebiet.

Modellmäßig läßt sich errechnen, daß ein Großtrockenwerk mit einem kreisförmigen Einzugsgebiet von 6,5 km 900000 t trocknen könnte, also eine Wasserverdampfungsfähigkeit von 180 t/h haben könnte. Auch, weil, wie schon vorher begründet, große Erntebrigaden günstiger sind als kleine, muß als Idealfall ein Trockenwerk dieser Größe bezeichnet und für den zukünftigen Bau empfohlen werden.

Auf jeden Fall ist hier zu erklären, daß es auf keinen Fall mehr volkswirtschaftlich oder betriebswirtschaftlich vertretbar ist, kleine Trockenwerke zu bauen. Sie haben derartig ungünstige Parameter, daß sie grundsätzlich der Vergangenheit angehören sollten.

Dem Großtrockenwerk gehört die Zukunft!

Und, um das nicht unerwähnt zu lassen, das ist nicht nur eine betriebsökonomisch oder technologisch begründete Feststellung, sondern resultiert vor allem auch aus der Perspektive und Prognose der sozialistischen Landwirtschaft. Gerade auf dem Gebiet der Futterproduktion bzw. Grünlandwirtschaft liegen hier die die günstigsten Möglichkeiten, wie das VEG Zingst überzeugend nachweisen konnte.

Es wurde versucht darzulegen, wie das VEG Zingst-Darß-Fischland als bisher einziger, und auf lange Sicht noch größter Spezialbetrieb der industriemäßigen Futterproduktion in der DDR, ein Problem der Konservierung von Gras mit den geringsten qualitativen und quantitativen Verlusten bei maximaler Mechanisierung löst. Leitfaden dabei war die Anwendung aller geeigneten Erkenntnisse der Natur- und Agrarwissenschaft und vor allem die maximale Durchsetzung der technischen Revolution. Die Ergebnisse können gegenwärtig befriedigen, weil in Ökonomie und Arbeitsproduktivität der Welthöchststand mitbestimmt wird. Für die Zukunft sind jedoch noch größere Möglichkeiten in der sozialistischen Landwirtschaft gegeben.

Zusammenfassung

Auf den Halbinseln Zingst, Darß und Fischland wurde 1964 auf 6000 ha landwirtschaftlich nutzbaren Bodens ein VEG gegründet, dem die Aufgabe gestellt wurde, nach komplexer Melioration, Ödlandkultivierung und Intensivierung zunächst Futter für den Verkauf und später tragende Färsen zu produzieren. Um die Qualität des Futters dieses Betriebes, der auf grundwassernahem Feinsand ausschließlich Gras erzeugt, zu verbessern und die Verluste zu senken, wurde die technische Trocknung für etwa ein Drittel der Grasproduktion eingeführt. Es wurde ein Grastrockenwerk mit 4 MGF-Trommeltrocknern errichtet, das nach der Vorwelkmethode täglich 80···100 t Trockengut erzeugen kann. Das Werk hat wesentlich günstigere Parameter, als es bisher in den üblichen Trockenwerken der Fall ist. Der Investitionsaufwand fiel auf 45%, und die Arbeitsproduktivität stieg durch weitgehende Automation des Werkes auf 300% im Vergleich zu anderen Werken. Aus den günstigen Parametern kann geschlußfolgert werden, daß in Zukunft nur noch größere Grastrockenwerke als in Zingst gebaut werden sollten. Trockengut hat auch in Zukunft eine wesentliche Bedeutung für die Tierernährung, insbesondere bei Rindern.

Резюме

Название работы: Производство промышленными методами сухой травы в травосушильной установке

На полуостровах Цингст, Дарс и Фишланд в 1964 году было создано народное имение, располагающее площадью в 6000 га. После комплексной мелиорации, окультуривания пустошей и интенсификации хозяйства в задачи имения вошло производить в первую очередь товарные корма, а позднее поставлять стельных телок. Для повышения качества кормов данного хозяйства, производящего на мелкозернистой песчаной почве при высоком стоянии уровня грунтовых вод исключительно траву, установили техническую сушку для примерно одной третьи произведенной продукции. Сооружена травосушильная установка, работающая на 4 барабанных МГФ-сушилках методом предварительного провяливания, мощностью 80—100 т сухого материала в сутки. Установка имеет значительно лучшие параметры, чем применявшиеся до сих пор традиционные установки. Затрата капиталовложений снизилась до 45%, а производительность труда возросла в результате применения широкой автоматизации до 300% по сравнению с другими установками. Учитывая хорошие параметры можно сделать вывод, что в будущем потребуются исключительно более крупные по сравнению с Цингстом травосушильные установки. Сухой материал сохранит и в будущем свое большое значение в кормлении животных, в частности крупного рогатого скота.

Summary

Title of the paper: Industry-like production of dried grass at grass-drying plant

On the Zingst, Darss, and Fischland peninsulas (Baltic Sea) a State farm was established in 1964 covering 6000 ha of agriculturally utilizable land. This farm was given the task of producing forage for sale and later in-calf heifers following complex soil improvement, wasteland reclamation and intensification measures. In order to improve the quality of the forage which is grown on fine sand with a high water table and to reduce losses, artificial drying was chosen as conservation method for about one third of the total grass production. A grass-drying plant fitted with 4 MGF drum driers was erected. Following the pre-wilting technique it can turn out 80 to 100 tons of dried material per day. The plant has considerably better parameters than conventional drying-plants. The necessary investments dropped to 45 per cent whilst labour productivity went up to 300 per cent (as compared with other plants) thanks to a high degree of automation. In view of the favourable parameters, the conclusion can be drawn that in future still larger grass-drying plants than that at Zingst should be built. Artificially dried crops will play an important role in animal nutrition, especially of cattle.

Anschrift des Verfassers:

Dipl.-Landw. Herbert MALZAHN
Direktor des VEG Zingst – Darß – Fischland
2385 Zingst/Ostseebad

Z. Landeskultur · Bd. 10 · 1969 · H. 4–6 · S. 445–457 · Berlin

Aus dem Institut für Grünland- und Moorforschung Paulinenaue
der Deutschen Akademie der Landwirtschaftswissenschaften zu Berlin

GEORG WEILAND

Weidehaltung in der industriemäßigen Rinderaufzucht

Eingegangen: 16. 6. 1969

Der IX. Deutsche Bauernkongreß hat vor drei Jahren in seinem „Beschluß zur Intensivierung der Grünlandwirtschaft und Steigerung der Grünlanderträge" u. a. die „Umwandlung möglichst aller beweidbaren Wiesen in Mähweiden und Entwässerung des meliorationsbedürftigen Grünlandes auf Beweidbarkeit" festgelegt (... 1966). Der Umfang der Weideflächen (einschließlich der Hutungen) hat sich von 477000 ha im Jahre 1960 auf 582000 ha im Jahre 1967 erhöht (Stat. Jahrb., 1968), und er dürfte sich in den nächsten Jahren auf Kosten der Wiesenfläche weiter erhöhen.
Unter Hinweis auf die Bedeutung der Kooperation für die Intensivierung der Grünlandwirtschaft war in besagtem Beschluß auch festgestellt worden: „Die Kooperationsbeziehungen ermöglichen die planmäßige Herausbildung von Hauptproduktionszweigen wie z. B.

Grünland – Milchviehhaltung,
Grünland – Jungviehaufzucht,
Grünland – Rindermast

und den schrittweisen Übergang zu industriemäßigen Produktionsmethoden". Diese Orientierung wird noch geraume Zeit gültig bleiben, weshalb die Beschränkung auf das Thema Weidehaltung von Jungrindern keineswegs etwa besagt, daß die Weidehaltung von Milchkühen und Mastrindern inzwischen an Bedeutung verloren hätte. Es ist bekannt, daß in mehreren Bezirken der DDR soviel Grünland vorhanden ist, daß bei dessen intensiver, mit einer Reduzierung des Hauptfutter-Flächenaufwandes auf 0,6 ha/GV-Rind verbundenen Bewirtschaftung alle über 4 Monate alten weiblichen Jungrinder und ein großer Teil der Kühe ganzjährig allein mit Grundfutter vom Grünland ernährt werden könnten (Abb. 1). In den Bezirken Suhl, Schwerin und Potsdam ist sogar mehr Grünland vorhanden, als bei intensiver Bewirtschaftung für den gegenwärtig vorhandenen Bestand an weidefähigem Rindvieh erforderlich wäre (WEILAND, 1969c). Schon eine solche recht grobe Bilanz läßt erkennen, welch große Bedeutung der Weidehaltung von Milchkühen auch in absehbarer Zukunft noch zukommt, solange sie die einzig vertretbare Möglichkeit ist, die Kühe im Sommer mit Grundfutter vom Grünland zu versorgen, weil gemähtes Weidegras aus technischen oder ökonomischen Gründen noch nicht im erforderlichen Umfang in frischer oder konservierter Form zur Sommerfütterung der Milchkühe eingesetzt werden kann.

Über Probleme der Milchviehweiden wird heute nicht vorgetragen, weil sie in den Jahren 1958—1967 ausführlich bearbeitet und weitgehend abgeklärt sind. Seitdem ASMUS PETERSEN im Jahre 1959 erstmalig die Vorstellungen des Paulinenauer Kollektivs über das Weidekombinat als die dem sozialistischen Großbetrieb angepaßte Form der Weidehaltung von Milchkühen und älteren Jungrindern dargelegt hat (PETERSEN, 1959), sind während der folgenden Jahre in

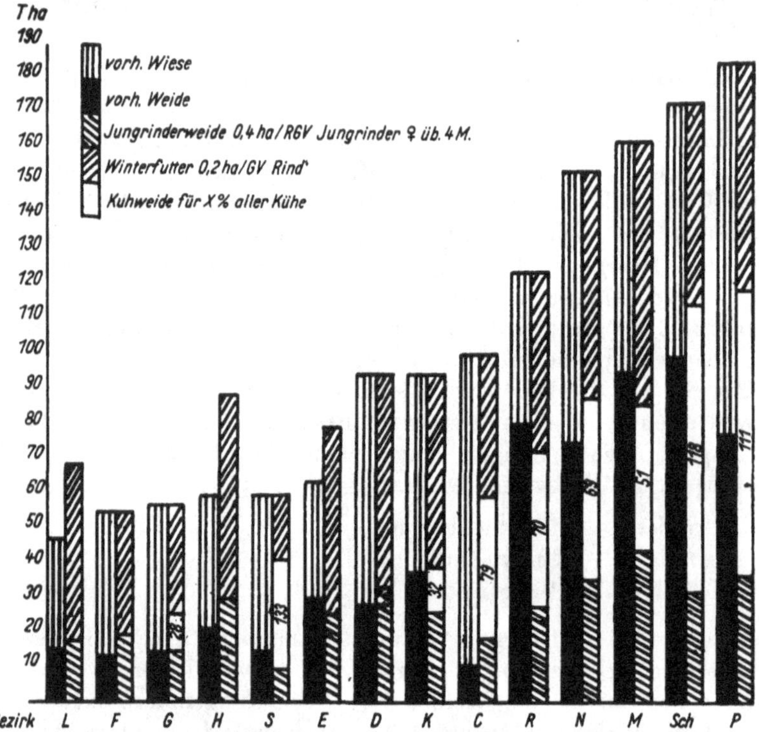

Abb. 1: Grobbilanz über das in den Bezirken vorhandene Grünland und dessen theoretische Nutzung

ungezählten Arbeiten vorrangig Probleme der Weidehaltung von Milchkühen behandelt worden. Auch zur Bullenweidemast sind umfassende Forschungen durchgeführt und in der zusammenfassenden Habilitationsarbeit von BERG zu einem gewissen Abschluß gebracht worden (BERG, 1968).

Gegenwärtig wird von Paulinenaue aus auf dem Gebiet der Weidehaltung nur bei weiblichen Jungrindern intensiv geforscht. Entsprechend dem Beschluß des X. Deutschen Bauernkongresses, nach welchem es bei der zielstrebigen Zusammenarbeit in der Tierproduktion ratsam ist, „mit dem Nächstliegenden zu beginnen: Mit der Kooperation in der Jungrinderaufzucht" (Protokoll, 1968) soll vordringlich für die Weidehaltung der Jungrinder ein wissenschaftlicher Vorlauf geschaffen werden.

Unter wissenschaftlichem Vorlauf verstehen wir hier weniger, neue naturwissenschaftliche Erkenntnisse zu erarbeiten, als vielmehr das Produktionsverfahren

Weidehaltung im spezialisierten Aufzuchtbetrieb mit hoher Tierkonzentration modellhaft zu organisieren. So gesehen kann natürlich auch hinsichtlich der Weidehaltung von Milchkühen und der von Mastbullen nicht über einen Abschluß der Forschungen gesprochen werden. Im Verlaufe der weiteren Spezialisierung und Konzentration der Tierproduktion wird auch die Weidehaltung von Milchkühen in großen Produktionseinheiten von bis zu 1000 Tieren und die Weidehaltung von Mastbullen in großen Produktionseinheiten von beispielsweise 2000 oder mehr Tieren modellhaft zu organisieren sein.

In der Rinderaufzucht gibt es bereits volkseigene und auch genossenschaftliche Spezialbetriebe mit großer Tierkonzentration. Am Beispiel des zum „Kooperationsverband Trinkmilch Berlin" gehörenden VEG Hertefeld, in dessen 2500 Jungrinder fassenden Stallanlage Färsen für stadtnahe, auf Milchproduktion spezialisierte Produktionsgenossenschaften und Volkseigene Güter aufgezogen werden, wurden Fragen der Weidehaltung von Jungrindern unter den Bedingungen industriemäßiger Produktion bearbeitet. Unseren in Zusammenarbeit mit dem VEG Hertefeld durchgeführten Forschungen liegt folgende Konzeption mit drei Hauptaspekten zugrunde:

Im Rahmen der sozialistischen Entwicklung der Landwirtschaft in der DDR „entwickeln sich schrittweise relativ immer selbständigere große Produktionseinheiten für die Pflanzenproduktion und für die verschiedenen Zweige der Tierproduktion. Innerhalb der Zweige werden sich darüber hinaus spezialisierte Produktionseinheiten für die verschiedenen Produktionsstufen oder bestimmte Arbeitsprozesse herausbilden" (Ulbricht, 1968). Die spezialisierten Produktionseinheiten für die Rinderaufzucht sollten unseres Erachtens vornehmlich, oder besser noch ausschließlich in grünlandreichen Produktionsgenossenschaften oder Volksgütern entstehen. Für diese ganz nachdrücklich zu erhebende Forderung sprechen nicht in erster Linie die bekannten, gegenüber der Sommerstallfütterung anzuführenden Vorteile, wie gesundheitsfördernde Wirkung der Weidehaltung, geringerer Kraftfutteraufwand, geringerer Arbeitsaufwand bei der Futterveredlung und geringere Futterkosten. In erster Linie sollte die Rinderaufzucht deshalb in Grünlandgebiete gelegt werden, weil diese Gebiete allgemein einen zu geringen Rindviehbesatz haben. Die Erhöhung ihres Viehbesatzes aber — die am einfachsten und zweckmäßigsten mit Jungrindern erfolgen kann — ist eine Voraussetzung für die Intensivierung ihrer Grünlandwirtschaft. Dieser volkswirtschaftliche Gesichtspunkt, durch Erhöhung des Rindviehbesatzes in den grünlandreichen Gebieten die Voraussetzung, man kann auch sagen den Zwang zu intensiver Bodennutzung zu schaffen, erscheint uns ganz vorrangig. Selbst wenn alle vorher genannten Vorteile entfallen würden, genügte schon allein dieser letzte volkswirtschaftliche Gesichtspunkt für die Forderung nach Konzentration der Rinderaufzucht in grünlandreichen Betrieben.

Der zweite Hauptaspekt unserer Konzeption betrifft die Zielstellung, während der Aufzuchtperiode möglichst viel Weidegras einzusetzen. In den grünlandreichen spezialisierten Aufzuchtbetrieben soll sich die Weidehaltung möglichst lange in den Herbst hinein erstrecken, und nicht nur die älteren Jungrinder sollen weitestgehend mit Weidefutter ernährt werden, sondern schon die Kälber ab 4. Lebensmonat bzw. ab 110—120 kg Körpermasse. Würde man sämtliche 4—12 Monate alten Kälber künftig auf der Weide halten, das sind 234000 GV, die bisher so gut wie alle sommers mit Grundfutter vom Ackerland ernährt worden sind, so ließen sich etwa 70000 ha Ackerfutterfläche einsparen, denn diese Fläche wäre im Gefolge intensivierter Grünlandbewirtschaftung in den grünlandreichen Betrieben leicht bereitzustellen.

Selbstverständlich muß die Körpermasseentwicklung der schon im ersten Lebensjahr geweideten Kälber so verlaufen, daß die Tiere im Alter von 18 Monaten 350 kg schwer sind, die Zuchtreife erlangen und im Alter von 27 Monaten erstmalig kalben. Außerdem muß, besonders im Hinblick auf eine großflächige Bewirtschaftung des Grünlandes mit modernen Großmaschinen, die Weidehaltung in großen Herden von mehreren hundert Tieren angestrebt werden, so daß in einem Aufzuchtbetrieb mit beispielsweise 2400 Weidetieren möglichst nur 5 Weideherden und Weidekombinate erforderlich sind. Obwohl die Gesichtspunkte, die bei der Unterteilung eines Bestandes in Weidegruppen zu berücksichtigen sind, von größter Wichtigkeit für die Gesunderhaltung der Weidetiere und damit für den Weideerfolg sind und ihre Nichtbeachtung dazu geführt haben dürfte, daß hier und dort einzelne Betriebe Mißerfolge beim Weidegang hinnehmen mußten und trotz umfangreicher Weideflächen zur sommerlichen Stallfütterung übergehen wollen, möchten wir hier nicht näher auf die Bildung von Weideherden eingehen, weil wir erst kürzlich darüber berichtet haben (WEILAND, 1969).

Ebenso wie die richtige Herdeneinteilung beeinflußt auch die Nutzung der Weiden die Körpermassezunahme der Jungrinder. Deshalb sei, ehe die in den großen Weideherden erzielten Körpermassezunahmen mitgeteilt werden, zunächst noch auf den dritten Hauptaspekt unserer Konzeption eingegangen: Die Weidehaltung großer Jungrinderherden muß mit intensiver Weidenutzung kombiniert sein, so daß hohe Flächenleistungen gewährleistet sind.

Gemäß unseren bisherigen Erfahrungen und Versuchsergebnissen mit kleineren Herden (WEILAND, 1965) haben wir bei der versuchsweisen Organisation der Weidehaltung großer Jungrinderherden im VEG Hertefeld die Jungrinderweiden nach dem System der Weidekombinate (KREIL u. BERG, 1964) eingerichtet und genutzt. Wenn einige wesentliche Faktoren dieses Systems hier noch einmal kurz gekennzeichnet werden, so deshalb, weil die Unterschätzung des einen oder anderen Faktors zu unbefriedigenden Ergebnissen der Weidehaltung führen kann und tatsächlich noch oft genug dazu führt.

Zu jedem Weidekombinat gehört eine Weidezentrale. In ihr befindet sich die zentrale Tränke, eine Fangschleuse mit Wiegevorrichtung und ein Schuppen für den Wassermotor, das Weidezaungerät, Ersatzteile und die Buchführungsunterlagen. Besteht ein Weidekombinat aus zwei räumlich getrennten Kombinatsteilen, so gehört zu jedem dieser Kombinatsteile eine Weidezentrale. Oftmals genügt es allerdings, wenn nur in einem Kombinatsteil die Wiegevorrichtung geschaffen wird.

Die Vorteile einer zentralen Tränke in der Weidezentrale liegen nicht nur auf hygienischem und finanziellem Gebiet, sondern auch auf technologischem Gebiet. Der Weidezentrale mit zentraler Tränke kommt bei großen Jungrinderherden sogar eine ausschlaggebende technologische Bedeutung zu: Sie ist der tägliche Sammelpunkt der vielen hundert zu einer Herde gehörenden Tiere, der freiwillig aufgesucht wird und überhaupt erst die Betreuung großer Herden mit geringem Arbeitsaufwand und fast ohne Beunruhigung der Tiere ermöglicht.

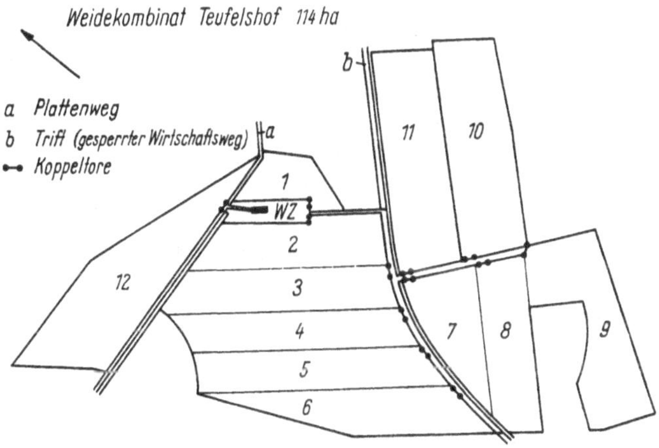

Abb. 2: Weidekombinat Teufelshof

Die Weidezentrale sollte möglichst von allen Koppeln aus direkt oder über einen Triftweg ständig erreichbar sein, so daß die Herden niemals getrieben werden, sondern sich nach eigenem Belieben zwischen Koppel und Weidezentrale bewegen können. Im Beispiel des Hertefelder Weidekombinates „Teufelshof" (Abb. 2) war es notwendig, einen bisherigen — allerdings zweitrangigen — Wirtschaftsweg (b) zu sperren und als Triftweg zu nutzen, wodurch alle Koppeln außer der jenseits eines Hauptwirtschaftsweges (a) liegenden Koppel 12 eine ständige Verbindung mit der Weidezentrale erhielten.

Jede Weidenutzungseinheit ist in 12 bis 16 Koppeln unterteilt, deren Abgrenzung nicht unbedingt durch stationäre oder halbstationäre Zäune erfolgen muß, sondern auch durch Wanderzäune erfolgen kann. Die Größe der einzelnen Koppel aber muß von Weidenutzung zu Weidenutzung unverändert bleiben, denn nur so läßt sich die zwecks Parasitenprophylaxe geforderte Karenzzeit von 40 Tagen zwischen zwei Beweidungen einer bestimmten Fläche unkompliziert feststellen und anhand des Weidebuches jederzeit kontrollieren.

Auf allen Koppeln und die ganze Weidesaison über wird Portionsweide durchgeführt, die immer häufiger auch als Rationsweide bezeichnet wird. Zweimal täglich wird jeder Herde eine frische Weidefutterration zugeteilt. Ein aufmerksamer Tierpfleger lernt es nach kurzer Einarbeitung — und ohne daß etwa Ertragsfeststellungen vorgenommen werden müßten —, der Herde stets eine so große Fläche zuzuteilen, daß die Tiere ausreichend Futter erhalten. Wird einmal zuviel Futter zugeteilt, dann hält man die nächste Ration kleiner, die Tiere grasen im überschüssigen Futter der vorherigen Ration nach, und eine unvertretbare Futterverschwendung wird vermieden. Das Einlassen der sich am Freßzaun erwartungsvoll drängenden Tiere in eine frische Ration ist selbst bei großen Herden unproblematisch, wenn mit zwei Freßzäunen gearbeitet wird, so daß beim Öffnen des ersten Freßzaunes der zweite Freßzaun bereits aufgebaut ist und die frische Ration abgrenzt. Ruhezäune, mit denen der abgegraste Teil der Koppel abgezäunt wird, benutzen wir nicht. Während unserer Verhaltensbeobachtungen grasten die Tiere nur wenige Minuten lang auf den vor mehr als 3 Tagen zugeteilten Flächen.

Bei der Festlegung der Besatzstärke für ein Weidekombinat von Kälbern oder Jungrindern, dessen Tiere nicht vor Ende der Weidesaison abgetrieben werden sollen, ist von der Besatzkapazität derWeidenutzungseinheit im Herbst auszugehen, weil die Tiere nicht nur lange in den Herbst hinein weiden sollen, sondern auch in vollem Futter. Futterwuchs und damit Besatzkapazität sind im Herbst jedoch bekanntlich relativ gering, und da die Besatzstärke entsprechend den Körpermassezunahmen vom Frühjahr bis zum Herbst beträchtlich ansteigt, muß die Besatzstärke beim Weideauftrieb entsprechend niedriger sein als die Besatzkapazität im Herbst. Dort, wo im Herbst keine Nebenflächen beweidet werden können und auch nicht auf der Weide zugefüttert werden soll, darf die anfängliche Besatzstärke oftmals nur 1,2 bis 1,6 GV/ha betragen, je nach der mittleren Körpermasse der Herde beim Weideauftrieb (WEILAND, 1969 b). Das heißt aber, daß auf der Weidenutzungseinheit einer solchen Kälber- oder Jungrinderherde soviel gemäht werden muß, daß annähernd das gesamte von dieser Herde im Winter benötigte Grundfutter gewonnen wird.

Die in Weidekombinaten von Kälbern und Jungrindern unabdingbare Mähweidenutzung ist insofern vorteilhaft, als sich Weidenutzung und Mähnutzung der einzelnen Koppeln monatelang ständig abwechseln können. Das führt zu einem relativ verlustlosen Abgrasen des Weidefutters und vor allem über 3 bis 4 Monate hinweg zu einer vorzüglichen Prophylaxe gegen massierten Befall mit Lungenwürmern und Magen-Darmwürmern. Die ausgeprägte Mähweidenutzung erfordert allerdings eine gute Abstimmung zwischen den Bereichen Pflanzenproduktion und Tierproduktion hinsichtlich termingerechter Mähnutzungen.

Unter den beschriebenen Bedingungen ergaben sich im Jahre 1968 für die Kälber-Weidekombinate „Kanalweide“ und „Dammweide“ 546 kg bzw. 556 kg Körpermassezunahme je ha Vollweide. Damit sind zwar nicht die in unseren früheren Versuchen mit kleineren Herden noch wesentlich höheren ha-Leistungen erreicht worden, aber doch schon im ersten Versuchsjahr Werte, die als zufriedenstellende Flächenleistungen bei Weidehaltung großer Kälber- und Jungrinderherden zu bezeichnen sind.

Betrachten wir nunmehr die während der Weidesaison 1968 erreichten täglichen Körpermassezunahmen (tKMZ). Ende April wurden zunächst 4 Herden aufgetrieben: Eine Herde trächtiger Färsen, eine Herde zu befruchtender

Färsen, eine Herde erstmalig weidender Kälber mit etwa 150–250 kg Körpermasse beim Auftrieb, die nicht zugefüttert wurde (Herde D), und eine Herde mit 88–150 kg schweren Kälbern, die bis Anfang Juli ein knappes kg Kraftfutter je Tier und Tag erhielt (Herde St I). Anfang Juli wurde eine fünfte Herde aus den inzwischen herangewachsenen bzw. zugekauften Kälbern gebildet, die bis Anfang November weidete und die ganze Weidesaison über knapp 1 kg Kraftfutter je Tier und Tag erhielt (Herde St II).

Grundsätzlich bilden wir die Weideherden so, daß während der Weidesaison keine Tiere – mit Ausnahme der inzwischen befruchteten und von der Weide weg zu verkaufenden Färsen – von einer Herde in eine andere Herde umgesetzt werden. Diese Maßnahme ist in erster Linie als Vorbeugung gegen eine Verbreitung parasitärer und anderer seuchenhafter Erkrankungen nötig, aber außerdem gegen verminderte Körpermassezunahmen infolge von Anpassungsschwierigkeiten. Versuchshalber haben wir zwischen den beiden Herden D und St I, die beide den gleichen Seuchenstatus hatten, nach den ersten zwei Weidemonaten eine Gruppe von je 12 Kälbern ausgetauscht, während eine gleichwertige Kontrollgruppe in jeder der beiden Herden verblieb. Der Einfluß einer Umsetzung zwischen Weideherden mit Tieren unterschiedlicher Körperentwicklung auf die tKMZ geht aus Tabelle 1 hervor. Die Kälber der Versuchsgruppe D_2, die aus der Herde D, in der sie zu den leichtesten Tieren gehörten,

Tabelle 1
Der Einfluß einer Umsetzung zwischen verschiedenen Weideherden auf die tKMZ

Gruppe	Mittlere KM beim Auftrieb		umgesetzt in Herde	tKMZ
	der Gruppe	der Herde		
D_1	143 kg	194 kg	–	590 g
D_2	142 kg	194 kg	St I	584 g
St I_1	143 kg	118 kg	–	567 g
St I_2	141 kg	118 kg	D	481 g

in Herde St I umgesetzt wurden, wo sie nun zu den schwersten Tieren gehörten, nahmen während der restlichen vier Weidemonate ebensogut zu wie die Tiere der in Herde D verbliebenen Kontrollgruppe. Die Kälber der Versuchsgruppe St I_2, die aus der Herde St I in die Herde D umgesetzt wurden, wo sie nun zu den kleinsten Tieren gehörten, reagierten in den folgenden Weidemonaten mit einer gegenüber der Kontrollgruppe deutlich geringeren tKMZ.

Die Körpermassezunahmen der älteren Jungrinder, deren Weideherden vorerst noch nur 200 bis 340 Tiere umfaßten, also in Größenordnungen blieben, die für derartige Jungrinder nicht ungewöhnlich sind, brauchen hier nicht berücksichtigt zu werden. Auch für die Kälberherden stand uns zwar noch nicht die unserer Konzeption zugrundeliegende Anzahl von Tieren zur Verfügung, weil die Stallanlage erst im Jahre 1969 fertiggestellt wird und die vorgesehene Kapazität von 2500 Jungrindern erreicht, aber die erreichten Herdengrößen sind

doch schon sehr beachtlich und man kann schon bei ihnen von neuen Größenordnungen gegenüber bisherigen Empfehlungen für Tiere dieses Entwicklungsabschnittes (STUNZ, 1965; JURISSON, 1966) sprechen.
Die tKMZ der mit 420 Tieren aufgetriebenen und mit 415 Tieren abgetriebenen Herde D sind in Tabelle 2 wiedergegeben. Wir betrachten es als ein sehr befriedigendes Ergebnis, daß diese allein mit Weidegras ernährten und in einer

Tabelle 2
Dammweide 1968
Die Körpermassezunahme in Abhängigkeit von der Körpermasse beim Auftrieb

Auftriebswägung 22.–26. 4., Auftrieb am 2. 5.
Abtriebswägung am 31. 10., Abtrieb am 19. 11.
Berechnungstage 190, Weidetage 201

KM-Klasse kg	Tiere	Zunahme bis 30. 10. gesamt	täglich	Berechnungstage
–139	9	902 kg	524 g	1723
140–149	46	4776 kg	543 g	8793
150–159	39	4269 kg	573 g	7450
160–169	37	3846 kg	544 g	7067
170–179	38	4292 kg	592 g	7251
180–189	21	2310 kg	576 g	4011
190–199	28	3168 kg	592 g	5348
200–209	28	2997 kg	561 g	5340
210–219	41	4613 kg	590 g	7816
220–229	45	4879 kg	571 g	8542
230–239	42	4827 kg	607 g	7957
240–249	32	3468 kg	574 g	6041
250–	9	909 kg	530 g	1716
	415	45256 kg	572 g	79055

recht großen Herde gehaltenen Kälber in 190 Berechnungstagen täglich 572 g zugenommen haben. Obwohl wir mit Rücksicht auf die der amtlichen Jungviehbonitur zugrundeliegenden Wachstumsnormen empfehlen müssen, erst die über 180 kg schweren Tiere in zufütterungsfreien Herden weiden zu lassen, ziehen wir in unserer Konzeption die Grenze schon bei 150 kg. Selbst die unter 150 kg schweren Kälber haben hier ohne Kraftfutter noch beachtliche tKMZ von über 500 g erreicht, liegen damit allerdings wesentlich unter der für diesen Wachstumsabschnitt gültigen Norm von reichlich 600 g. Im Jahre 1969 sind in die entsprechende Herde nur Kälber mit 150 kg und mehr aufgenommen worden, insgesamt 452 Tiere.
In Tabelle 3 sind die tKMZ der Herde St I angegeben, deren Tiere nur vom Auftrieb am 25. April bis zum 4. Juli Kraftfutter erhalten haben, und zwar täglich knapp 1 kg. Die Herde umfaßte 158 Tiere, von denen die 12 umgesetzten und zwei vorzeitig ausgeschiedene Tiere hier nicht ausgewertet wurden. Entgegen unserer Absicht, nur über 110 kg schwere Kälber in diese Herde aufzu-

nehmen, mußten wir auf wesentlich leichtere Tiere zurückgreifen, um überhaupt eine Herde von 150 Tieren bilden zu können. In beiden Abschnitten nahmen die Kälber um so besser zu, je schwerer sie waren. Während des Weideabschnittes mit Zufütterung zeigte sich aber eine größere Differenziertheit hinsichtlich der von den einzelnen Körpermasseklassen erreichten tKMZ als danach. Normgerechte Zunahmen ließen sich erst bei den Tieren erzielen, die beim Weideauftrieb über 120 kg schwer waren. Die Zunahme der unter 100 kg schweren Tiere fiel beträchtlich ab.

Tabelle 3
Herde St I, 1968
Die Körpermassezunahme in Abhängigkeit von der Körpermasse beim Auftrieb

Auftriebswägung am 22. 4., Auftrieb am 25. 4.
Zwischenwägung am 8. 7., ab 4. 7. ohne KF
Abtriebswägung am 31. 10., Abtrieb am 18. 11.
Berechnungstage 192, Weidetage 207

KM Klasse	Tiere	Zunahme v. 22. 4. bis 8. 7.		Zunahme v. 8. 7. bis 31. 10.		Zunahme v. 22. 4. bis 31. 10.	
kg		gesamt kg	täglich g	gesamt kg	täglich g	gesamt kg	täglich g
–89	10	318	418	486	423	804	421
90–99	23	864	494	1233	466	2097	477
100–109	18	723	526	991	479	1714	498
110–119	222	961	568	1210	478	2171	514
120–129	35	1669	619	2158	536	3827	570
130–139	27	1589	764	1813	584	3402	656
140–149	9	478	690	567	548	1045	605
	144	6602	595	8458	511	15060	546

Tabelle 4
Stallweide II 1968
Die Körpermassezunahme in Abhängigkeit von der Körpermasse beim Auftrieb
Auftriebswägung am 1. 7., Auftrieb am 4. 7.
Abtriebswägung am 31. 10., Auftrieb am 11. 11.
Berechnungstage 122, Weidetage 129

KM-Klasse	Tiere	Zunahme bis 31. 10. gesamt	täglich
100–109	43	2850 kg	543 g
100–119	33	2234 kg	555 g
120–129	32	2123 kg	544 g
130–139	11	774 kg	577 g
140–149	5	372 kg	610 g
150–	7	495 kg	580 g
	131	8848 kg	554 g

Im Jahre 1969 haben wir in die entsprechende Herde nur zwischen 110 kg und 149 kg schwere Kälber aufgenommen und trotzdem eine Herdengröße von 220 Tieren erhalten. Es ist auch für dieses Jahr vorgesehen, ab Juli kein Kraftfutter mehr zu füttern.

Ohne auf arbeitswirtschaftliche und arbeitsorganisatorische Probleme hier näher eingehen zu können, sei noch vermerkt, daß Herde D und Herde St I vom gleichen Tierpfleger versorgt werden, der somit gegenwärtig 670 Tiere betreut und künftig etwa 800 Tiere betreuen wird.

In Tabelle 4 sind schließlich die tKMZ der am 4. Juli aufgetriebenen Herde St II aufgegliedert, deren Kälber durchgehend rund 1 kg Kraftfutter täglich erhielten. Hier kam es uns weniger darauf an, eine große Herde zu erhalten, als überhaupt festzustellen, ob so spät aufgetriebene Kälber noch befriedigende Zunahmen erreichen. Obwohl die Zunahmen in den meisten Körpermasseklassen unter der Norm liegen, sind wir doch recht zufrieden mit ihnen, zumal vor dem Auftrieb eine verlustreiche Viruspneumonie im Bestand ausgebrochen war. Im Jahre 1969 wollen wir wiederum Anfang Juli eine Herde auftreiben. Wahrscheinlich wird dann am 1. September nochmals eine weitere Kälberherde für zwei Monate auf die Weide genommen. Diesen im Laufe des Sommers erfolgenden Auftrieben von Kälberherden liegt auch unsere seuchenhygienische Konzeption mit zugrunde, nach der erstmalig weidende Tiere strikt von zweitmalig weidenden Tieren getrennt zu weiden sind (WEILAND, 1964). Da alle während der Weidesaison zu befruchtenden Tiere in nur einer Herde, und zwar einer Herde zweitmalig weidender Tiere zusammengefaßt werden sollen, müssen diejenigen Kälber, die im folgenden Jahre voraussichtlich dieser Herde zuzuteilen sind, bereits im Kälberalter Weidegang erhalten, wenn auch nur 2 Monate lang.

Nach Darlegung der in den Kälberherden erzielten tKMZ läßt sich nunmehr die Frage beantworten, ob die unter dem zweiten Hauptaspekt unserer Konzeption empfohlene Weidehaltung der 110 kg schweren Kälber mit der Forderung zu vereinbaren ist, daß diese Tiere mit 18 Monaten 350 kg wiegen. Zur Veranschaulichung der Antwort dient der Plan der Körpermasseentwicklung bis zur Zuchtreife, der in Abbildung 3 dargestellt ist.

Für den ersten Haltungsabschnitt im Stall sind normgerechte Zunahmen unterstellt worden. Im darauf folgenden Haltungsabschnitt Weide ist — ausgehend von der am Ende der Stallhaltung zu erreichenden Körpermasse — die in den einzelnen Körpermasseklassen während der Weideversuche erreichte und den Tabellen 2, 3 und 4 zu entnehmende tKMZ eingesetzt worden und die sich aufgrund dieser Zunahmen Ende Oktober ergebende Körpermasse. Da für die Weidehaltung der im April und Mai geborenen, erst Anfang September aufzutreibenden Kälber noch keine Ergebnisse vorliegen, wurden die gleichen Zunahmen wie bei den Anfang Juli aufgetriebenen Kälbern unterstellt (eingeklammerte Zahlen). Während des Stallhaltungsabschnittes, der auf den ersten Weideabschnitt folgt, sind sehr unterschiedliche tKMZ notwendig. Teilweise liegen sie sehr niedrig, so daß bei den von Juni bis September geborenen Tieren die Zuchtreife bereits in jüngerem Alter erreichbar ist. Bei denjenigen Tieren, die bis zur Altersgrenze von 18 Monaten noch ein zweites Mal Weidegang erhalten, sind für den zweiten Haltungsabschnitt Weide tKMZ von 550 g bzw. 580 g unterstellt worden. Unter dieser Voraussetzung müßten die von Dezember bis Mai geborenen Tiere während der Stallhaltung nach dem ersten Haltungsabschnitt Weide täglich zwischen 390 und 520 g zunehmen. Das ist bei Tieren dieses Alters durchaus möglich, zumal durch die Weidehaltung im ersten Lebensjahr eine beträchtliche Menge Kraftfutter eingespart wird, das erforder-

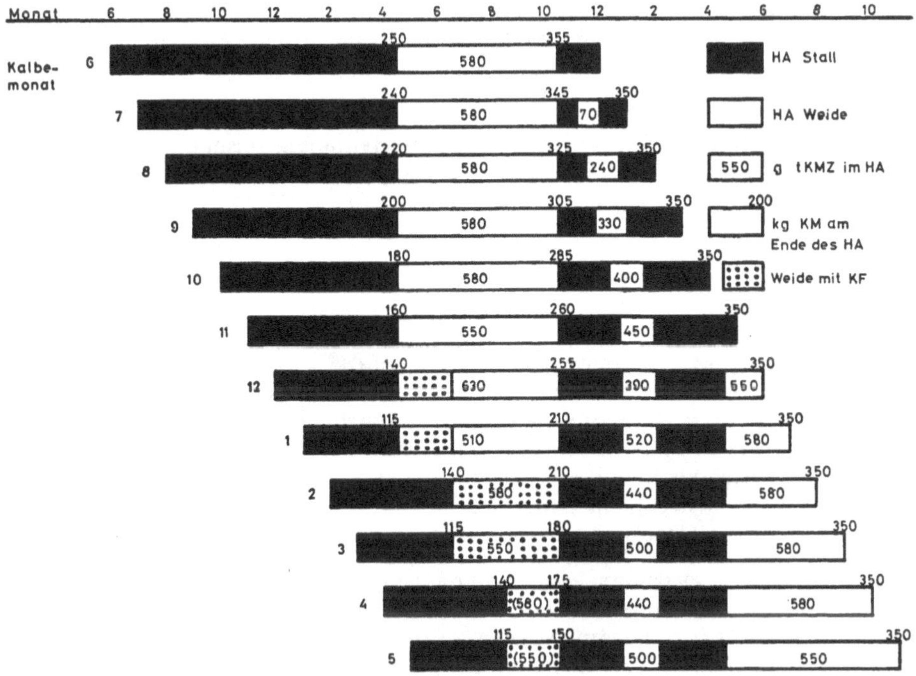

Abb. 3: Plan der KM-Entwicklung bis zur Zuchtreife mit 18 Monaten nach Haltungsabschnitten (HA)

lichenfalls während der folgenden Stallhaltung an über ein Jahr alte Rinder verfüttert werden kann, damit in diesem Haltungsabschnitt bei allen Tieren die erforderlichen Zunahmen abgesichert werden. Zusammenfassend kann aus der Abbildung 3 geschlußfolgert werden, daß bei Weidehaltung im ersten Lebensjahr ein zügiges, mit jungem Erstkalbealter verbundenes Wachstum der Tiere erreichbar ist, sofern sachgemäße Herdeneinteilung und intensive Weidenutzung gewährleistet sind.

Zusammenfassung

Im Vordergrund weidewirtschaftlicher Probleme steht gegenwärtig die modellhafte Organisation der Weidehaltung von Jungrindern in grünlandreichen Spezialbetrieben für Rinderaufzucht mit hoher Tierkonzentration. Unsere diesbezüglichen Forschungen im VEG Hertefeld, das eine Stallanlage für 2500 Jungrinder errichtet hat, gehen von 3 Hauptaspekten aus.

1. Die Rinderaufzucht sollte in grünlandreichen Gebieten konzentriert werden, um dort durch stärkeren Viehbesatz eine Voraussetzung für intensivere Bodennutzung zu schaffen.
2. Schon die Kälber ab 110 kg Körpermasse sind weitestgehend mit Weidefutter zu ernähren, und trotzdem ist die Zuchtreife im Alter von 18 Monaten zu gewährleisten.
3. Die Weidehaltung großer Kälberherden und Jungrinderherden ist mit intensiver Weidenutzung zu kombinieren, das heißt mit hohen Leistungen je ha.

Einige die Nutzung der Weidekombinate betreffende Faktoren und die im ersten Versuchsjahr erzielten Körpermassezunahmen der Weidetiere werden dargelegt.

Резюме

Название работы: Пастбищное содержание молодняка крупного рогатого скота выращиваемого промышленными методами
На переднем плане вопросов пастбищного хозяйства в настоящее время стоит разработка модели организации пастбищного содержания молодняка крупного рогатого скота в богатых лугопастбищными угодьями специальных хозяйствах с высокой концентрацией поголовий. Наши исследования в народном имении Гертефельд, располагающем скотным двором на 2500 голов молодняка кр.рог.ск., учитывают три главных аспекта:

1. Концентрация выращиваемого крупного рогатого скота в богатых лугопастбищными угодьями районах, чтобы увеличением поголовья на единицу площади создать условия для более интенсивного использования почвы.
2. Кормление телят с достижением 110 кг живого веса по возможности подножным кормом, обеспечивая при этом наступление половозрелости в возрасте 18 Месяцев.
3. Сочетание пастбищного содержания больших стад молодняка крупного рогатого скота с интенсивным использованием пастбищ.

Изложены некоторые факторы использования пастбищных комбинатов и достигнутые за первый год опытов привесы.

Summary

Title of the paper: Pasturing in young cattle rearing run on industry-like lines
At present, problems of pasture management are focussed on the model organization of pasturing highly concentrated populations of young cattle in special rearing farms having a large proportion of grassland. Our respective studies in the state farm Hertefeld where a housing unit for 2500 head of young cattle had been erected are based on the following three main aspects:

1. Cattle rearing should be concentrated in areas rich in grassland to create a prerequisite for more intensive soil utilization through increased stocking rates in these areas.
2. Calves should be largely fed on pasture already from 110 kg of live weight on. Nevertheless, breeding maturity must be guaranteed at the age of 18 months.
3. Pasturing of large herds of calves and youngstock must be combined with intensive pasture utilization, i.e. with high performances per ha.

Several factors concerning the utilization of the pasture „combines" and the weight gains of the pastured animals achieved in the first test year are presented.

Literatur

BERG, F.: Bedeutung, Durchführung und Wirtschaftlichkeit der Jungbullenweidemast in grünlandstarken sozialistischen Großbetrieben. Habilitationsschrift, Berlin (1968)

JURISSON, J.: The importance of cultivated pasture for large-scale dairy farms in the Estonian SSR. X. Internat. Grassland Congr. Helsinki (1966), S. 153–155

KREIL, W.; BERG, F.: Neuzeitliche Weidewirtschaft – Einrichtung von Weidekombinaten. VEB Deutscher Landwirtschaftsverlag Berlin (1964)

PETERSEN, A.: Zur Ertragssteigerung auf dem Grünlande. Die Deutsche Landwirtschaft 10 (1959), Sonderheft, S. 36–42

STUNZ, H.: Untersuchungen über die Fütterung in der Kälberaufzucht im Hinblick auf größtmöglichen Einsatz wirtschaftseigener Futtermittel. Dissertation Dummerstorf 1965

ULBRICHT, W.: Die Bauern der DDR haben sich das Tor in die Zukunft geöffnet. X. Deutscher Bauernkongreß Leipzig 1968, Protokoll, S. 119–144, Staatsverlag der DDR, Berlin 1968

WEILAND, G.: Maßnahmen zur Verminderung der Lungenwurmschäden beim Rind. Tierzucht 18 (1964), S. 54–58

WEILAND, G.: Versuchsergebnisse und Erfahrungen zur Weidehaltung von Kälbern Tier und Weide, Karl-Marx-Universität Leipzig (1965), S. 105–120

WEILAND, G.: Bildung von Weidekombinaten und Weidegruppen in spezialisierten Jungrinderaufzuchtbetrieben – dargestellt am Beispiel des VEG Hertefeld. Tierzucht 23 (1969a), S. 111–115

WEILAND, G.: Die Weidehaltung weiblicher Rinder im ersten Lebensjahr. Dissertation (B), Leipzig 1969b

WEILAND, G.: Konzentration der Rinderaufzucht in grünlandstarken Gebieten als eine Voraussetzung intensiver Grünlandnutzung. Tierzucht 23 (1969c), S. 510 bis 513. – Beschluß zur Intensivierung der Grünlandwirtschaft und Steigerung der Grünlanderträge. – IX. Deutscher Bauernkongreß Berlin 1966, Protokoll, S. 354–364, Staatsverlag der DDR, Berlin 1966. – Beschluß des X. Deutschen Bauernkongresses. X. Deutscher Bauernkongreß Leipzig, 1968. Protokoll, S. 94–116, Staatsverlag der DDR, Berlin 1968. – Statistisches Jahrbuch 1968 der Deutschen Demokratischen Republik. Staatsverlag der DDR, Berlin 1968, S. 273

Anschrift des Verfassers

Dr. Georg WEILAND
Institut für Grünland- und Moorforschung
1551 Paulinenaue

Z. Landeskultur · Bd. 10 · 1969 · H. 4–6 · S. 459–470 · Berlin

Aus dem Institut für Grünland- und Moorforschung Paulinenaue
der Deutschen Akademie der Landwirtschaftswissenschaften zu Berlin

ERHARD GEITHNER

Neue Gesichtspunkte bei der elektrischen Einzäunung von Weidekombinaten

Eingegangen: 15. 6. 1969

Im Mittelpunkt der Betrachtung einzelner Zaunarten für unsere Rinderherden stehen aus verschiedenen Gründen drei Kriterien:

(1) die Hütesicherheit der Zaunanlagen,
(2) die Kosten für den Bau der Zäune und
(3) ihr Wartungsbedarf

Diese Merkmale sollen Gegenstand der folgenden Ausführungen sein, allerdings eingeschränkt auf elektrische Zäune. Auf die Bedeutung des Elektrozauneinsatzes für die Intensität der Weidenutzung kann im Rahmen dieses Vortrages nicht eingegangen werden. Diese Aspekte sollen damit keineswegs unterschätzt werden; es sei nur an einige direkte wirtschaftliche Vorteile erinnert, die zu erreichen sind, wenn die Freßfläche mit dem Elektrozaun begrenzt und damit die Futtermenge den Weidetieren in Rationen zugeteilt wird. Der so eingesetzte Elektrozaun ermöglicht es, die Weideverluste entscheidend zu reduzieren und von den Tieren eine gleichmäßig hohe Leistung zu erzielen.
Die Material-, Kosten- und Zeitersparnis beim Aufbau von Elektrozäunen ist mit dem Verzicht auf die mechanische Hütewirkung eines Zaunes erkauft worden. Im Vergleich zu den konventionellen Zäunen haben unsere Elektrozäune nur eine geringe, praktisch keine mechanische Hütewirkung. Die Hütewirkung des Elektrozaunes beruht ausschließlich auf psychologischen Momenten, wenn man von 3drähtigen Elektrozäunen absieht, deren Pfahlabstände kleiner als 10 m sind und deren Drahtdicken denen von Stabilzäunen gleichen. Dabei soll dahingestellt bleiben, ob die Schreckwirkung einfach durch die schmerzhafte Erregung der Rezeptoren der Haut verursacht wird, oder ob sie auf indirektem Wege über eine Reizung der motorischen Nerven, die Muskelzuckungen zur Folge hat, zustande kommt. Um eine hohe Hütewirkung zu erzielen, müssen solche elektrischen Impulse gewählt werden, die einen besonders starken Reiz bei der Berührung des Elektrozaunes verursachen. Andererseits darf eine elektrische Durchströmung, die bei der Berührung des Elektrozaunes auftritt, weder für Mensch noch Tier gesundheitsschädigend wirken.
Wodurch werden die Reizwirkungen der Stromimpulse bestimmt und in welchem Maße entspricht der gegenwärtige Stand der Technik diesen Kenntnissen?
Die Reizwirkungen der Stromimpulse werden bestimmt:

1. durch die Stromstärke. OSYPKA (1963) unterscheidet drei Stromstärkebereiche und gibt für jeden Bereich die entsprechende Stromstärke als Funktion der Einwirkungsdauer an. Die Stromstärken der Weidezaunimpulse liegen im Bereich I, d. h. im am wenigsten gefährlichen Bereich. Überschreitet die Stromstärke einen Schwellenwert, setzt eine Kontraktion der Muskelfasern ein. Diese Kontraktion der einzelnen Muskelfasern ist zwar bei geringen Stromstärken genau so vorhanden wie bei höheren Stromstärken, jedoch nimmt bei höheren Stromstärken die Zahl der erfaßten Muskelfasern zu, das gereizte Muskelvolumen wird größer. Die Elektrozaungeräte EZ IVb und Vb haben eine Spitzenstromstärke von 0,15 bzw. 0,30 A je Impuls.

2. werden die Reizwirkungen durch die Impulsdauer bestimmt. Aus Versuchen von MICKWITZ (1966), der mit Rechteckimpulsen bei Schafen, Schweinen und Ziegen Schwellenwerte ermittelte, geht eindeutig hervor, daß Impulszeiten von mehr als 5 ms Dauer keinen Einfluß auf den Schwellenwert haben; er steigt dagegen leicht an, wenn die Impulsdauer kürzer als 5 ms wird. Von großer Bedeutung ist in diesem Zusammenhang: je kürzer die Impulsdauer, um so geringer ist die Gefahr einer Schädigung, wenn Mensch oder Tier mit dem Zaun in Berührung kommen. Längere Impulszeiten als 5 ms verbessern die Hütewirkung nicht, sie erhöhen aber die Gefahr einer Schädigung. Soll bei Impulszeiten < 5 ms der gleiche Reiz und damit die gleiche Hütewirkung erzielt werden, wie mit Impulsen > 5 ms, so ist die Stromstärke zu erhöhen.

Das bei uns hergestellte Großflächenelektrozaungerät EZ Vb hat eine Impulsdauer von 60 ms. Schaltet man mehrere impulsspannungführende Geräteausgänge verschiedener Impulsgeberplatten zusammen, so wird die Impulsdauer verlängert, in ungünstigen Fällen bis auf 100 ms. Ursache hierfür sind die Bauelemente, insbesondere die Mikrowattröhren, die in ihren Kennwerten zu sehr streuen.

Human- und Veterinärmediziner unserer Republik und Westdeutschlands stimmen in jüngster Zeit darin überein, daß das entscheidende Kriterium für die Gefahr einer Schädigung das Strom-Zeit-Produkt ist. Dieses Strom-Zeit-Produkt, in dem die Spitzenstromstärke I_S in A und die Stromflußzeit t in ms angegeben wird, soll den Wert 30 nicht überschreiten;

3. wird die Reizwirkung durch die Impulsform verursacht. Gefordert wird ein steiler Stromanstieg, da nur er bei Einhaltung der übrigen Voraussetzungen zu einer Muskelkontraktion führt. Aus sicherheitstechnischen Gründen ist in Verbindung mit der Impulsdauer solchen Impulsen der Vorzug zu geben, die im Spannungsabfall keine gedämpften Sinusschwingungen aufweisen. Die im Handel erhältlichen Elektrozaungeräte der Typen EZ III, EZ IV und EZ V haben zwar im Anstieg eine ausreichend steile Impulsflanke, im Abfall tritt aber die unter Umständen gefahrvolle gedämpfte Sinusschwingung auf.

Der Vollständigkeit wegen soll noch erwähnt werden, daß auf die Reizwirkung;

4. die Stromdichte einen Einfluß ausübt. Die Stromdichte ist das Verhältnis von Stromstärke zu der Querschnittfläche, auf die sich der Strom verteilt. Da die Stromstärke der einzelnen Impulse konstant ist, hängt die Stromdichte von der Berührungsfläche ab. Je kleiner bei gleichbleibender Stromstärke die Berüh-

rungsfläche durch das Tier ist, desto größer ist die Stromdichte und damit der Reiz, also die Hütewirkung.

Auf die eingangs gestellte Frage, inwieweit die Kenntnisse über die Reizwirkung gegenwärtig in der Technik berücksichtigt wurden, kann zusammenfassend gesagt werden, daß von den im Handel erhältlichen Elektrozaungeräten weder ein netzgespeistes Großflächen- noch ein Batteriegerät optimale Parameter für die Hütewirkung besitzen. Von unserer Industrie wurden bis zum vergangenen Jahr, teilweise heute noch, nur Entwicklungen zur Vervollständigung des bereits 1940 benutzten Konstruktionsprinzips für Elektrozaungeräte betrieben. Dabei ging es vorwiegend um technische Belange, die die Funktionssicherheit und die Betriebsart der Geräte betrafen. Ohne die Erfolge auf diesem Gebiete zu schmälern, die nicht zuletzt durch den Einbau von leistungsfähigen modernen Bauelementen zum Ausdruck kommen, muß aber herausgestellt werden, daß die Hütewirkung der Impulse nicht systematisch verbessert wurde.

Den Produktionsverhältnissen in der Landwirtschaft nach dem Übergang zur genossenschaftlichen Produktion versuchten die Hersteller von Elektrozaungeräten gerecht zu werden, indem sie für die nun wesentlich größeren Weideflächen mit dementsprechend längeren Weidezäunen Geräte herstellten, die statt eines Ausganges deren mehrere besitzen. Da mit einem Ausgang im Mittel 3 km eines sehr gut isolierten Zaundrahtes betrieben werden können, wurden die Großflächenweidezaungeräte entsprechend den Erfordernissen des Einsatzbetriebes mit n Ausgängen geliefert. Diese Lösung stellte bisher die einzige Möglichkeit dar, große Weideflächen vollelektrisch einzuzäunen. Gebräuchlich ist sie in nicht geringem Umfange in LPG und VEG und hat zweifellos Anteil daran, daß das System der Weidekombinate von unseren sozialistischen Landwirtschaftsbetrieben so schnell und in einem solchen Maße übernommen und eingeführt wurde. Als Vorteile dieser Elektrozaungeräte mit mehreren Ausgängen werden genannt:

(1) Mit einem Gerät können große Weidekombinate vollelektrisch eingezäunt werden. Die Drahtlänge der Zäune in km durch 3 dividiert wird durch n Ausgänge kompensiert.

(2) Durch das Vorhandensein mehrerer Ausgänge läßt sich die gesamte Zaunanlage in Abschnitte gliedern.
Störungen, d. h. Fehler in der Elektrozaunanlage, lassen sich leicht finden. Führt der Stromkreis 1 keinen Strom, kann der Fehler nur im Bereich der angeschlossenen Zaunstrecke liegen.

(3) Die einzelnen Geräteausgänge sind voneinander unabhängig, wodurch in der Anlage alle Ausgänge als separate Stromkreise wirksam werden können. Bei einem dreidrähtigen Zaun führen beispielsweise der mittlere und der obere Draht noch Strom, wenn der untere gerissen sein sollte; sinngemäß ist es bei zweidrähtigen Zäunen.

(4) Aus den unter (2) und (3) genannten Vorteilen für Geräte mit mehreren Ausgängen resultiert ein System der mehrfachen Sicherheit, das gegeben sein soll, wenn beispielsweise von einem zweidrähtigen Zaun ein Draht aus-

fällt, der andere aber noch funktionstüchtig ist, oder wenn ein Stromkreis, an dem nur Innenzäune hingen, defekt ist, die Stromkreise des Außenzaunes aber noch arbeiten.

Die Entwicklung derartiger Geräte war in der Welt einmalig, sie erfolgte nur in unserer Republik; seit dem vergangenen Jahr beschreitet man diesen Weg auch in der VR Polen. Vom Stande der Technik her ist die Entwicklung dieses Prinzips sicher eine anerkennenswerte Leistung. Zu wenig wird aber auf die Nachteile der Elektrozaungeräte mit mehreren Ausgängen hingewiesen, die sich bei der Anwendung ergeben. Die Großflächenweidezaungeräte EZ Vb, die allein schon hinsichtlich der Funktionssicherheit nicht befriedigen, haben noch drei entscheidende Nachteile, die sich klar kennzeichnen lassen:

(1) Mehr als 3 km Zaundraht können an einen Geräteausgang nicht angeschlossen werden. Soll bei dieser Zaundrahtlänge eine ausreichende Hütewirkung erzielt werden, muß der Zaun in einem einwandfreien Isolationszustand sein. In der Praxis ist das selten der Fall.

(2) Das System der mehrfachen Sicherheit, das nur dann voll wirksam wird, wenn von allen Zäunen immer alle Drähte funktionssicher arbeiten, erfordert einen hohen AKh-Aufwand, um den Zaun zu warten.

(3) Der Aufbau und Betrieb einer vollelektrischen Zaunanlage nach dem Prinzip der mehrfachen Sicherheit erfordert mehr oder weniger lange Zaunzuleitungen und an Toren Stromüber- bzw. -unterführungen; die Zaunanlage wird dadurch unübersichtlich und in der Betreuung kompliziert. Darüber hinaus erfordert der Aufbau einen höheren Materialeinsatz, wie aus Tabelle 1 ersichtlich ist. Verbunden ist dieser höhere Materialeinsatz mit Kosten für lebendige und vergegenständlichte Arbeit.

Tabelle 1
Aufwand für den Bau von Zaunanlagen am Beispiel des Weidekombinates III, „Dammweide" im VEG Hertefeld (114 ha, 16 Koppeln)

	System der mehrfachen Sicherheit	bei Betrieb mit einem Geräteausgang
Zuleitungsstrecke in m	1825	–
Drahtlänge für Zuleitung in m	2925	–
Stromunterführungen in Stck.	19	2
Ges. Zaundrahtlänge der Anlage in m	17625	14700
Relative Zaundrahtlänge der Anlage	100	83,5

Der Aufwand für den Bau von Zaunanlagen nach dem System der mehrfachen Sicherheit hängt ab von der Größe der einzuzäunenden Fläche, der Koppelform, der Lage der Koppeln zueinander, der Anzahl der Koppeln in einem Weidekombinat, der Zaunart und -ausführung und der Länge der unter Impulsspannung zu haltenden Zaundrähte insgesamt.

Aufgrund der sich abzeichnenden Entwicklung der Produktionsverhältnisse und der Produktivkräfte in unserer Landwirtschaft sahen wir eine unserer Aufgaben darin, den LPG und VEG eine Einzäuntechnik zu erarbeiten, der nicht die Nachteile des Prinzips der mehrfachen Sicherheit anhaften. Die

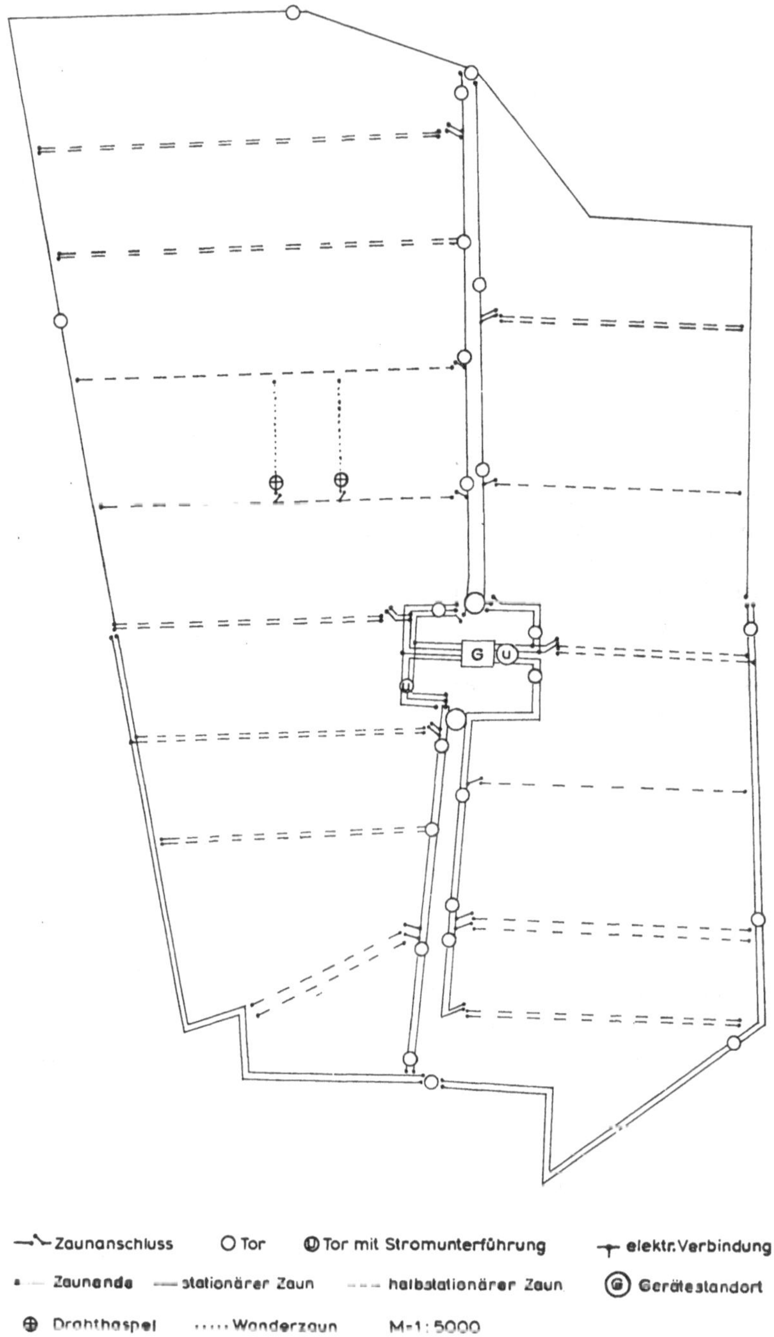

Abb. 1: Weidekombinat III Dammweide

Stromimpulse müssen in ihren Kennwerten für die Hütewirkung den wissenschaftlichen Erkenntnissen entsprechen. Die Einzäuntechnik soll es erlauben, mehr als 3 km Zaundraht mit einem Ausgang zu speisen, den Aufwand für den Bau und Betrieb von Zäunen durch die bessere Hütewirkung der Stromimpulse herabzusetzen und darüber hinaus den Wartungsbedarf für Elektrozäune zu senken.

Ausgehend von einem Weltstandvergleich, der von NISCHWITZ angeregt und eingeleitet wurde, haben wir Impulsgeneratoren zu Forschungszwecken bauen lassen, bei denen die für die Hütewirkung wichtigen Stromimpulse nach völlig neuartigen Prinzipien gewonnen werden. Entgegen dem unseren Elektrozaungeräten zugrunde liegenden Prinzip, Stromimpulse über Transformatoren auf induktive Art und Weise zu gewinnen, werden in den Forschungsmustern die Impulse durch eine direkte kapazitive Entladung erzeugt. Wie Untersuchungen und Modellversuche zeigen, ergeben sich daraus entscheidende Momente, die die elektrische Einzäunung von Weidekombinaten in ein anderes Licht rücken; sie ist unter neuen Gesichtspunkten zu betrachten. Um die Hütewirkung der Impulse zu verbessern, wurde die Spitzenstromstärke von 0,30 A je Impuls bei den induktiven Geräten auf 10,0 A bei den Kondensatorgeräten erhöht. Nach LANGE (1966) bedeutet das eine 33fache Verbesserung der Hütewirkung. Die Spitzenstromstärke konnte bei den Geräten mit direkter Entladung eines Kondensators auf 10,0 A steigen, weil gegenüber den induktiv arbeitenden Geräten die Impulsdauer von 60 ms auf 2 ms, gemessen an 500 Ohm, verkürzt wurde. Für diese kurze Impulsdauer liegt der Reizschwellenwert nur unbedeutend über dem von 5 ms.

Zur Impulsform als Kriterium der Hütewirkung kann gesagt werden, daß diese Kondensatorgeräte einen sehr steilen Flankenanstieg haben und ihnen im Abfall der Impulsspannung jede gefahrvolle gedämpfte Sinusschwingung fehlt. Damit tritt bei den Kondensatorgeräten trotz Erhöhung der Hütewirkung eine viel geringere Wahrscheinlichkeit einer Schädigung von Mensch und Tier auf, wenn diese den Zaun berühren.

Abbildung 2 zeigt die durch die Funktion bedingte Reaktion verschiedener Elektrozaungeräte auf eine kapazitive Zaunbelastung. Der Abfall der Impulsspitzenspannung durch Zaunbelastung ist bei den induktiv arbeitenden Geräten hoch. Sie fällt von 25 KV Ausgangsspannung bei einer Belastung von $\sim$10 nF auf 10,5 KV und auf 2,8 KV bei 70 nF. Demgegenüber trat ein solcher Abfall der Impulsspitzenspannung bei den Kondensatorgeräten, zumindest im Meßbereich, nicht auf. Im Gegenteil, es kam sogar zu einer geringen Erhöhung der Impulsspitzenspannung, die auf Resonanz zurückgeführt wird. Der Verlauf der Kurven zeigt, daß offenbar Zäune angeschlossen werden können, die noch länger sind als bisher im Meßbereich mit 7 km erfaßt wurden.

In Abbildung 3 ist zu sehen, wie sich im Prinzip der Impulsgewinnung unterschiedliche Typen von Elektrozaungeräten gegenüber Ohmschen Widerständen verhalten. Die Impulsspitzenspannung fällt durch Ohmsche Widerstände bei den induktiven Geräten von 9,1 auf 1,6 KV Ausgangsspannung bzw. von 6,0 auf 1,7 KV an 50 KΩ. Dieser Abfall hängt vom Innenwiderstand des Transformators ab und folgt einer logarithmischen Funktion. Unter gleichen Belastungen fällt die Impulsspitzenspannung der Kondensatorgeräte nur von 5,1 auf 4,9 KV bzw. von 2,7 auf 2,5 KV. Die Geräte mit Kondensatorentladung zeigen nur eine unbedeutende Reaktion auf Veränderung der Zaunisolation.

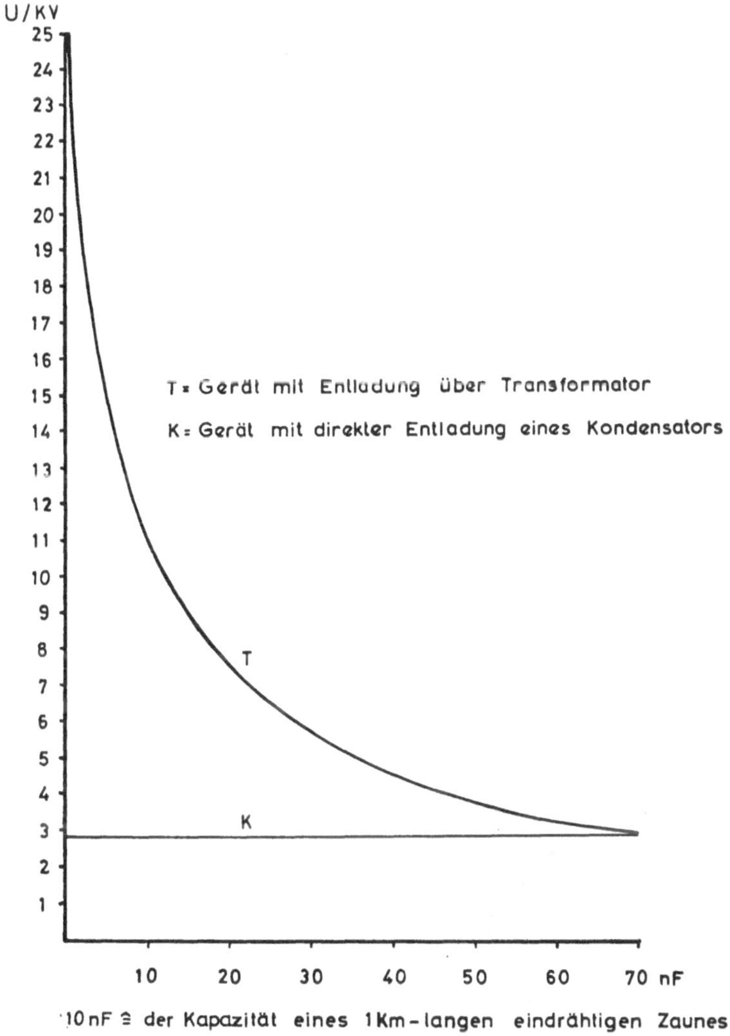

Abb. 2: Impulsspitzenspannung in Abhängigkeit von kapazitiver Belastung bei verschiedenen Elektroweidezaungeräten

Durch Belastung der Geräte mit Ohmschen Widerständen kann das Berühren des Zaunes durch Pflanzen simuliert werden. Eine Pflanze hat einen Ohmschen Widerstand von annähernd 200 KΩ, wachsen vier Pflanzen an einen Zaundraht, so sinkt der Isolationswiderstand auf 50 KΩ. Weiter darf der Ohmsche Widerstand 3 km langen eines Elektrozaunes mit handelsüblichen

Geräten nicht sinken, da 2 KV als untere Grenze für eine Schreckwirkung gelten. Sind mehr als vier Pflanzen an einen Draht herangewachsen, muß mit der Wartung des Zaunes begonnen werden. Es ist ein erheblicher Aufwand an lebendiger Arbeit notwendig, wenn an 3 km Zaun maximal 4 Pflanzen den Draht berühren dürfen. Bleibt dieser Grenzwert unbeachtet, ist die Hütesicherheit des E-Zaunes nicht gewährleistet.

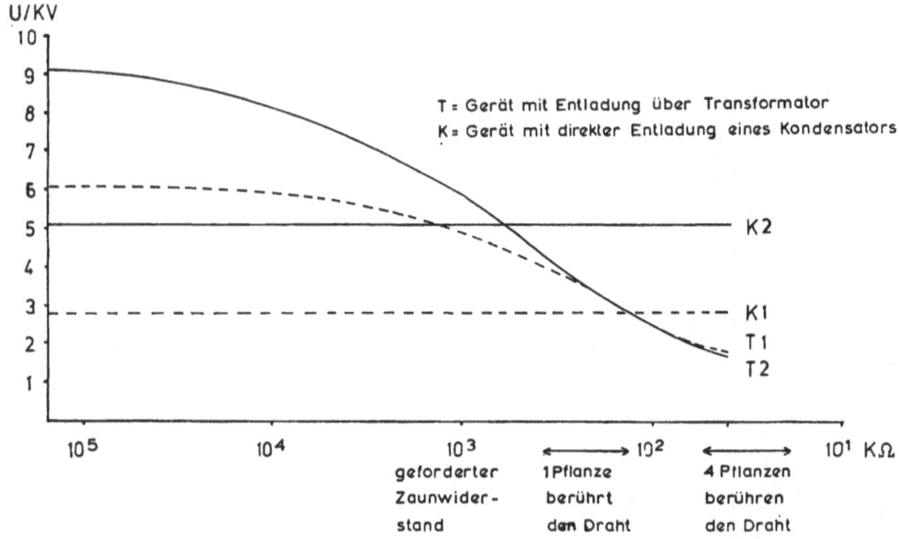

Abb. 3: Einfluß der Zaunisolation auf den Abfall der Impulsspitzenspannung verschiedener Elektroweidezaungeräte

Den Wartungsbedarf des Elektroazunes zu reduzieren, ohne etwas von der Hütesicherheit einzubüßen, war eines unserer Hauptanliegen. Die Geräte mit der Kondensatorentladung übertrafen dabei noch unsere Erwartung. Praktisch bedeutet das, derartige Geräte und damit Elektrozäune sind weitgehend unempfindlich gegen Bewuchs; der Arbeitsaufwand für die Wartung des Zaunes kann stark reduziert werden.

Die Untersuchungsergebnisse über die Hütewirkung der Stromimpulse von Elektrozaungeräten und über den Einfluß von kapazitiven bzw. Ohmschen Belastungen auf den Abfall der Impulsspitzenspannung wurden technologischen Großversuchen zugrunde gelegt, mit dem Ziel, den Material-, AKh- und Kostenaufwand für den Bau von vollelektrischen Zaunanlagen zu senken und die Betreuung zu vereinfachen.

Für diese Versuche stehen uns Flächen des VEG Hertefeld zur Einrichtung von 4 Weidekombinaten zur Verfügung. Die Größe der Flächen beträgt 40, 44, 112 und 114 ha. Auf jeder Fläche weidet eine Versuchsherde, die nach Körpermasse zusammengestellt ist. Im ersten Falle sind Kälber von 88—140 kg, auf der zweiten Fläche Kälber von 120—170 kg, auf der dritten Kälber und Jungrinder von 140—250 kg und auf der vierten Fläche schließlich trächtige Jungrinder von 130—465 kg aufgetrieben. Von den Zäunen der vier Weidekombinate sind 10,9 km zwei- und 35,4 km eindrähtig ausgeführt. Auf der 112 ha großen Fläche sind am Triftweg und an der Außengrenze der Fläche stationäre Elektrozäune gesetzt worden. Die Zäune zur Unterteilung der Weidefläche in Koppeln sind halbstationär, d. h. sie werden im Frühjahr bzw. nach der ersten Schnittnutzung auf- und im Herbst abgebaut. In dem 114 ha großen Weidekombinat sind Außen- und Innenzäune stationär aufgebaut. Zur Zuteilung der Futterrationen, die in beiden Fällen zweimal täglich erfolgt, dient der als Freßdraht bezeichnete Wanderzaun.

Der Weidebetrieb wird mit vollelektrischen Zaunanlagen und in jedem Weidekombinat mit einem Gerät, das nur einen Ausgang besitzt, durchgeführt. Die Zaunanlagen der einzelnen Weidekombinate sind in Zaunstrecken gegliedert, die mit Hilfe von Zaunanschlüssen dem Stromkreis zu- oder abgeschaltet werden können. In einem Weidekombinat befinden sich im Mittel 15 solcher Zaunanschlüsse; sie dienen dazu, für bestimmte Zaunstrecken, die in Reihe oder parallel liegen, die elektrische Verbindung herzustellen. Während der Weideperiode werden nicht immer alle Zäune unter Strom gehalten. Das trifft in besonderem Maße für die Innenzäune zu, von denen nur die an den Stromkreis angeschlossen sind, die für die unmittelbare Einzäunung notwendig und für die Hütesicherheit als am wichtigsten betrachtet werden. Das sind die Zäune der Koppel, in der die Tiere weiden und die Zäune der davor und der dahinter gelegenen Koppel. Werden die Tiere in eine andere umgetrieben, schaltet man dort die entsprechenden Zaunstrecken zu und die vorherigen ab. Im Mittel liegt die an dem einen Ausgang angeschlossene Zaundrahtlänge bei 8,8 km; sie schwankt von 4,8 bis 13,0 km.

Zum Auffinden von Störungen in der Zaunanlage geht man so vor, daß der Fehler durch Abschalten von Zaunstrecken eingekreist wird. Auf diese Art und Weise findet man die Störungen relativ schnell; eine Zaunstrecke ist durchschnittlich nur 0,58 km lang.

Zaunzuleitungen sind in den Weidekombinaten nicht erforderlich. Stromunter- bzw. -überführungen sind dort gebaut worden, wo durch das Weidekombinat führende Wirtschaftswege zu überqueren waren. In unseren vier Versuchsanlagen waren insgesamt sieben notwendig. Die materialaufwendigen und störanfälligen Stromunter- bzw. -überführungen an den einzelnen Koppeltoren gibt es nicht mehr, sie sind von der Stromführung her nicht mehr nötig. Im gesamten Weidekombinat gibt es nur noch einen Stromkreis; alle Drähte können miteinander verbunden werden, ohne daß aus sicherheitstechnischen Gründen eine Gefahr für eine Schädigung bei Berührung durch Mensch oder Tier auftritt. In den vollelektrischen Anlagen nach dem System der mehrfachen Sicherheit ist ohne Überführ- oder Unterführungen nicht auszukommen; die Stromkreise der Ausgänge müssen streng voneinander getrennt gehalten werden.

Unabhängig davon, ob eine Elektrozaunanlage nach dem System der mehrfachen Sicherheit aufgebaut ist oder nicht, prufen wir das eingangs erwähnte Kriterium, ob der Material-, Zeit- und Kostenaufwand beim eigentlichen Zaunbau weiter gesenkt werden kann. Zu dieser Problematik, die im Zusammenhang mit der Hütesicherheit zu betrachten ist, laufen umfangreiche technologische Untersuchungen. Daraus geht eindeutig hervor, daß die höchsten Kostenanteile der technologischen Kosten von den Rohstoffen verursacht werden. In diesem Rahmen soll deshalb weder auf die Unterschiede zwischen den Zaunarten noch auf die verschiedenen technologischen Linien beim Bau von Zäunen eingegangen werden. Hier sollen nur die neuen Gesichtspunkte genannt werden, die von der Zaunausführung her für die elektrische Einzäunung von Weidekombinaten bedeutungsvoll sind. Zwei Fakten tragen entscheidend zur Senkung der technologischen Kosten bei:

(1) größere Pfahlabstände und
(2) der Verzicht auf drei- und zweidrähtige Zäune zu Gunsten eindrähtiger

Bei den Pfahlabständen brauchen keine Unterschiede zwischen Innen- und Außenzaun gemacht zu werden, insbesondere dann nicht, wenn der Außenzaun am Graben steht. Da der Elektrozaun keine mechanische Hütewirkung hat, von dieser Seite her also wenig materialaufwendig gebaut werden könnte, stand vor uns die Frage, ob die Sichtbarkeit des Zaunes einen Einfluß auf die Hütesicherheit hat. Aus diesem Grunde wurden Koppeln mit Pfahlabständen von 10, 20 und 40 m eingezäunt. Hinsichtlich der Hütesicherheit gab es während der Weideperiode 1968 keine Unterschiede. Die Notwendigkeit enger Pfahlabstände wird oftmals mit Bodenunebenheiten begründet; dem muß zwar generell zugestimmt werden, jedoch sollte dieses Argument nicht überbewertet werden. In unseren Versuchsanlagen haben wir die gegebenen Bodenunebenheiten teilweise ausgenutzt und sind in Einzelfällen auf Pfahlabstände bis zu 67 m gekommen. Zäune mit derartig großem Pfahlabstand und einem Dederondraht waren ausreichend hütesicher; es weideten 420 Jungrinder in einer Herde. Wird der Draht genügend gespannt, d. h. mit 25—30 kg Zugkraft, dann können der Praxis bei Verwendung von Kunststoffdrähten, die im Handel erhältlich sind, und von Stahldrähten bis 1,8 mm Durchmesser Pfahlabstände bis 40 m ohne Zweifel empfohlen werden. Erst bei solchen Pfahlabständen nutzen wir die Vorteile des Elektrozaunes aus, eine wenig material- und kostenaufwendige Einzäunung zu schaffen. Aus den technologischen Untersuchungen über den Zaunbau geht hervor, daß die Kosten für einen stationären Zaun von relativ 100 auf 73,9 fallen, wenn anstelle zweier nur ein Draht gezogen wird. Solche Zäune können hütesicher sein. Ein 112 ha großes Weidekombinat war bis auf eine 240 m lange Zaunstrecke mit einem eindrähtigen Zaun, dessen Pfahlabstände 10, 20 und 40 m betrugen, aufgebaut. Während der Weideperiode 1968 gab es in diesem Weidekombinat, wo 240 trächtige Jungrinder in einer Herde weideten, keine Ausbrüche.

Aus den Ergebnissen unserer Forschungsarbeit haben wir agrotechnische Forderungen an netzgespeiste Elektrozaungeräte formuliert, die die Zustimmung des Fachausschusses „Elektrozaunanlagen" der Kammer der Technik fanden und sowohl dem Rat für Landwirtschaft und Nahrungsgüterwirtschaft als auch dem Gerätehersteller, dem VEB Gleichrichterwerk Großräschen, zugeleitet wurden. Für die Entwicklung eines Gerätes mit direkter Kondensatorentladung stellten wir dem VEB Gleichrichterwerk Großräschen unsere Forschungsmuster und die Ergebnisse über den Einsatz dieser Geräte zur Verfügung. Der Betrieb hat in den letzten Monaten intensiv an der Vervollständigung des Gerätes gearbeitet. Zur Zeit befinden sich bereits derartige Geräte im Prüfeinsatz. Bei positivem Abschluß der Prüfung im Herbst diesen Jahres wird der VEB Gleichrichterwerk Großräschen bereits ab 1970 Kondensatorgeräte aus der Serienproduktion liefern.

Zusammenfassung

Für die elektrische Einzäunung von Weidekombinaten wurden die Hütesicherheit, die Kosten für den Bau und der Wartungsbedarf solcher Zaunanlagen untersucht.
Auf Faktoren eingehend, die die Reizwirkung, die Hütewirkung von Stromimpulsen und damit die Hütesicherheit von elektrischen Weidezaunanlagen bestimmen, wurde in Versuchen der Einfluß von kapazitiven und Ohmschen Belastungen an verschiedenen Elektrozaungeräten festgestellt. Im Ergebnis dieser Forschung wurde ein im Arbeitsprinzip völlig neuartiges Elektrozaungerät entwickelt, das durch seine direkte Kondensatorentladung, die es auf den Zaun gibt, die vollelektrische Einzäunung hütesicherer und zugleich wartungsärmer gestaltet.
Gegenüber Elektrozaungeräten mit mehreren Ausgängen braucht bei dem neuen Gerät die Zaunanlage weniger material- und kostenaufwendig aufgebaut zu werden; sie ist darüber hinaus in der Betreuung wesentlich einfacher.

Резюме

Название работы: Новые аспекты обнесения пастбищных комбинатов электрической изгородью
Для обнесения пастбищных комбинатов электрическими изгородями исследовались надежность и стоимость сооружения таких изгородей, а также потребность в техническом уходе за ними.
С учетом факторов, определяющих раздражающее действие, эффективность токовых импульсов, а вместе с тем и надежность пастбищных изгородей, изучали в опытах на разных электрических изгородях влияние емкостной и омической нагрузки. В результате этих исследований был сконструирован совершенно новый по принципу действия прибор для пастбищной изгороди, обеспечивающий разрядом конденсатора непосредственно в проволоку повышенную надежность и одновременно более легкий технический уход за полностью электрифицированной изгородью.
По сравнению с другими приборами с несколькими выводами в условиях применения нового прибора требуется меньше материалов и затрат на устройство изгороди, причем использование его значительно проще.

Summary

Title of the paper: New aspects of electric fencing for pasture "combines"
Grazing safety, cost of erection and maintenance requirements of electric fencing equipments for grazing "combines" were studied.
In order to estimate the factors affecting the shock effect of the current and, hence, the grazing safety of electric fencing equipments, the influence of capacitive and ohmic loads of different types of equipment were studied in experiments. As a result of this research work an electric fencing equipment has been devised which follows a completely new operating principle. By direct condensator discharge into the fence this equipment offers more grazing safety and requires less maintenance. In comparison to electric fencing systems with various exits, this new equipment requires less material and lower costs, being, in addition, much easier to operate.

Literatur

FRANZKE u. a.: Aufbau und Betrieb von Elektrozaunanlagen. VEB Verlag Technik Berlin (1963)

KREIL, W.; GEITHNER, E.: Weiterentwicklung des Produktionsverfahrens Weide durch neue Wege in der Elektrozauntechnik. Tierzucht 23 (1969), S. 116—117

LANGE, W.: Untersuchungen über die Hütewirkung elektrischer Impulse beim Rind. Kolloquium Elektrozauntechnik Dezember 1966 in Berlin, S. 39—54

OSYPKA, P.: Meßtechnische Untersuchungen über Stromstärke, Einwirkungsdauer und Stromweg bei elektrischen Wechselstromunfällen an Mensch und Tier Bedeutung und Auswertung für Starkstromanlagen. Zeitschrift Elektromedizin 8 (1963), S. 153—179 und S. 193—214

REINHARD, H. J.; MICKWITZ, G. VON: Experimentelle Untersuchung beim Schwein zur Ermittlung der Hütewirkung und Gefahrengrenze von elektrischen Weidezaunimpulsen mit Berücksichtigung von Feldstärkemessungen am Herzen bei verschiedenen Stromwegen. Kolloquium Elektrozauntechnik Dezember 1966 in Berlin, S. 21—38

Anschrift des Verfassers:

ERHARD GEITHNER
Institut für Grünland- und Moorforschung
1551 Paulinenaue

Z. Landeskultur · Bd. 10 · 1969 H. 4–6 · S. 471–482 · Berlin

Aus dem Institut für Grünland- und Moorforschung Paulinenaue
der Deutschen Akademie der Landwirtschaftswissenschaften zu Berlin

Fritz Berg

Grundsätze zur Bildung von Vereinbarungspreisen für Grün-, Saft- und Rauhfutter

Eingegangen: 9. 6. 1969

Die weitere Gestaltung horizontaler und vertikaler Kooperationsbeziehungen auf freiwilliger Basis und der Aufbau einer spezialisierten, hochkonzentrierten Pflanzen- und Tierproduktion setzen die komplexe Anwendung der sozialistischen Betriebswirtschaft voraus.

Hierbei stellt die industriemäßige Organisation und Leitung der Produktion hohe Anforderungen an jeden einzelnen und ist an feststehende Organisations- und Leitungsgrundsätze gebunden.

Die Einhaltung exakter Ware-Geld-Beziehungen, die alle Lieferungen und Leistungen relativ selbständig planender und abrechnender Produktionskollektive und kooperierender LPG und VEG erfaßt, ist einer dieser wichtigen Grundsätze der sozialistischen Betriebswirtschaft.

Unsere Landwirtschaftlichen Produktionsgenossenschaften und Volkseigenen Güter produzieren ihre Waren unter bewußter Anwendung der ökonomischen Gesetze des Sozialismus, wobei das System der ökonomischen Hebel eine hervorragende Rolle spielt.

Grundlage für die Ware-Geld-Beziehungen sind die Vereinbarungspreise.

In den kommenden Jahren kommt es sowohl in der Pflanzen- als auch in der Tierproduktion darauf an, in einem hohen Umfang erweitert zu reproduzieren und dabei gleichzeitig das Produkt mit niedrigen Kosten zu erzeugen. Der Schlüssel hierfür liegt in der Steigerung der Arbeitsproduktivität.

Dieser große Schritt nach vorn kann nur gelingen, wenn alle Genossenschaftsbauern und Landarbeiter wissen, mit welchen Kosten und mit welchem Nutzen sie produzieren und wo die Möglichkeiten zur Kostensenkung am größten sind.

Die für die Futterproduktion verantwortlichen Genossenschaftsbauern und die Landarbeiter stehen hierbei vor einer nicht leichten Aufgabe. Nur wenige Betriebe haben bislang die Kostenelemente der Futterproduktion erfaßt und Vereinbarungspreise erarbeitet. Die bislang in den VEG verwendeten Preise für Grünfutter, Heu und Silagen basieren nicht auf den gesellschaftlich notwendigen Aufwendungen. Die Preise sind meistens so niedrig festgesetzt, daß mit den Erlösen kaum die Kosten der Futterproduktion gedeckt werden können.

Preise, die eine Benachteiligung einzelner Produktionskollektive bzw. kooperierender LPG und VEG auslosen, wirken als Hemmschuh bei der Gestaltung des Reproduktionsprozesses. Werden davon große Produktionseinheiten betroffen,

dann sind die durch falsche Preisermittlung entstandenen betriebswirtschaftlichen Folgen besonders spürbar.
Die Futterproduktion nimmt derzeitig in allen Betrieben einen beachtlichen Platz ein. Es gibt zahlreiche LPG und VEG, die nahezu ihre gesamte pflanzliche Produktion nicht an den Markt, sondern an die Tierproduktion verkaufen. Diese Betriebe können ihrem Reproduktionsprozeß in der Pflanzenproduktion nur gerecht werden, wenn sie für die pflanzlichen Produkte auch angemessene Preise erhalten.
Bei der Ermittlung und Festlegung von Vereinbarungspreisen haben wir die in der LPG Neuholland erarbeiteten Grundsätze voll beachtet und nutzen umfassend die in Neuholland gesammelten Erfahrungen.
Welche Grundsätze sind bei der Ermittlung und Festlegung von Vereinbarungspreisen anzuwenden?
Die Preisbildung ist ein demokratischer Prozeß, den alle Produktionskollektive in ihren Beratungen exakt planen. Die Preise sind von allen Mitgliedern der Kollektive für die Dauer von mindestens einem Jahr zu beschließen. Die Einbeziehung aller Genossenschaftsbauern und Landarbeiter in die Gestaltung der Vertragsproduktion spornt jeden einzelnen an, hohe Erträge zu erreichen und die dazu notwendigen Produktionsmittel mit einem hohen Nutzeffekt einzusetzen.
Als weiterer Grundsatz sei genannt, daß die Vereinbarungspreise ökonomisch begründet sein müssen und auf hohen Erträgen und kostengünstigen Verfahren basieren.
Grundsätzlich wird bei der Ermittlung der Kosten von kalkulierten Werten ausgegangen. Hierbei bilden die von MÄTZOLD, ZIMMERMANN, EBERHARDT u. a. erarbeiteten Verfahrenskosten eine sehr brauchbare Kalkulationsgrundlage. Diese Kostennormative gehen vom gesellschaftlich notwendigen Aufwand aus, der für den Preis eine wesentliche Grundlage bildet.
Die Verfahrenskosten, die den direkten Kosten zugeordnet werden, bilden einen hohen Anteil der Gesamtkosten und sind auch leicht zu kalkulieren. Hingegen ist die Planung der indirekten Kosten komplizierter, weil nicht alle Buchhaltungen fehlerfrei arbeiten oder auch die indirekten Kosten nach einem unzweckmäßigen Schlüssel verteilen. Nur mit Hilfe einer exakten Kostenrechnung lassen sich die indirekten Kosten erfassen, analysieren und planen. Eine oberflächliche Ermittlung dieser Kostenart führt schnell zu Fehlern in der Preisbildung.
Die Kostenrechnung kann mit zunehmender Bedeutung relativ selbständig planender und abrechnender Produktionskollektive nicht hoch genug eingeschätzt werden. Die kalkulierten Preise lassen sich mit Hilfe der Kostenrechnung kontrollieren, und zugleich wird mit ihr ein wirksamer Einfluß zur Kostensenkung ausgeübt. Ware-Geld-Beziehungen und wirtschaftliche Rechnungsführung sind untrennbar, sie bilden eine Einheit.
In der Futterproduktion sind — wie in der gesamten Pflanzenproduktion — die Kosten für jede Fruchtart zu kalkulieren und der Ertrag real einzuschätzen. Wird so verfahren, erkennt man sehr schnell, welche Futterpflanzen den Anbau lohnen und ob die Anbauplanung der Forderung nach hohen Nährstofferträgen bei gleichzeitig niedrigen Kosten gerecht wird.

Daß die Preisgestaltung für Futter und auch für alle übrigen Produkte nur vom Standpunkt der Gesamtökonomik der LPG bzw. der VEG gesehen werden kann, ist ein weiterer wesentlicher Grundsatz. Futter ist ein Stufenprodukt für Milch bzw. für Fleisch und andere tierische Produkte. Die Preise des Futters gehen voll in die Kosten der Tierproduktion ein und beeinflussen die Kosten der Milch und des Rindfleisches in hohem Maße. Eine hohe Effektivität in der Tierproduktion ist nur dann gewährleistet, wenn die Pflanzenproduktion das Futter billig und in guter Qualität verkauft. Es ist daher notwendig, den Produktionsprozeß immer wieder neu zu durchdenken, um so rationell wie möglich produzieren zu können. Der in der Kooperationsgemeinschaft Neuholland geprägte Grundsatz

„Hohe Erträge — moderne Produktionsverfahren — neue Normen — neue Kosten"

sollte für alle LPG und VEG Richtschnur für die Preisgestaltung sein. Die vorangegangenen Vorträge haben deutlich gezeigt, wo die Reserven der Ertragssteigerung liegen und wie groß sie sein können. Die Kosten des Futters werden weniger von dem Produktionsverfahren, sondern vor allem von der Höhe des Ertrages beeinflußt, wobei das Ertragskriterium nicht die Grünmasse, sondern der Nährstoffertrag je ha sein sollte. Werden beispielsweise 400 dt/ha Silomais mit 22% Trockensubstanz geerntet, dann ist dies einem Nährstoffertrag von ebenfalls 400 dt/ha Silomais und 150 dt/ha Futterroggen — jedoch mit 16% Trockensubstanz geerntet — gleichzusetzen.

Neue moderne Produktionsverfahren in der Futterproduktion senken die Verfahrenskosten kaum. Sie tragen vor allem dazu bei, das Futter in besserer Qualität und mit geringeren Verlusten zu ernten. Somit können auch moderne Maschinensysteme den ökonomischen Nutzen der Futterproduktion erhöhen.

Wird bei der Preisgestaltung von der Gesamtökonomik des Betriebes bzw. der kooperierenden Betriebe ausgegangen, dann bedeutet das zugleich, daß Mängel in der Pflanzenproduktion nicht zu Lasten der Tierproduktion gehen dürfen. Treten trotz straffer Leitung oder anderer äußerer Einflüsse Mängel in der Futterproduktion auf, so sind trotzdem die Preise, die gewöhnlich für die Dauer eines Jahres beschlossen werden, nicht zu verändern. Werden beispielsweise an Stelle von 400 dt/ha Weidegras nur 350 dt/ha geerntet, so darf dieser Tatbestand den beschlossenen Vereinbarungspreis nicht beeinflussen. Der fehlende Geldbetrag ist entweder aus dem Gesamtgewinn des Betriebes zu decken, oder die Produktionskollektive der Futterproduktion gleichen diesen Fehlbetrag aus den Erlösen ihrer Überproduktion und aus anderen Kulturen bzw. anderen Jahren aus.

Die Elemente der Preisbildung sind nicht nur in den gesellschaftlich notwendigen Aufwendungen zu suchen, sondern auch in den Qualitätsunterschieden der Produkte. Die Qualität des Futters übt einen entscheidenden Einfluß auf die Effektivität in der Tierproduktion aus. Man darf jedoch nicht in den Fehler verfallen, entsprechend der Qualitätsunterschiede zu viele Preise für ein Futtermittel zu bilden. Wir halten drei Qualitätsstufen und demzufolge auch nur drei Preise für ein Futtermittel für ausreichend, zumindest so lange, bis die Ware-

Geld-Beziehungen zum festen, unumstößlichen Bestandteil der sozialistischen Betriebsführung geworden sind.

Die Experten der Futtermittelkunde vertreten bei der Qualitätsbestimmung recht unterschiedliche Meinungen. Während einige auf dem Standpunkt stehen, daß eine Sinnesbeurteilung von Gras, Heu, Silage usw. völlig ausreichend ist, sind andere der Ansicht, daß eine ausschließliche chemische Untersuchung das richtige wäre. Einig sind sich alle in dem Punkt, daß man so unkompliziert wie nur möglich die notwendigen Qualitätsparameter bestimmen sollte, und daß sie sich mit zunehmender Verbesserung der Ernte- und Konservierungstechnologie verändern werden.

Der Verfasser hat sich bei seinen Vorschlägen weitgehend an die wertvollen Erfahrungen der Zentralstelle für Futtermittelprüfung in Halle-Lettin gehalten. Für jede der drei Qualitätsstufen gelten bestimmte Qualitätsparameter. Werden allerdings die untersten Werte der Qualitätsparameter eines Futtermittels nicht erreicht, dann kann es nur noch als Abfallprodukt bewertet und verkauft werden. Erreicht z. B. Heu nicht mehr die geforderten Parameter der Qualitätsstufe III, der niedrigsten Stufe, dann kann es nicht mehr zum Heupreis, sondern nur noch zum Strohpreis verkauft werden.

Bei der Preisbildung sollte grundsätzlich davon ausgegangen werden, daß die über Produktionskosten kalkulierten Preise auf die Produkte der Qualitätsstufe II bezogen werden. Das bedeutet, daß Produktionskollektive bzw. kooperierende LPG und VEG so hohe Erlöse erzielen, daß sie ihren einfachen Reproduktionsprozeß eigenverantwortlich gestalten können, wenn sie Futter mit guter Qualität zum Kauf anbieten.

Umstritten ist die Frage des Preiszuschlages bzw. des Preisabschlages für Futter der Qualitätsstufe I bzw. III. Sicher wäre es richtig, diese Zu- und Abschläge nach der unterschiedlichen Nährstoffkonzentration des Futters festzulegen. Leider läßt sich das nicht bei allen Produkten schnell und korrekt ermitteln. Gewöhnlich wird man einen bestimmten Prozentsatz wählen, der der unterschiedlichen Nährstoffkonzentration etwa entspricht. Man darf jedoch hierbei die derzeitigen Produktionsbedingungen einer LPG bzw. eines VEG nicht außer acht lassen. Befinden sich beispielsweise die Weiden einer LPG in einem solchen Zustand, daß trotz großer Anstrengungen im ersten Jahr des Futterverkaufes ein hoher Prozentsatz in die Qualität III einzustufen ist, dann darf der Preisabschlag nicht so kraß sein, daß der Futterproduktion die Möglichkeit zur Eigenerwirtschaftung der Mittel zur Kostendeckung genommen werden. Andererseits hat der ökonomische Hebel so zu wirken, daß ein großes materielles Interesse besteht, möglichst nur gutes und sehr gutes Futter an die Tierproduktion zu verkaufen.

Bei den nachstehend aufgeführten Preisen wurde kein Gewinnzuschlag erhoben, weil bei der Preisbildung von der Gesamtökonomik des Betriebes ausgegangen wurde. Bei diesem Vorgehen ist es von untergeordneter Bedeutung, ob der Gewinn bei den Produktionskollektiven oder zentral gebildet wird, viel wichtiger ist die richtige Gewinnverteilung.

Wird jedoch Futter an nicht kooperierende Betriebe verkauft, oder soll über die Futterproduktion der ökonomische Nutzeffekt geplanter Meliorationsmaßnahmen nachgewiesen werden, dann muß der Preis einen Gewinnanteil enthalten, um auch die Aufwendungen für die erweiterte Reproduktion, also für die notwendigen Ersatz- und Erweiterungsinvestitionen, bestreiten zu können. Die Höhe des Gewinnanteiles darf nicht zu klein bemessen sein, denn nach wie vor gilt der Grundsatz, die Investitionen vorrangig dem Boden zuzuführen, und die Futterproduktion nimmt ja einen beachtlichen Teil der landwirtschaftlichen Nutzfläche ein.
An Hand einiger Beispiele soll nun gezeigt werden, wie Vereinbarungspreise gebildet werden können. Es wird hierbei als zweckmäßig erachtet, die Qualitätsparameter den Kosten voranzustellen. Begonnen wird mit dem Weidegras, das zu den Futtermitteln gehört, deren Qualität und Quantität am schwierigsten zu messen ist.

Weidegras

Es wird als ausreichend angesehen, die Qualität des Weidegrases wie folgt einzustufen:

Qualitätsstufe I

– Weiden, auf denen Ungräser und Unkräuter weniger als 5% der Fläche einnehmen und alle gelungenen Ansaaten im 1. und 2. Nutzungsjahr

Qualitätsstufe II

– Weiden, auf denen Ungräser und Unkräuter 5···20% der Fläche einnehmen

Qualitätsstufe III

– Weiden, auf denen Ungräser und Unkräuter über 20% der Fläche einnehmen

Für die abzurechnende Grasmenge gibt es mehrere Methoden. Wir ermitteln sie nach dem Weidegrasbedarf je RGV und Tag, wobei unter dem Begriff „Weidegrasbedarf" Verzehr und Verlust zu verstehen ist.

Tabelle 1
Weidegrasbedarf in Abhängigkeit vom Weideverfahren und von der Weidezeit je GV und Tag in kg

Weideverfahren	bis 31. August		ab 1. September	
	Bedarf	Verz. Verlust	Bedarf	Verz. Verlust
Portionsweide	70	(60 + 10)	60	(50 + 10)
Umtriebsweide	85	(60 + 25)	70	(50 + 20)
Koppelweide	110	(60 + 50)	90	(50 + 40)

Für die Umrechnung in GV-Weidetage ist ein feststehender Schlüssel zu verwenden bzw. die Tiere sind zu wägen.

Die Kosten für Intensivweiden können aus folgenden Kostenarten bestehen:

Tabelle 2
Beispiel einer Kostenkalkulation für Intensivweiden mit einem Grünmasseertrag von 400 dt/ha (in Mark)

Dünger	333
Chemikalien	27
Ausbringung Dünger	92
Ausbringung Chemikalien	15
Fremde Leistungen	37
Direkte Grundkosten	504
Anteilige Kosten für periodische Erneuerung	81
Meliorationsumlage (Hydromelioration bis Weidezaun)	60
Geringwertige Arbeitsmittel	20
Indirekte Grundkosten	161
Grundkosten gesamt	665
Brigadegemeinkosten 6,5%	44
Versicherungen	12
Leitung, Verwaltung, Zinsen, Bodenfonds- und Produktionsfondsabgabe	120
Gemeinkosten	176
Produktionskosten gesamt	841
Kosten je dt Weidegras	
der Qualitätsstufe II	2,20
der Qualitätsstufe I +10%	2,40
der Qualitätsstufe III −10%	2,00

Die Brigade Pflanzenproduktion rechnet mit der Tierproduktion monatlich nach einer einfachen Methode ab.

Tabelle 3
Beispiel der Abrechnung

Milchvieh

Herde I	170 Kühe	=	170 GV
Monat: Juni		=	30 Tage
Weidegras: Qualitätsstufe II			2,20 M/dt Weidegras
Weideverfahren: Portionsweide			1,54 M Futterkosten je GV und Tag

170 GV × 30 Tage × 1,54 M = 7854,– M
Diesen Betrag hat die Tierproduktion für das Weidegras an die Pflanzenproduktion zu zahlen.

Welksilage

Der Einsatz von Welksilagen in der Fütterung nimmt auf Grund ihrer allgemein bekannten Vorteile ständig zu. Während bei den Mais- und Zuckerrübenblattsilagen die Qualität ausschließlich an Hand von Laborergebnissen festgestellt werden kann, ist bei allen Welksilagen eine zusätzliche Beurteilung des Pflanzenbestandes notwendig.

Tabelle 4
Parameter für die Einstufung von Grassilage nach ihrer Qualität

Qualitätsstufe	I	II	III
1. Minderwertige Arten in % des Bestandes	bis 10	10⋯30	über 30
2. Rohfaser in % der Trockensubstanz	unter 29	29⋯38	über 38
3. Punkte nach FLIEG	über 70	40⋯70	20⋯40
4. Rohprotein in %	über 10	8⋯10	5⋯ 8

Silagen, gleich welcher Art, die die geforderten Parameter der Qualitätsstufe III nicht erreichen, werden zum Stalldungpreis verkauft, der zwischen 1,50 und 2,50 Mark je dt liegt.

Tabelle 5
Kostenkalkulation für Welksilagen von Wiesen und Weiden
Wiesen 350 dt/ha Grünmasse bzw. 160 dt/ha Welksilage
Weiden 400 dt/ha Grünmasse bzw. 182 dt/ha Welksilage
$\bar{x}$ 375 dt/ha Grünmasse bzw. 171 dt/ha Welksilage

	Kosten (M/ha)	
	Wiesen	Weiden
1. Dünger	210,–	333,–
2. Pflanzenschutzmittel	6,–	27,–
3. Traktoren, Maschinen, Hänger	405,–	476,–
4. Lebendige Arbeit	100,–	117,–
Direkte Grundkosten	721,–	953,–
5. Meliorationsumlage einschl. Einstaubewässerung	49,–	60,–
6. Anteilige Kosten für periodische Erneuerung	81,–	81,–
7. Geringwertige Arbeitsmittel	20,–	20,–
Indirekte Grundkosten	150,–	161,–
Summe Grundkosten	871,–	1114,–
8. 6,5% Brigadekosten	56,–	72,–
9. Versicherungen	12,–	12,–
10. Leitung, Verwaltung, Zinsen, Bodenfonds- und Produktionsfondsabgabe	120,–	120,–
Gemeinkosten	188,–	204,–
Produktionskosten	1059,–	1318,–
$\bar{x}$ Produktionskosten von Wiesen und Weiden	1188,–	
Kosten je dt Grassilage	6,95 M	
Preis je dt Grassilage bei 35% Tr.-S.		
Qualitätsstufe II	7,00 M	
Qualitätsstufe I +10%	7,70 M	
Qualitätsstufe III −10%	6,30 M	

Für die Produktion von Welksilage aus Gras wurden vorstehende Kosten kalkuliert (Tab. 5).
Die ermittelten Preise für Welksilage beziehen sich auf 35% Trockenmasse. Da Welksilagen mit unterschiedlich hohem Trockensubstanzgehalt ausgelagert und verkauft werden, ist es daher notwendig, Umrechnungsfaktoren aufzustellen, wonach genau abgerechnet werden kann.

Tabelle 6
Umrechnungsfaktoren für Welksilagen mit unterschiedlichem Trockensubstanzgehalt auf 35% Tr.-S.

Tr.-S. %	Umrechnungsfaktor	Tr.-S. %	Umrechnungsfaktor
45	1,29	32	0,91
44	1,26	31	0,89
43	1,23	30	0,86
42	1,20	29	0,83
41	1,17	28	0,80
40	1,14	27	0,77
39	1,11	26	0,74
38	1,09	25	0,71
37	1,06	24	0,69
36	1,03	23	0,66
35	1,00	22	0,63
34	0,97	21	0,60
33	0,94	20	0,57

Heu

Obwohl Heu in zunehmendem Maße durch gute Welksilage ersetzt wird, nimmt es derzeit in der Winterfütterung, besonders der Kühe, noch einen bedeutenden Platz ein.
Für die Qualitätsbestimmung von Heu ist die Beurteilung des Pflanzenbestandes, die Bestimmung des Rohfaser- und Rohproteingehaltes ausreichend.

Tabelle 7

Qualitätsmerkmale für Wiesenheu	Qualitätsstufen		
	I	II	III
1. Minderwertige Arten in % des Bestandes	bis 10	10···30	über 30
2. Rohfaser in % der Trockenmasse	unter 30	30···36	über 36
3. Rohprotein in % der Trockenmasse	über 12	10···12	5···10

Die Produktionskosten von Heu können recht unterschiedlich sein, da Heu sowohl vom Grünland als auch vom Ackerland als Preß-, Lang- und Häckselgut gewonnen wird. Bei gleich hohen Erträgen liegen die Verfahrenskosten von Heu, das vom Ackerland gewonnen wird, höher als das vom Grünland.

Tabelle 8
Kostenkalkulation für Wiesenheu
(380 dt/ha Grünmasseertrag bzw. 76 dt/ha Heu)

	Mark/ha
1. Dünger	300,–
2. Pflanzenschutzmittel	6,–
3. Traktoren, Maschinen, Hänger	432,–
4. Lebendige Arbeit	94,–
Direkte Grundkosten	832,–
5. Anteilige Kosten für period. Erneuerung	81,–
6. Meliorationsumlage	49,–
7. Geringwertige Arbeitsmittel	20,–
Indirekte Grundkosten	150,–
Summe Grundkosten	982,–
8. 6,5% Brigadekosten	64,–
9. Versicherungen	12,–
9. Versicherungen	12,–
10. Leitung, Verwaltung, Zinsen, Bodenfonds- und Produktionsfondsabgabe	120,–
Gemeinkosten	196,–
Produktionskosten gesamt	1178,–
Kosten je dt Heu	15,51M
Preis je dt Heu bei 86% Trockensubstanz	
Qualitätsstufe II	15,50 M
Qualitätsstufe I +10%	17,00 M
Qualitätsstufe III –10%	14,00 M

Der kalkulierte Preis wird auf 86% Trockenmasse berechnet. Heu, das mit einem niedrigeren Trockensubstanzgehalt eingelagert wird, darf also nicht so viel kosten. Wie man am zweckmäßigsten abrechnen sollte, zeigt folgende Übersicht:

Tabelle 9

Tag	Uhrzeit	Heu dt	Tr.-S. %	Umrechnungsfaktor	Abzurechnende Heumenge in dt bei 86% Tr.-S.
6. Juni	$8^{00}-10^{00}$	75	58	0,67	50,3
	$10^{00}-12^{00}$	85	65	0,76	64,6
	$12^{00}-16^{00}$	170	75	0,87	147,9
	$16^{00}-18^{00}$	85	72	0,84	71,4

Zusammenfassend sei dargestellt, mit welchen Preisen bei den einzelnen Futtermittelarten zu rechnen ist und welchen Einfluß diese Preise auf die Kosten der

Milch- und Rindfleischproduktion ausüben. Damit sei nochmals die Bedeutung der Gesamtökonomik bei der Preisbildung klar herausgestellt.

Tabelle 10
Von der Pflanzenproduktion produzierte Futtermittel und ihre Kosten (nach Vereinbarungspreisen)

Futtermittel	Preis Qualitätsstufe II M/dt	kg-StW je dt	Preis Pfg/kg-StW
Weidegras (Weide)	2,20	11	20
Kleegras (Stallfütterung)	3,00	11	27
Wiesenheu	15,50	34	46
Grassilage	7,00	16	44
Maissilage	3,75	10	38
Rübenblattsilage	3,75	9	42
Futterroggensilage	5,20	7	74
Kraftfutter	35,00	70	50

Tabelle 11
Futterkosten je Kuh und Jahr nach beschlussenen Vereinbarungspreisen (4400 kg Milch/Kuh/Jahr = 2000 kg-StW aus dem Grundfutter, 700 kg-StW aus dem Kraftfutter)

Futtermittel	StW kg		Kosten/kg-StW M		Futterkosten M
Weidegras	900 1050*	×	0,20	=	210,–
Wiesenheu	170	×	0,46	=	78,–
Grassilage	280	×	0,44	=	123,–
Maissilage	465	×	0,38	=	177,–
Rübenblattsilage	140	×	0,42	=	59,–
Futterroggensilage	45	×	0,74	=	33,–
	2000	×	0,34	=	680,–
Kraftfutter	700	×	0,50	=	350,–
	2700	×	0,38	=	1030,–

* Das Weidegras wird nach dem Weidegrasbedarf (Verzehr + Verlust) abgerechnet. Die Tierproduktion bezahlt bei Einhaltung der Portionsweide nicht 900 kg-StW (Weidegrasverzehr), sondern 1050 kg-StW (Weidegrasbedarf) an die Pflanzenproduktion.

Tabelle 12
Die Futterkosten je kg Milch ergeben sich aus der Division

Jahresfutterkosten	:	Milchleistung je Kuh und Jahr	=	Futterkosten je kg Milch
1030	:	4400	=	0,23 M

Futterkosten	:	Lebendmassezuwachs	=	Futterkosten je kg Färse
900	:	420	=	2,14 M

Ausdrücklich sei nochmals betont, daß die Futterkosten je kg Milch bzw. je kg Lebendmassezuwachs um 20 bis 30% höher liegen, wenn bei der Futterproduktion mit Gewinnanteilen gerechnet wird. Hinzu kommen noch die Kosten für die Lagerung der Futterkonservate.

Ohne auf die Kosten der Futterveredlung in diesem Zusammenhang einzugehen, kann trotzdem mit Sicherheit ausgesagt werden, daß die Tierproduktion bei dem derzeitigen Preissystem für Milch und Rindfleisch und richtigem Futtereinsatz eine angemessen hohe Rentabilität erzielen kann.

Abschließend sei vermerkt, daß das gesamte System der Vereinbarungspreise — seien es die Kosten oder die Qualitätsparameter — in jeder LPG und in jedem VEG jährlich zu überprüfen und wo erforderlich auch zu korrigieren ist.

Zusammenfassung

Die Leitung und Organisation des Reproduktionsprozesses setzt die komplexe Anwendung der sozialistischen Betriebswirtschaft voraus. Einer dieser wichtigen Grundsätze ist die Einhaltung exakter Ware-Geld-Beziehungen mittels Vereinbarungspreisen, die alle Lieferungen und Leistungen selbständig arbeitender Produktionskollektive und kooperierender LPG und VEG umfassen. Die Ermittlung und Festlegung von Vereinbarungspreisen ist an bestimmte Grundsätze gebunden. In jeder LPG und in jedem VEG nimmt die Produktion von Gras, Silagen und Heu einen beträchtlichen Umfang innerhalb der Pflanzenproduktion ein. Wie Vereinbarungspreise für diese Grundfuttermittel gebildet werden können, wurde mit einigen Beispielen dargelegt.

Um zu zeigen, daß die Ermittlung und Festlegung von Vereinbarungspreisen von der Gesamtökonomik einer LPG bzw. eines VEG auszugehen hat, wurde auch der Einfluß der Futterpreise auf die Kosten der Milch- und Rindfleischproduktion abgehandelt.

Резюме

Название работы: Принципы образования договорных цен на зеленые, сочные и грубые корма

Управление процессом воспроизводства и его организация предполагают комплексное применение социалистической производственной экономики. Одним из этих принципов является соблюдение на основе договорных цен товарно-денежных отношений, охватывающих все поставки и услуги самостоятельно работающих производственных коллективов и кооперирующихся СХПК и НИ. Определение и установление договорных цен связано с определенными принципами. В каждом сельскохозяйственном производственном кооперативе и в каждом народном имении производство травы, силоса и сена имеет высокий удельный вес в растениеводстве. На некоторых примерах изложено как определяются договорные цены на эти основные корма.

В подтверждение, что определение и установление договорных цен должно исходить из общей экономики сельскохозяйственного производственного кооператива или народного имения, рассматривается значение цен на корма для стоимости производства молока и говядины.

Summary

Title of the paper: Principles for setting up agreed prices for green fodder, succulent feeds, and roughage

The direction and organization of the reproduction process is based on the complex application of socialist farm management. One of these major principles consists in the observation of exact commodity-money relations by means of agreed prices, including all supplies and services of independently working production teams and cooperating state farms and cooperative farms. The determination and fixation of agreed prices is bound to certain principles. In each cooperative farm and state farm the production of grass, silages, and hay makes up a considerable part of plant production. Several examples were used to show how agreed prices may be made up for these basic feeds.

In order to demonstrate the necessity of the determination and fixation of agreed prices to be based on the overall economy of a cooperative farm or state farm, the author also dealt with the influence of the feed prices on the cost of milk and beef production.

Anschrift des Verfassers:

Dr. habil. FRITZ BERG
Institut für Grünland- und Moorforschung
1551 Paulinenaue

Richtlinien für das Abfassen der Beiträge in Archiven und wissenschaftlichen Zeitschriften der Akademie

Aus zeitökonomischen Gründen ist es dem Leser wissenschaftlicher Zeitschriften nicht zumutbar, lange Abfassungen zu studieren. Bei der ständig steigenden Flut an Schrifttum sollten daher grundsätzlich kurze Aufsätze verfaßt werden, die eine unmittelbare Orientierung ermöglichen und nicht wegen zu großen Umfangs vorerst unbeachtet bleiben müssen. Um diesen Erfordernissen besser zu entsprechen und gleichzeitig die Aktualität der Zeitschriften zu erhöhen, ihren Informationswert zu verbessern und die Frist vom Eingang der Manuskripte bis zum Erscheinen der betreffenden Hefte zu verringern, werden daher sowohl die Autoren als auch die für alle aus ihrem Bereich stammenden Veröffentlichungen verantwortlichen Institutsdirektoren dringend ersucht, folgende Hinweise zu beachten:

1. Allgemeines

Der Umfang eines Beitrages soll 20 Schreibmaschinenseiten (zweizeilig) einschl. Abbildungen, Tabellen und Literaturverzeichnis nicht überschreiten. Dabei ist auf gedrängte Darstellungsform Wert zu legen, ohne daß sie an Deutlichkeit einbüßt. Klarheit, Kürze und Genauigkeit müssen bei allen Angaben höchstes Prinzip sein. Insbesondere ist auf eine strengere Auswahl der zu veröffentlichenden Ergebnisse im Hinblick auf ihren Informationswert zu achten. Die Redaktionskollegien behalten sich vor, auch kürzere Beiträge zur konzentrierten Neufassung zurückzugeben, wenn Inhalt und Umfang einander nicht entsprechen. Eine Darstellung der Ergebnisse in mehreren Mitteilungen läßt sich nur bei ungewöhnlich umfangreichen Forschungskomplexen und solchen, deren Bearbeitung sich über längere Zeit erstreckt, befürworten. In der Regel werden nur abgeschlossene Untersuchungen veröffentlicht. Dies schließt jedoch nicht aus, daß bedeutungsvolle und besonders aktuelle Teilergebnisse als kurze vorläufige Mitteilung (2–3 Schreibmaschinenseiten) erscheinen. Reine Literaturzusammenstellungen können zugunsten der Vielzahl experimenteller Arbeiten nur ausnahmsweise und auch nur dann gedruckt werden, wenn sie eine straffe, theoretische Verarbeitung des Stoffes erkennen lassen.

2. Gliederung der Beiträge

Zur besseren Übersichtlichkeit der Beiträge wird folgender Aufbau empfohlen:

Die Einleitung ist so kurz wie möglich zu halten und hat sich nur auf die Problematik der Arbeit zu beschränken. Umfangreiche Literaturbesprechungen sind zu vermeiden. Nur die neueste und wichtigste Literatur ist heranzuziehen, insbesondere wenn sie zur Begründung der Fragestellung dient.

Über Material und Methoden ist eine kurze Übersicht, evtl. in Tabellenform, angebracht, sofern es sich nicht um neu entwickelte Methoden handelt. Von einer Beschreibung bereits bekannter Verfahren ist unbedingt abzusehen. Die Darstellung dieses Abschnittes muß trotz aller Kürze dem Leser die genaue Beurteilung der Ergebnisse ermöglichen.

Die wichtigsten Ergebnisse sind in Form von übersichtlichen Tabellen oder graphischen Darstellungen mitzuteilen. Eine doppelte Darstellung als Tabelle und zugleich Abbildung ist unzulässig. Es ist unbedingt zu vermeiden, die Zahlenwerte der Tabellen und Darstellungen in Worten zu wiederholen sowie Tabellenüberschriften und Abbildungsunterschriften nochmals in den Text einzubeziehen. Der Text in diesem Abschnitt hat sich nur auf das zum Verständnis der angeführten Ergebnisse sowie der daraus herzuleitenden Zusammenhänge Notwendige zu beziehen.

Die Interpretation der Ergebnisse soll so erfolgen, daß ihr Aussagewert dem Leser ohne weiteres klar wird. Insbesondere ist auf die oft zu vermissenden klaren Schlußfolgerungen in diesem Abschnitt hinzuweisen. Ohne eine Deutung der Ergebnisse verliert jede wissenschaftliche Arbeit an Wert. Hinweise auf die weitere Entwicklung der Arbeit und Schlußfolgerungen für Forschung und Praxis erhöhen den Informationswert des Beitrages.

Der Höchstumfang der Zusammenfassungen ist auf 20 Schreibmaschinenzeilen zu begrenzen. Dem kommt auch insofern Bedeutung zu, als alle Autorenzusammenfassungen sämtlicher in den Archiven erscheinenden Beiträge als Referate in das LZ übernommen werden. Jede Zusammenfassung hat sich auf die Wiedergabe der wichtigsten Ergebnisse mit den daraus gezogenen Schlußfolgerungen zu beschränken; eine reine Inhaltsbeschreibung ist zu vermeiden (siehe „Merkblatt über die Anfertigung von Zusammenfassungen“).

Im Literatur-Verzeichnis sind nur die tatsächlich in die Arbeit einbezogenen Literaturstellen anzuführen.

Kommission für Veröffentlichungen

FSC
www.fsc.org
MIX
Papier | Fördert
gute Waldnutzung
FSC® C083411

Zeitfracht Medien GmbH
Ferdinand-Jühlke-Straße 7
99095 Erfurt, Deutschland
produktsicherheit@kolibri360.de